EUL VERLAG

MARKETING, HANDEL UND MANAGEMENT

Herausgegeben von Univ.-Prof. Dr. Rainer Olbrich, FernUniversität in Hagen

Band 6
Thomas Windbergs
Markentreue, Einkaufsstättentreue und Erfolg im Konsumgüterhandel – Dargestellt am Beispiel einer Premiumhandelsmarke im Lebensmitteleinzelhandel
Lohmar – Köln 2007 • 276 S. • € 48,- (D) • ISBN 978-3-89936-552-8

Band 7
Jörg Tauberger
Konsumentengerichtete Verkaufsförderung – Verfahren zur Wirkungsmessung auf der Basis von POS-Daten
Lohmar – Köln 2008 • 370 S. • € 55,- (D) • ISBN 978-3-89936-662-4

Band 8
Marc Knuff
Die Selektion auszulistender Artikel im Einzelhandel – Ein Beitrag zur Sortimentspolitik
Lohmar – Köln 2008 • 362 S. • € 54,- (D) • ISBN 978-3-89936-663-1

Band 9
Anja Voerste
Lebensmittelsicherheit und Wettbewerb in der Distribution – Rahmenbedingungen, Marktprozesse und Gestaltungsansätze, dargestellt am Beispiel der BSE-Krise
Lohmar – Köln 2009 • 332 S. • € 62,- (D) • ISBN 978-3-89936-839-0

Band 10
Gundula Grewe
Handelsmarken und Marktdurchdringung – Ursachen und Auswirkungen auf den Konsumgüterhandel
Lohmar – Köln 2010 • 280 S. • € 58,- (D) • ISBN 978-3-89936-885-7

Band 11
Tina Schäfer
Handelsmarken und Erosion industrieller Markenartikel – Ursachen und Auswirkungen auf die Konsumgüterdistribution
Lohmar – Köln 2010 • 348 S. • € 63,- (D) • ISBN 978-3-89936-883-3

JOSEF EUL VERLAG

Handelsmarken und Marktdurchdringung
– Ursachen und Auswirkungen auf den Konsumgüterhandel

Inauguraldissertation

zur Erlangung des Grades einer
Doktorin der Wirtschaftswissenschaft (Dr. rer. pol.)
der Fakultät für Wirtschaftswissenschaft
der FernUniversität in Hagen

vorgelegt von

Dipl.-Kff. Gundula Grewe

aus Herne

Herne, 18.07.2009

Tag der Disputation: 27.10.2009

Erstgutachter: Univ.-Prof. Dr. Rainer Olbrich

Zweitgutachterin: Univ.-Prof. Dr. Sabine Fließ

Reihe: Marketing, Handel und Management · Band 10

Herausgegeben von Univ.-Prof. Dr. Rainer Olbrich, FernUniversität in Hagen

Dr. Gundula Grewe

Handelsmarken und Marktdurchdringung

Ursachen und Auswirkungen auf den Konsumgüterhandel

Mit einem Geleitwort von Univ.-Prof. Dr. Rainer Olbrich, FernUniversität in Hagen

Gefördert durch das

Bundesministerium für Bildung und Forschung

EUL VERLAG

Bibliografische Information der Deutschen Nationalbibliothek

Die Deutsche Nationalbibliothek verzeichnet diese Publikation in der Deutschen Nationalbibliografie; detaillierte bibliografische Daten sind im Internet über <http://dnb.d-nb.de> abrufbar.

Dissertation, FernUniversität in Hagen, 2009

ISBN 978-3-89936-885-7
1. Auflage Januar 2010

JOSEF EUL VERLAG GmbH
Brandsberg 6
53797 Lohmar
Tel.: 0 22 05 / 90 10 6-6
Fax: 0 22 05 / 90 10 6-88
E-Mail: info@eul-verlag.de
http://www.eul-verlag.de

Bei der Herstellung unserer Bücher möchten wir die Umwelt schonen. Dieses Buch ist daher auf säurefreiem, 100% chlorfrei gebleichtem, alterungsbeständigem Papier nach DIN 6738 gedruckt.

Geleitwort des Herausgebers

Die Schriftenreihe „Marketing, Handel und Management“ greift Themenstellungen auf, die in besonderer Weise marktgerichtete Managementprobleme betreffen. Hiermit sind Problemstellungen angesprochen, die das industrielle Marketing, das Marketing des Handels und des Dienstleistungssektors, aber auch marktgerichtete Managementprobleme sonstiger Institutionen (z. B. aus den Bereichen Politik und Gesellschaft) unmittelbar betreffen oder berühren.

Wie der Titel der Schriftenreihe bereits ankündigt, soll neben der für das Marketing klassischen industriellen Sicht die Perspektive des Handels besondere Berücksichtigung finden. Insbesondere in der Konsumgüterwirtschaft sind aufgrund der Konzentration des Handels Marketinganstrengungen der Industrie nur unter Beachtung der Interessen und Vorgehensweisen des Handels mit Erfolgsaussichten versehen. Nicht zuletzt steuert der institutionelle Handel durch ein eigenständiges Handelsmarketing, das sich klassischerweise durch seine gate-keeper-Funktion in der Distribution, in jüngster Zeit aber auch durch die zunehmende Verbreitung marktstarker Handelsmarken zeigt, erhebliche Teile der Wertschöpfung und auch der industriellen Produktion. Diesem Umstand soll in dieser Schriftenreihe besonders Rechnung getragen werden.

Der zehnte Band dieser Schriftenreihe, der von Frau Dr. Gundula Grewe in Form ihrer Dissertationsschrift vorgelegt wird, befasst sich mit den Ursachen und Auswirkungen der zunehmenden Verbreitung von Handelsmarken im Konsumgüterhandel. Hingegen wird der elfte Band (Dissertation von Frau Dr. Schäfer) die Verbreitung von Handelsmarken aus der Perspektive der Markenartikelindustrie beleuchten.

In den Verkaufsstätten des europäischen Konsumgüterhandels ist seit einigen Jahren eine wachsende Verbreitung von Handelsmarken zu beobachten. Vor dem Hintergrund begrenzter Regalflächen in den Verkaufsstätten führt die Aufnahme von Handelsmarken vielfach zur Auslistung von Herstellermarken. Von Auslistungen betroffen sind bisher vorwiegend Zweit- und Drittmarken der Industrie. Gleichwohl ist nicht auszuschließen, dass auch viele führende Herstellermarken ‚Opfer‘ von Auslistungen des Handels werden.

Besondere Bedeutung kommt dem von Frau Dr. Grewe bearbeiteten Thema vor dem Hintergrund zu, dass die zunehmende Verbreitung von Handelsmarken im Wesentlichen in einer wettbewerbsrechtlichen Regulierung des Marktes wurzelt: dem in Europa geltenden Verbot der vertikalen Preisbindung (Artikel 81 EG) und den damit verbundenen Vorteilen für den Handel. Dieses Verbot richtet sich an die Markenartikelindustrie, die damit einen wesentlichen Teil ihrer preispolitischen Freiheitsgrade verloren hat, und stellt einen Eingriff in die Vertragsfreiheit der Wirtschaftssubjekte dar. Um vereinbar mit dem Grundkonzept des gemeinsamen Marktes als Raum weitgehend freier Wirtschaftstätigkeit zu sein, erfordert ein Eingriff in die Vertragsfreiheit eine klare Begründung. Da der Wirtschaftsprozess dynamischer Natur ist, ist kontinuierlich zu prüfen, ob die ursprünglichen Gründe für eine Maßnahme noch überzeugen und ob es inzwischen nicht Gründe gibt, die eventuell gegen die Maßnahme sprechen.

Im Grundlagenteil ihrer Schrift legt Frau Dr. Grewe zunächst ausgewählte Rahmenbedingungen der zunehmenden Verbreitung von Handelsmarken im Konsumgüterhandel dar und liefert anschließend eine tiefgehende Analyse des internationalen Schrifttums zu den Auswirkungen der Zunahme von Handelsmarken. Diese Analyse legt offen, dass gesamtwirtschaftliche Auswirkungen der zunehmenden Verbreitung von Handelsmarken bereits seit einigen Jahren im wissenschaftlichen Schrifttum diskutiert werden, die betriebswirtschaftliche Perspektive in den bisher existierenden Untersuchungen jedoch vernachlässigt wurde. Vor diesem Hintergrund hat die Autorin betriebswirtschaftliche Fragestellungen in das Zentrum ihrer Untersuchungen gestellt. Den Schwerpunkt der Arbeit bildet die betriebswirtschaftliche Perspektive des Handels, daneben wird jedoch auch auf die Perspektive der Markenartikelindustrie eingegangen. Damit leistet Frau Dr. Grewe einen wichtigen Beitrag zur Beseitigung der identifizierten Forschungslücke. Zudem findet – vor dem Hintergrund der in Form des Preisbindungsverbotes bestehenden rechtlichen Regulierung des Marktes – die Perspektive der Wettbewerbspolitik Berücksichtigung.

Zur Analyse der Auswirkungen von Handelsmarken hat Frau Dr. Grewe mehrere empirische Untersuchungen durchgeführt. Als Grundlage der Untersuchungen dienten Scanningdaten aus dem deutschen Lebensmitteleinzelhandel, die über einen Zeitraum von sechs Jahren in unterschiedlichen Betriebsformen erhoben wurden. Diese wurden der Autorin im Rahmen des vom Bundesministerium für Bildung und Forschung finanziell geförderten und am Lehrstuhl für Betriebswirtschaftslehre, insbesondere Marketing, der FernUniversität in Hagen durchgeführten Forschungsprojekts ‚SCAFO' von einem Marktforschungsunternehmen zur Verfügung gestellt.

Frau Dr. Grewe richtet im Rahmen ihrer empirischen Untersuchungen den Blick zum einen auf mögliche betriebswirtschaftliche Grenzen der Verbreitung von Handelsmarken. Vor dem Hintergrund der im Konsumgüterhandel seit einiger Zeit zu beobachtenden Unternehmenskonzentration richtet sie den Blick zudem auf Indikatoren, die im Verdrängungswettbewerb eine zentrale Rolle spielen und untersucht deren Ausprägungen im Zuge der zunehmenden Verbreitung von Handelsmarken. Den Hintergrund einer weiteren von Frau Dr. Grewe durchgeführten empirischen Untersuchung bildet schließlich die Tatsache, dass dem Handel die ‚Freiheit' in der Kombination sortiments- und preispolitischer Maßnahmen erst durch das Verbot der vertikalen Preisbindung ermöglicht wurde. In dieser Untersuchung geht die Autorin somit der Frage nach, wie sich die vom Handel im Zuge der zunehmenden Verbreitung von Handelsmarken eingesetzten sortiments- und preispolitischen Maßnahmen auf die Marktdurchdringung ausgewirkt haben. Diese Untersuchung erfolgt auf Basis eines kausalanalytischen Modells, das die Autorin aufbauend auf den durch die Literaturauswertungen gestützten theoretischen Vorüberlegungen und den Erkenntnissen aus den vorangegangenen Untersuchungen konzipiert hat.

Die Untersuchungsergebnisse von Frau Dr. Grewe sind insbesondere vor dem Hintergrund der rechtlichen Regulierung des Marktes als brisant einzustufen, da eine Beeinträchtigung des Wettbewerbs nicht mehr ausgeschlossen werden kann. Der Handel wird im Wettbewerb bevorteilt, die Markenartikelindustrie benachteiligt. Die empirischen Ergebnisse verdeutlichen, dass mit der zunehmenden Verbreitung von Handelsmarken in der untersuchten Artikelgruppe bereits jetzt – also in einer Phase, in der die zunehmende Verbreitung von Handelsmarken vermutlich noch längst nicht abgeschlossen ist – Nachteile für die Konsumenten verbunden sind.

Das Werk verdient ein ausgeprägtes Interesse sowohl von Seiten der Wissenschaft als auch von der Handels- und der Herstellerseite sowie von Seiten der Wettbewerbspolitik. Angesichts der von Frau Dr. Grewe aufgezeigten Erkenntnisse ist es sehr fraglich, ob eine weitere Aufrechterhaltung des Verbotes der vertikalen Preisbindung gerechtfertigt ist. Die Ergebnisse lassen vielmehr den Ruf nach einer Abschaffung des Verbotes, d. h. Deregulierung des Artikels 81 EG, lauter werden.

Hagen, im November 2009

Univ.-Prof. Dr. Rainer Olbrich

Vorwort der Autorin

Die vorliegende Arbeit ist im Oktober 2009 von der Fakultät für Wirtschaftswissenschaft der FernUniversität in Hagen als Dissertationsschrift angenommen worden. Sie ist während meiner Tätigkeit als wissenschaftliche Mitarbeiterin am Lehrstuhl für Betriebswirtschaftlehre, insbesondere Marketing, der FernUniversität in Hagen entstanden.

In vielen Branchen des europäischen Konsumgüterhandels ist seit einigen Jahren eine zunehmende Verbreitung von Handelsmarken festzustellen. Vor dem Hintergrund, dass Handelsmarken häufig zu niedrigeren Preisen angeboten werden als Herstellermarken, könnte man vermuten, dass der Handel mit dem steigenden Angebot von Handelsmarken auf eine verstärkte Nachfrage nach preisgünstigen Produkten reagiert (hat). Ein Blick ‚hinter die Kulissen' – und damit für die Konsumenten ohne weitere ‚Nachforschungen' nicht erkennbar – verdeutlicht jedoch, dass die zunehmende Verbreitung von Handelsmarken letztlich durch das in Europa geltende Verbot der vertikalen Preisbindung und damit eine rechtliche Regulierung des Preiswettbewerbs stark begünstigt wird. Dieses Verbot gibt dem Handel die Möglichkeit, sowohl die Preise seiner Handelsmarken als auch die Preise der von ihm angebotenen Herstellermarken festzulegen und sie zum Vorteil seiner Handelsmarken zu justieren. Somit ‚sorgt' dieses Verbot letztlich für ungleiche Wettbewerbschancen von Handelsmarken und Herstellermarken – zum Nachteil der Markenartikelindustrie.

Vor diesem Hintergrund war es mir ein Anliegen, Ursachen und Auswirkungen der zunehmenden Verbreitung von Handelsmarken im Konsumgüterhandel tiefgehend zu untersuchen und schließlich Implikationen der Untersuchungsergebnisse für den Handel, die Markenartikelindustrie sowie die Wettbewerbspolitik zu erläutern.

Mein besonderer Dank für die fachliche Unterstützung gilt meinem akademischen Lehrer, Herrn Univ.-Prof. Dr. Rainer Olbrich, der durch wertvolle Anregungen, sein Vertrauen und die mir eröffneten Freiräume wesentlich zum Gelingen der vorliegenden Arbeit beigetragen hat. Frau Univ.-Prof. Dr. Sabine Fließ danke ich für die Übernahme des Zweitgutachtens.

Dem Bundesministerium für Bildung und Forschung (BMBF) danke ich für die finanzielle Unterstützung des SCAFO-Projekts (Förderkennzeichen 01IIW0190), ohne die dieses Forschungsvorhaben nicht hätte realisiert werden können. Zudem bedanke ich mich bei Herrn Eckart Hüttemann, der beim Deutschen Zentrum für Luft- und Raumfahrt e. V. (als Projektträger des BMBF) für die Koordination des SCAFO-Projekts verantwortlich war. Darüber hinaus gilt mein Dank der Information Resources

GmbH (IRI), die die Scanningdaten aus dem deutschen Lebensmitteleinzelhandel für die empirischen Untersuchungen zur Verfügung gestellt hat.

Meinen ehemaligen und derzeitigen Kollegen am Lehrstuhl danke ich für ihre stete Hilfsbereitschaft und die durch Freundlichkeit geprägte, gute Arbeitsatmosphäre: Patric Albrecht, Prof. Dr. Dirk Battenfeld, Christiane Brandl, Dr. Carl-Christian Buhr, Dr. Martin Grünblatt, Christian Holsing, Michael Hundt, Dr. Marc Knuff, Ruth Orenstrat, Dr. René Peisert, Sina Schmidt, Carsten Schultz, Dr. Jörg Tauberger, Dr. Anja Voerste und Dr. Thomas Windbergs.

Besonderer Dank gebührt der Sekretärin und gleichzeitig ‚guten Seele' des Lehrstuhls, Sandra Brechtefeld, die mir, wann immer sie konnte, mit Rat und Tat zur Seite stand und mir zudem durch den einen oder anderen gemeinsamen Ausflug in die örtliche Umgebung das ‚Tor zum Sauerland' nähergebracht hat.

Darüber hinaus danke ich meiner Familie und meinen Freunden für ihre Unterstützung auf meinem Weg zur Promotion. Insbesondere durch unsere gemeinsamen Freizeitaktivitäten haben sie mir ein ums andere Mal vor Augen geführt, dass es neben der Promotion weitere wichtige und interessante Dinge im Leben gibt.

Zu guter Letzt gilt mein ganz besonders herzlicher Dank meiner Mutter Doris Grewe. Sie hat mich nicht nur durch ihre grenzenlose Bereitschaft zum Korrekturlesen unterstützt, sondern mir auch über die gesamte ‚Forschungsreise' hinweg den mentalen Rückhalt gegeben, der für das Gelingen eines solchen Forschungsvorhabens notwendig ist. In Phasen, in denen die angestrebten Fortschritte auf sich warten ließen oder sonstige ‚Hürden' zu überwinden waren, stand sie mir immer zur Seite und hat mir Mut zugesprochen. Ihr ist dieses Buch gewidmet.

Herne, im November 2009

Gundula Grewe

Inhaltsverzeichnis

Abbildungsverzeichnis

Abkürzungsverzeichnis

Abb.	Abbildung
Abs.	Absatz
AG	Aktiengesellschaft
AIM	Association des Industries de Marque
AMOS	Analysis of Moment Structures
AT	Österreich
Aufl.	Auflage
Bd.	Band
BE	Belgien
best.	bestimmt
BKartA	Bundeskartellamt
BLL	Bund für Lebensmittelrecht und Lebensmittelkunde
BR	Brasilien
BSE	Boviner Spongiformer Enzephalopathie
bzw.	beziehungsweise
ca.	circa
CA	Kanada
CEIS	Centre for Economic and International Studies
CH	Schweiz
D	Deutschland
DBW	Die Betriebswirtschaft
D. C.	District of Columbia
DEV	durchschnittlich erfasste Varianz
d. h.	das heißt
DIW	Deutsches Institut für Wirtschaftsforschung
DK	Dänemark
DSN	Discount Store News

EAN	Internationale Artikelnummer (ehemals Europäische Artikelnummer)
EC	European Commission
E.C.L.R.	European Competition Law Review
Ed.	Editor
Eds.	Editors
EG	Vertrag zur Gründung der Europäischen Gemeinschaft
EHI	EuroHandelsinstitut
EQS	Equation Based Structural Program
ES	Spanien
et al.	et alii
EU	Europäische Union
f.	folgende [Seite]
ff.	fortfolgende [Seiten]
FI	Finnland
Fn.	Fußnote
FR	Frankreich
GfK	Gesellschaft für Konsumforschung
ggf.	gegebenenfalls
GmbH	Gesellschaft mit beschränkter Haftung
GWB	Gesetz gegen Wettbewerbsbeschränkungen
Hrsg.	Herausgeber
HU	Ungarn
I	Italien
IDEI	Institut d'Économie Industrielle
i. d. R.	in der Regel
IE	Irland
IFO	Information und Forschung
insb.	insbesondere
IRI	Information Resources GmbH/Information Resources Incorporated

Jan.	Januar
Jg.	Jahrgang
kg	Kilogramm
KW	Kalenderwoche
LEH	Lebensmitteleinzelhandel
LISREL	Linear Structural Relationship
MIS	Management Information Systems
MKS	Maul- und Klauenseuche
NL	Niederlande
No.	Number
Nos.	Numbers
Nov.	November
Nr.	Nummer
OFT	Office of Fair Trading
o. V.	ohne Verfasser
p.	page
PLS	Partial Least Squares
POS	Point of Sale
pp.	pages
Rn.	Randnummer
S.	Seite
SCAFO	Scanningdaten-Forschung
SE	Schweden
Sept.	September
s. o.	siehe oben
sog.	sogenannt
Sp.	Spalte
u.	und
u. a.	unter anderem (bei Literaturangaben: und andere)

UK	Großbritannien
US	United States
USA	Vereinigte Staaten von Amerika
u. U.	unter Umständen
UWG	Gesetz gegen den unlauteren Wettbewerb
vgl.	vergleiche
VIF	Varianzinflationsfaktor
Vol.	Volume
vs.	versus
WiST	Wirtschaftswissenschaftliches Studium
WISU	Das Wirtschaftsstudium
w/o	without
WRP	Wettbewerb in Recht und Praxis
z. B.	zum Beispiel
ZfB	Zeitschrift für Betriebswirtschaft
zfbf	Zeitschrift für betriebswirtschaftliche Forschung
ZFP	Zeitschrift für Forschung und Praxis
z. T.	zum Teil

1. Zur zunehmenden Verbreitung von Handelsmarken im Konsumgüterhandel

1.1. Die Bedeutung von Handelsmarken im Verdrängungswettbewerb

Seit einigen Jahrzehnten ist eine zunehmende Handelskonzentration im Konsumgütersektor zu konstatieren. Die Umsätze konzentrieren sich in den betroffenen Branchen auf wenige große Handelsunternehmen. Parallel dazu nimmt die Anzahl der insgesamt existierenden Unternehmen immer weiter ab. Mit dieser Entwicklung ist in vielen Branchen ein ausgeprägter Verdrängungswettbewerb verbunden. Nicht nur im Lebensmittelhandel, sondern auch in anderen Branchen (z. B. Möbel, Bekleidung) ist ein intensiver Kampf um Marktanteile zu beobachten.[1]

Sofern die Handelsunternehmen diesem Konzentrationsprozess nicht erliegen wollen, sind sie gezwungen, ihre ‚Überlebensfähigkeit' zu bewahren oder vorzugsweise zu erhöhen. Eine nicht unbedeutende Rolle spielt in diesem Zusammenhang die Betriebsform. Wie sich in empirischen Studien gezeigt hat, bieten insbesondere innovative Betriebsformen Verdrängungspotenziale, die die Überlebensfähigkeit am Markt sichern können. Diese Verdrängungspotenziale basieren auf bestimmten Vorteilen überlegener Distributionsprinzipien (z. B. Discountprinzip, Prinzip der Großflächigkeit).[2]

Eine hohe Überlebensfähigkeit im Verdrängungswettbewerb besitzen somit diejenigen Unternehmen, denen eine Verbreitung solcher Betriebsformen gelingt und bei denen die Größenvorteile (z. B. in Form von Kostensenkungen beim Einkauf, in der Logistik, usw.) die Größennachteile (z. B. ein hoher Grad an Bürokratisierung) überkompensieren.[3]

Eine Betriebsform, der es in den letzten Jahren gelungen ist, sich im Verdrängungswettbewerb zunehmend durchzusetzen, ist z. B. die Betriebsform Discounter. Die innovative Angebotsform von Discountern, die durch ein enges, auf schnellen Waren-

---

1 Vgl. OLBRICH 1998a, S. 3. Vgl. zur Konzentration im Lebensmittelhandel u. a. AHLERT 1985.

2 Vgl. zu den empirischen Studien OLBRICH 1998a. Siehe zu den Zusammenhängen auch OLBRICH 1998b, S. 4 f.

3 Vgl. u. a. OLBRICH 1998a, S. 31.

umschlag ausgerichtetes Sortiment zu niedrigen Preisen gekennzeichnet ist,[4] ‚trifft' somit die Bedürfnisse einer Vielzahl von Konsumenten. Eine nicht unbedeutende Rolle spielen in diesem Zusammenhang Handelsmarken, da insbesondere die Sortimente von Discountern durch hohe Anteile gelisteter Handelsmarken gekennzeichnet sind.[5] Folglich basiert das von den Konsumenten ‚angenommene' innovative Angebotskonzept von Discountern nicht zuletzt auf dem Angebot von Handelsmarken.

Der Unterschied zwischen Herstellermarken und Handelsmarken ergibt sich hauptsächlich mit Blick auf die Fragestellung, wer der Inhaber der jeweiligen Markenrechte ist. Während die Markenrechte von Herstellermarken bei Herstellerunternehmen liegen, liegen die Markenrechte von Handelsmarken bei Handelsunternehmen.[6]

Die zunehmende Verbreitung von Handelsmarken wird letztlich durch das in Europa geltende Verbot der vertikalen Preisbindung (Artikel 81 EG) begünstigt.[7] Das Verbot der vertikalen Preisbindung hat die preispolitischen Optionen für den Handel erheblich gestärkt und gleichzeitig das preispolitische Instrumentarium der Markenartikelhersteller geschwächt.[8] Die dem Handel obliegende Preishoheit gibt ihm die Möglichkeit, sowohl die Preise seiner Handelsmarken als auch die Preise der von ihm angebotenen Herstellermarken festzulegen. Die Markenartikelhersteller haben somit nahezu keine Möglichkeit, auf die vom Handel festgelegten Preise ihrer Herstellermarken Einfluss zu nehmen. Demzufolge verfügen Handelsunternehmen für ihre Handelsmarken über wesentlich mehr Handlungsoptionen als die Markenartikelindustrie für ihre Herstellermarken je hatte – also auch vor dem Verbot der vertikalen Preisbindung.

Mit Blick auf die Sortimente von Handelsunternehmen führt die Aufnahme von Handelsmarken vor dem Hintergrund begrenzter Regalflächen in den Verkaufsstätten viel-

---

4 Vgl. AUSSCHUSS FÜR DEFINITIONEN ZU HANDEL UND DISTRIBUTION 2006, S. 44.

5 Vgl. u. a. STEENKAMP/GEYSKENS/GIELENS/KOLL 2004, S. 57; COMPETITION COMMISSION (UK) 2007, S. 2; OLBRICH/BUHR 2007a, S. 492 f. sowie COMPETITION COMMISSION (UK) 2008, S. A9(10)-1.

6 Vgl. AUSSCHUSS FÜR DEFINITIONEN ZU HANDEL UND DISTRIBUTION 2006, S. 130. Zur Verwendung der Begriffe ‚Herstellermarken' und ‚Handelsmarken' sei angemerkt, dass damit i. d. R. Herstellermarkenartikel und Handelsmarkenartikel gemeint sind.

7 Vgl. tiefergehend zur Verdrängung von Herstellermarken durch Handelsmarken z. B. OLBRICH/BUHR/GREWE/SCHÄFER 2005, S. 75 ff. und S. 99 ff.; OLBRICH/BUHR 2006, S. 30 ff. und S. 49 ff.

8 Vgl. zu einer Diskussion dieser rechtlichen Regulierung HORST 1992; GLASOW 2000 sowie mit Blick auf Handelsmarken z. B. OLBRICH 2001a; OLBRICH 2004; OLBRICH/BUHR 2004; OLBRICH/BUHR 2006; OLBRICH/BUHR 2007a und OLBRICH/BUHR 2007b.

fach zur Auslistung von Herstellermarken. Dies hat zur Folge, dass sich der Anteil der gelisteten Herstellermarken zugunsten des Anteils der gelisteten Handelsmarken immer weiter verringert. Die Anteile gelisteter Handelsmarken in den Verkaufsstätten des Konsumgüterhandels betragen schon derzeit nicht selten über 30 %.[9] Von Auslistungen betroffen sind in diesem Zusammenhang bisher vorwiegend Zweit- und Drittmarken der Industrie.[10] Gleichwohl ist nicht auszuschließen, dass auch führende Herstellermarken ‚Opfer' von Auslistungen des Handels werden.[11]

Zusammenfassend ist somit festzuhalten, dass der Konsumgüterhandel durch einen auf zwei Ebenen stattfindenden, jedoch interdependenten Verdrängungswettbewerb gekennzeichnet ist, in dem Handelsmarken keine unbedeutende Rolle spielen. Mit Blick auf den Verdrängungswettbewerb auf der *Handelsebene* – der letztlich auch ein Wettbewerb zwischen den Betriebsformen ist – eröffnen Handelsmarken den Handelsunternehmen offenbar gewisse Verdrängungspotenziale, da insbesondere Händler mit einem umfangreichen Angebot von Handelsmarken in den letzten Jahren durch ein starkes Wachstum gekennzeichnet sind und sich demnach anscheinend zunehmend durchsetzen.[12] Gleichzeitig sind Handelsmarken auch am Verdrängungswettbewerb auf der *Herstellerebene* beteiligt: So verdrängen Handelsmarken – zumindest teilweise – Herstellermarken aus den Sortimenten des Handels und gefährden damit insbesondere die Existenz kleinerer Hersteller, die in erster Linie Zweit- und Drittmarken produzieren.

1.2. Leitfragen der vorliegenden Untersuchung

Nachdem die in der Realität in den letzten Jahren zu beobachtenden Entwicklungen im Konsumgüterhandel erörtert wurden, sind im Folgenden die Leitfragen der Untersuchung darzulegen. Aus der gesellschaftlichen Bedeutung des Verdrängungswettbewerbs im Konsumgüterhandel ergibt sich die grundsätzliche Forderung nach einer einzelwirtschaftlichen und einer gesamtwirtschaftlichen Bewertung der zunehmenden

9 Vgl. STEENKAMP/GEYSKENS/GIELENS/KOLL 2004, S. 57; EHI RETAIL INSTITUTE 2007, S. 359; COMPETITION COMMISSION (UK) 2008, S. A9(10)-1.

10 Vgl. u. a. EUROPEAN COMMISSION 1997, S. 66; DOBSON/CLARKE/DAVIES/WATERSON 2001, S. 277; COMPETITION COMMISSION (UK) 2007, S. 7 und S. 9. Vgl. zu den Hintergründen tiefergehend OLBRICH/BUHR/GREWE/SCHÄFER 2005, S. 20 ff.

11 Vgl. OLBRICH 2001a, S. 257.

12 Vgl. WINDBERGS 2007, S. 3 f.

Verbreitung von Handelsmarken. Während gesamtwirtschaftliche Auswirkungen der zunehmenden Verbreitung von Handelsmarken bereits seit einigen Jahren im wissenschaftlichen Schrifttum diskutiert werden, mangelt es bisher an Untersuchungen, die die einzelwirtschaftliche Perspektive aufgreifen. Daher steht die einzelwirtschaftliche Perspektive mit entsprechenden betriebswirtschaftlichen Fragestellungen im Zentrum der vorliegenden Untersuchung. Es lassen sich im Allgemeinen drei einzelwirtschaftliche (Handelsunternehmen, Industrieunternehmen und Konsumenten) und davon zwei betriebswirtschaftliche Perspektiven (Handels- und Industrieunternehmen) unterscheiden.[13]

Im Rahmen der vorliegenden Untersuchung liegt der Schwerpunkt auf der betriebswirtschaftlichen ***Perspektive des Handels***. Vor dem Hintergrund der im vorangegangenen Abschnitt dargelegten Entwicklungen im Konsumgüterhandel stellt sich für Handelsunternehmen die Frage, ob die Führung von Handelsmarken im Sortiment eine Möglichkeit darstellt, die Marktdurchdringung und damit letztlich die Überlebensfähigkeit am Markt zu steigern. Aus der Perspektive des Handels ergibt sich für die vorliegende Untersuchung somit folgende grundlegende Leitfrage:

1. *Wie wirkt sich die zunehmende Verbreitung von Handelsmarken auf die Marktdurchdringung von Handelsunternehmen aus?*

Hinter dieser Frage verbirgt sich letztlich die Annahme, dass zwischen der Marktdurchdringung und der Überlebensfähigkeit am Markt ein positiver Zusammenhang bestehen kann. Die Marktdurchdringung kann – ebenso wie das Marktvolumen – sowohl mengenmäßig anhand von Absätzen als auch wertmäßig anhand von Umsätzen bestimmt werden. Die Betrachtung der Marktdurchdringung erscheint mit Blick auf den im Konsumgüterhandel herrschenden Verdrängungswettbewerb vor folgendem Hintergrund als besonders geeignet: Die Marktdurchdringung repräsentiert denjenigen Teil des Marktvolumens, den das betrachtete (bzw. die betrachteten) Unternehmen auf sich vereinigt (vereinigen). Unter der Annahme eines konstanten oder rückläufigen Marktvolumens – wovon in gesättigten Märkten auszugehen ist – geht mit einer Steigerung der Absätze und/oder Umsätze somit eine Steigerung der Marktdurchdringung einher.[14] Demzufolge ist eine Erhöhung der Marktdurchdringung letztlich – zumindest teilweise – mit einer Verdrängung von Konkurrenten verbunden, was im heutigen Verdrängungswettbewerb des Konsumgüterhandels einen Schritt auf dem Weg zur Sicherung oder Steigerung der Überlebensfähigkeit darstellen dürfte. Das

---

13 Vgl. OLBRICH 1998a, S. 8.

14 Vgl. dazu z. B. auch BECKER 2006, S. 149; THOMMEN/ACHLEITNER 2006, S. 954.

bedeutet aber zwangsläufig auch, dass es Handelsunternehmen geben muss, die in diesem Zusammenhang Marktanteile verlieren. Das kann schließlich so weit gehen, dass sie aus dem Markt ausscheiden müssen.

Vor diesem Hintergrund sind insbesondere (aber nicht nur) die ‚gefährdeten' Handelsunternehmen gezwungen, nach einer geeigneten Überlebensstrategie zu suchen. Der Erhalt (oder besser die Steigerung) der Überlebensfähigkeit stellt im Verdrängungswettbewerb des Konsumgüterhandels somit die wichtigste betriebswirtschaftliche Zielsetzung dar.[15] Welche Rolle Handelsmarken in diesem Zusammenhang zukommt, soll im Rahmen der vorliegenden Arbeit untersucht werden.

Aus dieser grundlegenden Frage und der dahinter stehenden betriebswirtschaftlichen Zielsetzung ergeben sich die folgenden, tiefergehenden Leitfragen der Untersuchung:

1.1 Welche Rahmenbedingungen begünstigen die gegenwärtig zu beobachtende zunehmende Verbreitung von Handelsmarken im Konsumgüterhandel?

1.2 Welche Auswirkungen hat eine zunehmende Verbreitung von Handelsmarken?

1.3 Ergeben sich mit Blick auf die Ausprägungen der Auswirkungen von Handelsmarken kurzfristig und langfristig gesehen u. U. Unterschiede?

1.4 Existieren Grenzen der Verbreitung von Handelsmarken?

1.5 Welche Verdrängungswirkungen ergeben sich aus einer zunehmenden Verbreitung von Handelsmarken?

Obwohl die zweite betriebswirtschaftliche Perspektive – die Perspektive der Industrie – nicht im Vordergrund dieser Untersuchung steht, erfordert es die Interdependenz zwischen den beiden betriebswirtschaftlichen Perspektiven, dass auch die ***Perspektive der Markenartikelindustrie*** im Rahmen dieser Untersuchung nicht unberücksichtigt bleibt.[16] Denn letztlich beeinflussen Entscheidungen der Markenartikelindustrie den Handel und Entscheidungen des Handels beeinflussen die Markenartikelindustrie.

---

15 Vgl. auch OLBRICH 1998a, S. 8.

16 Die Perspektive der Industrie steht hingegen in der Arbeit von SCHÄFER 2009 im Vordergrund, die ebenso wie die vorliegende Arbeit im Rahmen eines Forschungsprojekts am Lehrstuhl für Betriebswirtschaftslehre, insbesondere Marketing, der FernUniversität in Hagen entstanden ist. Dort wird untersucht, ob zwischen der Zunahme von Handelsmarken und der Erosion des Markenwerts industrieller Markenartikel ein Zusammenhang besteht.

Mit Blick auf die Markenartikelindustrie ist zwischen Produzenten führender Herstellermarken auf der einen Seite und Herstellern von Zweit- und Drittmarken auf der anderen Seite zu unterscheiden. Für diese Industrieunternehmen stellt sich die Frage, wie sich die zunehmende Verbreitung von Handelsmarken letztlich auf sie auswirkt:

2. *Welche Konsequenzen hat die zunehmende Verbreitung von Handelsmarken für die Markenartikelindustrie? Ergeben sich in diesem Zusammenhang u. U. Unterschiede mit Blick auf Produzenten führender Herstellermarken und Produzenten von Zweit- und Drittmarken?*

Den Hintergrund dieser Fragen bildet letztlich die Suche nach einer ‚angemessenen Reaktion' auf die zunehmende Verbreitung von Handelsmarken, um die Chancen auf das Überleben am Markt zu erhalten oder besser zu vergrößern. Als Basis zur Beantwortung dieser Fragen eignen sich ebenfalls die tiefergehenden Leitfragen 1.1 bis 1.5. Die Beantwortung dieser tiefergehenden Leitfragen ermöglicht letztlich auch eine Einschätzung aus der Perspektive der Markenartikelindustrie. Somit soll auf einige zentrale Konsequenzen der zunehmenden Verbreitung von Handelsmarken für die Markenartikelindustrie im Rahmen dieser Arbeit nicht verzichtet werden.

Neben der Beantwortung der aus den betriebswirtschaftlichen Perspektiven des Handels und der Markenartikelindustrie aufgeworfenen Fragen nach den Ursachen und Auswirkungen der zunehmenden Verbreitung von Handelsmarken im Konsumgüterhandel ist es ein über diese betriebswirtschaftliche Betrachtung hinausgehendes Ziel dieser Arbeit, auch eine Einschätzung aus gesamtwirtschaftlicher Perspektive und damit aus der ***Perspektive der Wettbewerbspolitik*** vorzunehmen. Dies geschieht vor dem Hintergrund, dass die Kenntnis der gesamtwirtschaftlichen Bewertung der zunehmenden Verbreitung von Handelsmarken auch aus den beiden betriebswirtschaftlichen – und gleichzeitig einzelwirtschaftlichen – Perspektiven des Handels und der Markenartikelindustrie sowie der dritten einzelwirtschaftlichen Perspektive der Konsumenten als sehr nützlich einzustufen ist:[17]

Mit Blick auf den Handel ist zunächst zwischen solchen Handelsunternehmen, deren Sortimente durch hohe Anteile gelisteter Handelsmarken gekennzeichnet sind und die die zunehmende Verbreitung von Handelsmarken somit ‚vorantreiben', und solchen Handelsunternehmen, die keine oder nahezu keine Handelsmarken anbieten, zu differenzieren. Den erstgenannten, ‚handelsmarkenorientierten' Handelsunternehmen kann die Kenntnis der wettbewerbspolitischen Bewertung der Zunahme von Handelsmarken – die möglicherweise auch negative Konsequenzen für die Konsumenten

17 Vgl. zu dieser Argumentation ähnlich OLBRICH 1998a, S. 13 f.

offenlegt – helfen, durch kommunikative Maßnahmen, die insbesondere auf positive Konsequenzen von Handelsmarken für die Konsumenten hinweisen, die Einkaufsstättenwahl der Konsumenten zu ihren Gunsten zu beeinflussen. Der zweiten Gruppe von Handelsunternehmen kann das Wissen über die wettbewerbspolitische Bewertung der Zunahme von Handelsmarken hingegen helfen, ihre eigene Position im Wettbewerb des Konsumgüterhandels besser einzuschätzen und entsprechende Schlüsse daraus zu ziehen. In diesem Zusammenhang ist z. B. an eine Beeinflussung des Gesetzgebers oder auch an Maßnahmen zur Stärkung der Position im Verdrängungswettbewerb zu denken.

Der Markenartikelindustrie kann die Kenntnis der Rahmenbedingungen (z. B. Gesetze) und der wettbewerbspolitischen Bewertung der zunehmenden Verbreitung von Handelsmarken eine bessere Einschätzung dahingehend ermöglichen, ob eine Beeinflussung des Gesetzgebers erforderlich ist und welche Maßnahmen ergriffen werden sollten, um im Verdrängungswettbewerb bestehen zu können. Auch hier können sich die Einschätzungen der einzelnen Industrieunternehmen unterscheiden, z. B. in Abhängigkeit davon, ob sie führende Markenartikel oder Zweit- und Drittmarken herstellen.

Auch für die Konsumenten ist es hilfreich zu wissen, welche gesamtwirtschaftlichen Konsequenzen die zunehmende Verbreitung von Handelsmarken mit sich bringt. Dieses Wissen können sie bei der Wahl ihrer Einkaufsstätten und der Artikel, die sie kaufen, unmittelbar anwenden.

Für eine Bewertung aus gesamtwirtschaftlicher Perspektive ist letztlich immer eine Berücksichtigung der jeweiligen einzelwirtschaftlichen Perspektiven erforderlich, da alle drei Parteien (Handel, Industrie und Konsumenten) davon betroffen sind. Die im Kern dieser Arbeit stehenden Erkenntnisse aus den einzelwirtschaftlichen Perspektiven sollen somit die Grundlage für eine ergänzende, gesamtwirtschaftliche Analyse der zunehmenden Verbreitung von Handelsmarken bilden.

Die Institutionen, die die Perspektive der Wettbewerbspolitik vertreten, haben durch adäquate wettbewerbspolitische Interventionen die Rahmenbedingungen für einen funktionsfähigen Wettbewerb und damit für eine optimale Versorgung der Konsumenten zu gestalten.[18] Sie nehmen stellvertretend die Perspektive der Konsumenten ein und haben dementsprechend die grundsätzliche Frage zu beantworten, ob die zunehmende Verbreitung von Handelsmarken und die diese möglicherweise begünsti-

---

18 Vgl. OLBRICH 1998a, S. 11.

genden Rahmenbedingungen den Konsumenten schaden oder nützen. Somit ergibt sich aus wettbewerbspolitischer Perspektive die folgende grundlegende Frage:

3. *Wie ist die zunehmende Verbreitung von Handelsmarken aus wettbewerbspolitischer Perspektive zu beurteilen?*

Hinter dieser Frage verbirgt sich letztlich das Ziel, durch Gestaltung von geeigneten Rahmenbedingungen ‚wettbewerbspolitisch erwünschte Marktergebnisse' der Marktteilnehmer zu generieren. In diesem Zusammenhang ist zu berücksichtigen, dass die Bewertung einzelner Auswirkungen der zunehmenden Verbreitung von Handelsmarken aus den verschiedenen einzelwirtschaftlichen Perspektiven unterschiedlich ausfallen kann.

Stellt sich im Zuge der Bewertung der zunehmenden Verbreitung von Handelsmarken heraus, dass sie wettbewerbspolitisch bedenklich ist oder aus Sicht der Konsumenten unvorteilhaft erscheint, weil die Gefahr einer Beeinträchtigung des Wettbewerbs nicht mehr ausgeschlossen werden kann, so besteht wettbewerbspolitischer Handlungsbedarf. In diesem Zusammenhang ist nicht zwingend eine Verschärfung von Gesetzen geboten. Stattdessen stellt sich vor einem restriktiv wirkenden Eingriff in die Rahmenbedingungen des Marktgeschehens die Frage, ob nicht eine Deregulierung eher zum Ziel führt.[19]

1.3. Aufbau der Untersuchung

Im zweiten Kapitel werden zunächst ausgewählte Rahmenbedingungen der zunehmenden Verbreitung von Handelsmarken im Konsumgüterhandel dargelegt: In Abschnitt 2.1. werden die Hintergründe der seit einigen Jahrzehnten im Konsumgüterhandel zu beobachtenden Unternehmenskonzentration erläutert. In diesem Zusammenhang wird auch auf unterschiedliche Erklärungsansätze der Konzentration eingegangen und es wird eine Verbindungslinie zur zunehmenden Verbreitung von Handelsmarken gezogen. Gegenstand von Abschnitt 2.2. ist die rechtliche Regulierung des Preiswettbewerbs im europäischen Konsumgüterhandel, die sich grundlegend in Artikel 81 EG, der das Verbot der vertikalen Preisbindung regelt, manifestiert. Insbesondere wird erläutert, warum das Verbot der vertikalen Preisbindung eine zunehmende Verbreitung von Handelsmarken im Konsumgüterhandel begünstigt und inwiefern es in diesem Zusammenhang zusätzlich noch ‚Rückendeckung' durch andere wettbewerbsrechtliche

---

19 Vgl. zur Notwendigkeit von wettbewerbspolitischen Eingriffen auch OLBRICH 1998a, S. 12 f.

Regelungen – z. B. durch das in Deutschland geltende Diskriminierungsverbot (§ 20 GWB) – erhält. Im Rahmen von Abschnitt 2.3. wird schließlich der Bogen zwischen den in den beiden vorangegangenen Abschnitten 2.1. und 2.2. dargelegten Inhalten geschlagen, indem der Zusammenhang zwischen der Marktform und der Wirkung preispolitischer Maßnahmen aufgezeigt wird.

Das dritte Kapitel beinhaltet eine tiefgehende Analyse des internationalen Schrifttums zu den Auswirkungen der zunehmenden Verbreitung von Handelsmarken. Anliegen dieses Kapitels ist es somit, den aktuellen Stand der Forschung und Praxis abzubilden. Zu diesem Zweck erfolgt in Abschnitt 3.1. zunächst eine chronologische Analyse einer Vielzahl von Publikationen. Die im Rahmen dieser Publikationen diskutierten Auswirkungen der zunehmenden Verbreitung von Handelsmarken werden anschließend in Abschnitt 3.2. – zur besseren Übersichtlichkeit differenziert nach Indikatoren – überblicksartig zusammengefasst. In Abschnitt 3.3. werden die einzelnen Indikatoren dann tiefgehend analysiert. In diesem Kontext werden insbesondere die Zusammenhänge und Hintergründe der im Zuge der wachsenden Verbreitung von Handelsmarken zu erwartenden Ausprägungen der Indikatoren erläutert. Zudem wird auf möglicherweise zu erwartende zeit- und objektbezogene Unterschiede in den Ausprägungen der Indikatoren eingegangen. Schließlich wird jeweils eine Bewertung aus den drei einzelwirtschaftlichen Perspektiven des Handels, der Markenartikelindustrie und der Konsumenten vorgenommen. In Abschnitt 3.4. wird schließlich untersucht, welche Zusammenhänge zwischen ausgewählten (der zuvor isoliert betrachteten) Indikatoren vor dem Hintergrund bisheriger Ergebnisse in der Literatur zu erwarten sind.

Bereits an dieser Stelle sei mit Blick auf die Literaturauswertungen angemerkt, dass die betriebswirtschaftliche Perspektive in den bisher existierenden Publikationen zu den Auswirkungen von Handelsmarken vernachlässigt wurde. Bisher wurden schwerpunktmäßig Bewertungen aus wohlfahrtsökonomischer Perspektive vorgenommen. Dies bedeutet jedoch nicht, dass sich die dafür verwendeten Indikatoren – zumindest überwiegend – nicht auch für eine Bewertung aus betriebswirtschaftlicher Sicht eigneten. Die vorliegende Arbeit, in der die betriebswirtschaftliche Perspektive im Zentrum steht, soll somit einen Beitrag zum Schließen dieser im Rahmen der Literaturauswertungen identifizierten Forschungslücke leisten.

Das vierte Kapitel enthält verschiedene empirische Untersuchungen zu ausgewählten ökonomischen Auswirkungen der zunehmenden Verbreitung von Handelsmarken im deutschen Konsumgüterhandel. Die den Untersuchungen zugrunde liegenden POS-

Scanningdaten[20] wurden der Verfasserin im Rahmen des Forschungsprojekts ‚SCAFO'[21] von einem Marktforschungsunternehmen zur Verfügung gestellt. Sie stammen aus einer Artikelgruppe aus dem Bereich Nassfertiggerichte, die überwiegend aus Fleisch bestehen. Die Auswahl dieser Artikelgruppe erfolgte auf Basis der Ergebnisse einer Voruntersuchung, die offenlegten, dass diese Artikelgruppe durch eine zunehmende Verbreitung von Handelsmarken gekennzeichnet ist und sich somit für die beabsichtigten Untersuchungen als geeignet erwies. Demnach wird die Diskussion über die Auswirkungen der zunehmenden Verbreitung von Handelsmarken in der vorliegenden Arbeit mit Blick auf den Lebensmittelhandel geführt.

In Abschnitt 4.1. werden zunächst die Datenbasis, die ausgewählte Stichprobe und die Art der Datenanalyse erläutert. Im Rahmen von Abschnitt 4.2. werden – insbesondere vor dem Hintergrund der Übertragbarkeit der empirischen Ergebnisse auf andere Artikelgruppen (aus derselben Branche und anderen Branchen) sowie Zeiträume – die Besonderheiten der untersuchten Artikelgruppe und des Untersuchungszeitraums dargelegt. In Abschnitt 4.3. wird ein Überblick über die Verbreitung von Handelsmarken in der untersuchten Artikelgruppe gegeben. Dies geschieht anhand der Listungsanteile, der Absatzanteile und der Umsatzanteile.

Im Zentrum der in Abschnitt 4.4. dargelegten empirischen Untersuchung steht die Frage, ob der Verbreitung von Handelsmarken aus betriebswirtschaftlicher Sicht Grenzen gesetzt sind. Zu diesem Zweck wird auf der Ebene einzelner Verkaufsstellen der Zusammenhang zwischen dem Anteil gelisteter Handelsmarken und der anhand der Umsätze gemessenen wertmäßigen Marktdurchdringung untersucht. Um Unterschiede zwischen den einzelnen Betriebsformen aufdecken zu können, werden Discounter, Supermärkte und Verbrauchermärkte separat untersucht.

Im Rahmen der in Abschnitt 4.5. präsentierten empirischen Untersuchung steht die Frage nach den Ausprägungen ausgewählter ökonomischer Indikatoren im Zuge der zunehmenden Verbreitung von Handelsmarken im Mittelpunkt. In diesem Zusammenhang interessieren insbesondere diejenigen Indikatoren, die im Verdrängungswettbewerb des Konsumgüterhandels eine zentrale Rolle spielen. Somit wird der Blick speziell auf die Indikatoren Artikelvielfalt, Preise sowie Absätze und Umsätze (als

---

20 Vgl. zu den Nutzenpotenzialen von POS-Scanningdaten u. a. OLBRICH/GRÜNBLATT 2003; GRÜNBLATT 2004; OLBRICH/GRÜNBLATT 2004; BUHR 2006; OLBRICH 2006.

21 Dieses vom Bundesministerium für Bildung und Forschung finanziell geförderte Forschungsprojekt wurde im Zeitraum von 2002 bis 2005 am Lehrstuhl für Betriebswirtschaftslehre, insbesondere Marketing, der FernUniversität in Hagen durchgeführt. Wesentliche Ziele des Projekts betrafen die Entwicklung und Dokumentation von Verfahren zur Analyse von Scanningdaten.

Indikatoren für die Marktdurchdringung bzw. das Marktvolumen) gerichtet. Die Auswahl gerade dieser Indikatoren erschien zudem vor dem Hintergrund des Ergebnisses der Literaturauswertungen (vgl. Kapitel 3.) interessant, dass sich die Ausprägungen dieser Indikatoren im Zuge der wachsenden Verbreitung von Handelsmarken auf kurze und auf lange Sicht u. U. unterscheiden. Mit Blick auf den hier betrachteten, vergleichsweise langen Untersuchungszeitraum von sechs Jahren erschien es somit möglich, Veränderungen der Ausprägungen im Zeitablauf aufdecken zu können.

Im Rahmen der in Abschnitt 4.6. dargelegten empirischen Untersuchung wird der Frage nachgegangen, wie sich die vom Handel im Zuge der zunehmenden Verbreitung von Handelsmarken eingesetzten sortiments- und preispolitischen Maßnahmen auf die Marktdurchdringung ausgewirkt haben. Eine gewisse ‚Brisanz' erfährt diese Untersuchung vor dem Hintergrund, dass dem Handel die ‚Freiheit' in der Kombination sortiments- und preispolitischer Maßnahmen erst durch das in Europa geltende Verbot der vertikalen Preisbindung (Artikel 81 EG) ermöglicht wurde, das ihm – neben der ihm ohnehin obliegenden Sortimentshoheit – auch die Preishoheit zuspricht. Diese Untersuchung erfolgt auf Basis eines kausalanalytischen Modells, das aufbauend auf den durch die Literaturauswertungen gestützten theoretischen Vorüberlegungen und den Erkenntnissen aus den vorangegangenen Untersuchungen konzipiert wurde. Kausalanalytische Modelle können Evidenzen für die Gültigkeit von theoretischen Überlegungen liefern, nicht jedoch Beweise.[22] Um der Gefahr vorzubeugen, lediglich Scheinzusammenhänge zu untersuchen, ist es im Rahmen von Kausalanalysen unumgänglich, vor der Anwendung des Verfahrens intensive sachlogische Überlegungen über die Beziehungen der Variablen anzustellen.[23] Kein empirisch noch so signifikanter Zusammenhang, der sich auch wiederholt in aufeinander aufbauenden Untersuchungen bewährt hat, kann ohne Verständnis der ihm zugrunde liegenden Wirkungsmechanismen Hinweise für eine Erklärung der Wirklichkeit liefern.[24]

Im fünften Kapitel werden zunächst die Ergebnisse der empirischen Untersuchungen zusammengefasst (Abschnitt 5.1.). Darauf aufbauend werden anschließend aus betriebswirtschaftlicher Perspektive ausgewählte Implikationen der Untersuchungsergebnisse für den Handel und für die Markenartikelindustrie dargelegt (Abschnitt 5.2.

22 Vgl. zur deduktiven Überprüfung von Theorien POPPER 2003, S. 117 f. sowie POPPER 2005, S. 9. Demnach können empirische Überprüfungen von Hypothesen im Falle einer Übereinstimmung lediglich zu der Aussage führen, dass sich die Hypothese ‚bewährt' hat, ‚bewiesen' oder ‚bestätigt' ist sie damit nicht. Klare Nichtübereinstimmungen gelten hingegen als ‚Widerlegung' oder ‚Falsifikation'.

23 Vgl. BACKHAUS/ERICHSON/PLINKE/WEIBER 2006, S. 338.

24 Vgl. OLBRICH 1998a, S. 39 f.

und Abschnitt 5.3.). In Abschnitt 5.4. werden die Ausführungen aus gesamtwirtschaftlicher Perspektive abgerundet, indem ausgewählte Implikationen der Untersuchungsergebnisse für die Wettbewerbspolitik erläutert werden. In diesem Zusammenhang wird aufgezeigt, ob wettbewerbspolitische Interventionen vor dem Hintergrund der empirischen Ergebnisse notwendig erscheinen. Schließlich wird in Abschnitt 5.5. auf die Frage der Neuartigkeit der Ergebnisse eingegangen und ein Ausblick auf zukünftig zu erwartende Entwicklungen gegeben.

2. Ausgewählte Rahmenbedingungen der zunehmenden Verbreitung von Handelsmarken

2.1. Steigende Konzentration im Konsumgüterhandel

Im deutschen und im übrigen europäischen Konsumgütersektor ist seit einigen Jahrzehnten eine zunehmende Konzentration auf der Handelsstufe festzustellen. Dies ist daran abzulesen, dass sich die Umsätze zunehmend auf wenige große Handelsunternehmen konzentrieren. Parallel dazu geht die Anzahl der in den betroffenen Branchen insgesamt vertretenen Unternehmen immer weiter zurück.[25]

Dies zeigt sich auch in der folgenden Abbildung, die exemplarisch die Entwicklung der Umsatzanteile der 30 umsatzstärksten Handelsunternehmen (‚TOP 30') im deutschen Lebensmitteleinzelhandel in den letzten Jahren wiedergibt.[26]

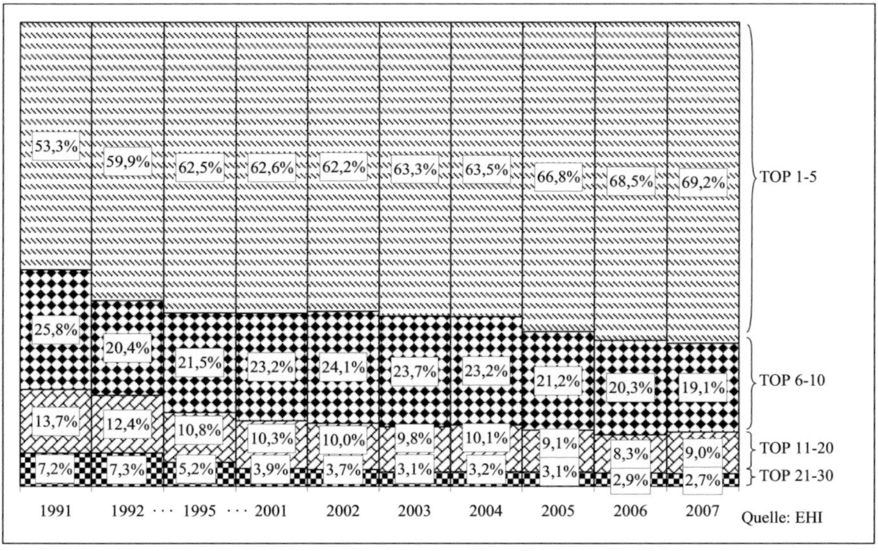

Abb. 1: Umsatzanteile der TOP 30-Handelsunternehmen im deutschen Lebensmitteleinzelhandel von 1991 bis 2007 (jeweils pro Jahr)

---

25 Vgl. tiefgehend zur Konzentration im Konsumgüterhandel OLBRICH 1998a und OLBRICH 1998b.

26 Dass sich die Anteile nicht immer genau zu 100,00 % addieren, ist auf Rundungsfehler zurückzuführen.

Der Abbildung ist zu entnehmen, dass insbesondere die Umsatzanteile der fünf umsatzstärksten Unternehmen kontinuierlich gestiegen sind, während sich die Umsatzanteile der Handelsunternehmen auf den Rängen 21 bis 30 im betrachteten Zeitraum mehr als halbiert haben.

Bedeutsam ist in diesem Zusammenhang auch die von OLBRICH/BUHR 2005c erstmals aufgezeigte Erkenntnis, dass der deutsche Lebensmitteleinzelhandel durch Verkrustungsprozesse bei gleichzeitig nicht mehr stattfindenden Austauschprozessen gekennzeichnet ist. So war die letzte Veränderung in der Zusammensetzung der Spitzengruppe der Handelsunternehmen im Lebensmitteleinzelhandel 1995 durch die Verdrängung von Allkauf durch Lekkerland zu konstatieren. Seitdem wurden die zehn Spitzenpositionen ununterbrochen von denselben Unternehmen besetzt, so dass von einer Verkrustung des Wettbewerbs auszugehen ist. Lediglich mit Blick auf die Rangfolge konnten gelegentlich Veränderungen in der Platzierung festgestellt werden. Zudem wurden seitdem auch keine Verluste von Marktanteilen der Spitzengruppe an das Verfolgerfeld mehr konstatiert. Ein Austausch fand somit nicht mehr statt.[27]

Im wissenschaftlichen Schrifttum findet seit vielen Jahren eine Diskussion über die Ursachen und ökonomischen Auswirkungen der zunehmenden Konzentration im Handel statt. Diese Diskussion erstreckt sich sowohl auf das wirtschaftswissenschaftliche als auch auf das juristische Schrifttum. Dabei steht nicht nur die Konzentration im Handel selbst im Blickpunkt der Diskussionen,[28] sondern auch die vielfach mit der Handelskonzentration in Verbindung gebrachte Nachfragemacht im Handel.[29]

Anfänglich wurde die Konzentration von Unternehmen vielfach damit erklärt, dass ‚Größe‘ und daraus resultierende Nachfragemacht sowie größenbedingte Kostensenkungspotenziale verantwortlich für das Ausscheiden vieler Klein- und Mittel-

---

27 Vgl. OLBRICH/BUHR 2005c. Die Autoren haben im Rahmen ihrer Untersuchung eine Aktualisierung der Ergebnisse von OLBRICH 1997 vorgenommen. OLBRICH hatte damals erstmals ein Instrumentarium zur Messung von Verkrustungs- und Austauschprozessen vorgestellt und auf Daten des deutschen Lebensmitteleinzelhandels angewandt.

28 Vgl. zur Konzentration im Handel u. a. TIETZ 1983; SCHENK/TENBRINK/ZÜNDORF 1984; AHLERT 1985; ARNDT 1985; MONOPOLKOMMISSION 1985; BÖCKER 1986; TÄGER 1987; GRÖNER 1989; MONOPOLKOMMISSION 1994; OLBRICH 1997; SCHMIDT 1997; OLBRICH 1998a; OLBRICH 1998b; OLBRICH 1999; OLBRICH 2001a; OLBRICH 2001b; OLBRICH 2001c; WORTMANN 2003; OLBRICH/BATTENFELD 2004; OLBRICH/BUHR 2005c; OLBRICH/BUHR 2006; INDERST/WEY 2007a; INDERST/WEY 2007b; OLBRICH/BUHR 2007a; OLBRICH/BUHR 2007b; WINDBERGS 2007.

29 Vgl. zur Nachfragemacht im Handel u. a. MÖHLENBRUCH 1985; BERG 1986; HAMER 1986; LADEMANN 1986; TÄGER 1987; GRÖNER 1989; KERBER 1989; KÜPPER 1997; SCHMIDT 1997; SCHULZE 1998; GRATZER 2001; KÖHLER 2006a; KÖHLER 2006b; DOBSON/INDERST 2007; BONTRUP/MARQUARDT 2008; BUNDESKARTELLAMT 2008; DOBSON/CHAKRABORTY 2008; INDERST 2008; INDERST/VALLETTI 2008; MISCHITZ 2008.

betriebe und damit letztlich auch für die Handelskonzentration seien.[30] Demgegenüber hat OLBRICH 1998 im Rahmen einer sehr tiefgehenden empirischen Untersuchung den Blick erstmals auf ‚Verdrängungspotenziale' innovativer Betriebsformen bzw. Angebotsformen als Erklärung für Unternehmenskonzentration gelenkt. Diese Verdrängungspotenziale beruhen auf gewissen Vorteilen überlegener Distributionsprinzipien (z. B. Discountprinzip, Prinzip der Großflächigkeit).[31] Im Rahmen der empirischen Untersuchung hat sich gezeigt, dass innovative Angebotsformen einen spezifischen, temporären Verdrängungsspielraum besitzen, der ihre weitere Verbreitung zu Lasten etablierter Angebotsformen – zumindest für einen gewissen Zeitraum – ermöglicht.[32]

Den Hintergrund dieses Ergebnisses bildet letztlich die Tatsache, dass die Konsumenten diese innovativen Betriebsformen ‚angenommen' haben. Sie haben sich somit von den konventionellen Betriebsformen abgewandt und sich stattdessen den innovativen Betriebsformen zugewandt, weil diese ihre Bedürfnisse vermutlich in stärkerem Maße erfüllen.[33] Dies wiederum führt dazu, dass Unternehmen mit innovativen Betriebsformen stark wachsen, so dass letztlich ihre Unternehmensgröße steigt.

Eine hohe Überlebensfähigkeit im Verdrängungswettbewerb besitzen somit diejenigen Unternehmen, denen eine Verbreitung derartiger Angebotsformen gelingt und die zugleich das Wechselspiel zwischen Größenvorteilen (z. B. in Form von Kostensenkungen beim Einkauf, in der Logistik, usw.) und Größennachteilen (z. B. ein hoher Grad an Bürokratisierung) zu ihren Gunsten beeinflussen.[34]

Für das Anwachsen der Handelsunternehmen sorgen demnach die Standardisierung und die aus ihr resultierende Multiplizierbarkeit innovativer Angebotsformen. Die Standardisierung der Angebotsformen bewirkt zudem eine Vereinfachung der zu steuernden und zu koordinierenden Abläufe im gesamten Wertschöpfungsprozess der Handelsunternehmen.[35]

---

30 Vgl. u. a. BORCHERT/GROSSEKETTLER 1985, S. 105 f.; MONOPOLKOMMISSION 1985, S. 50 f. Vgl. zu einem tiefgehenden Überblick über Ansätze zur Erklärung von Unternehmenskonzentration, die ‚Größe' als Hauptursache sehen, OLBRICH 1998a, S. 66 ff. sowie zu einer kurzen Zusammenfassung OLBRICH 1998a, S. 26 ff.

31 Vgl. OLBRICH 1998b, S. 4 f.

32 Vgl. OLBRICH 1998a, S. 32.

33 Vgl. OLBRICH 1998b, S. 12 f.

34 Vgl. OLBRICH 1998a, S. 31; OLBRICH 1998b, S. 9 f.; OLBRICH 1999, S. 428.

35 Vgl. OLBRICH 1998b, S. 10.

Die Wachstumsgeschwindigkeit der Handelsunternehmen und das Tempo des Konzentrationsprozesses basieren somit maßgeblich auf Ablösemechanismen unter den Betriebsformen. Eine hohe Akzeptanz neuartiger Betriebsformen seitens der Nachfrager führt nach diesem Erklärungsansatz zu hohen Wachstumsgeschwindigkeiten und damit u. U. zur Verdrängung oder Übernahme etablierter Wettbewerber.[36]

Die Erläuterungen verdeutlichen, dass der Ansatz von OLBRICH den zuvor in der Literatur diskutierten Ansätzen zur Erklärung von Unternehmenskonzentration nicht widerspricht, sondern sie vielmehr ergänzt. Der Unterschied liegt allerdings darin, dass größenbedingte Effizienzvorteile nach diesem Ansatz nicht als Ausgangspunkt, sondern eher als eine Begleiterscheinung gesehen werden, die letztlich Auswirkungen auf die Verbreitung bestimmter Betriebsformen hat und damit die Struktur des Konsumgüterhandels beeinflusst.[37]

Im europäischen und insbesondere im deutschen Konsumgüterhandel ist es seit einigen Jahren vor allem die Betriebsform Discounter, die sich in zunehmendem Maße verbreitet. Abbildung 2 verdeutlicht diese Entwicklung exemplarisch anhand des deutschen Lebensmitteleinzelhandels. Die Abbildung zeigt die Umsatzanteile der verschiedenen Betriebsformen in den Jahren 1991 bis 2007.[38] Es ist zu erkennen, dass Discounter den stärksten Marktanteilszuwachs (bezogen auf den Umsatz) im betrachten Zeitraum erzielt haben.

Somit waren Discounter durch ihre neuartige Angebotsform, die dadurch gekennzeichnet ist, dass ein enges, auf schnellen Warenumschlag ausgerichtetes Sortiment zu niedrigen Preisen angeboten wird,[39] in der Lage, die Nachfrage nach niedrigpreisigen Artikeln und damit insbesondere die Bedürfnisse sehr preisorientierter Konsumenten zu erfüllen. Diese Form des Warenangebots wurde von einer Vielzahl von Konsumenten ‚angenommen', was letztlich die Verbreitung dieser Betriebsform im Konsumgüterhandel erst ermöglicht hat.

Daneben ist aus Abbildung 2 ersichtlich, dass auch die Umsatzanteile der großflächigen Lebensmitteleinzelhändler (Verbrauchermärkte und SB-Warenhäuser) im betrachteten Zeitraum gestiegen sind. Dies ist vermutlich darauf zurückzuführen, dass

---

36 Vgl. OLBRICH 1998a, S. 33; OLBRICH 1998b, S. 10; OLBRICH 1999, S. 430.

37 Vgl. OLBRICH 1998a, S. 33.

38 Dass sich die Anteile nicht immer genau zu 100,00 % addieren, ist auf Rundungsfehler zurückzuführen.

39 Vgl. AUSSCHUSS FÜR DEFINITIONEN ZU HANDEL UND DISTRIBUTION 2006, S. 44.

auch in diesen Betriebsformen eine zunehmender ‚Drang' zur Discountierung der Sortimente zu beobachten ist.[40]

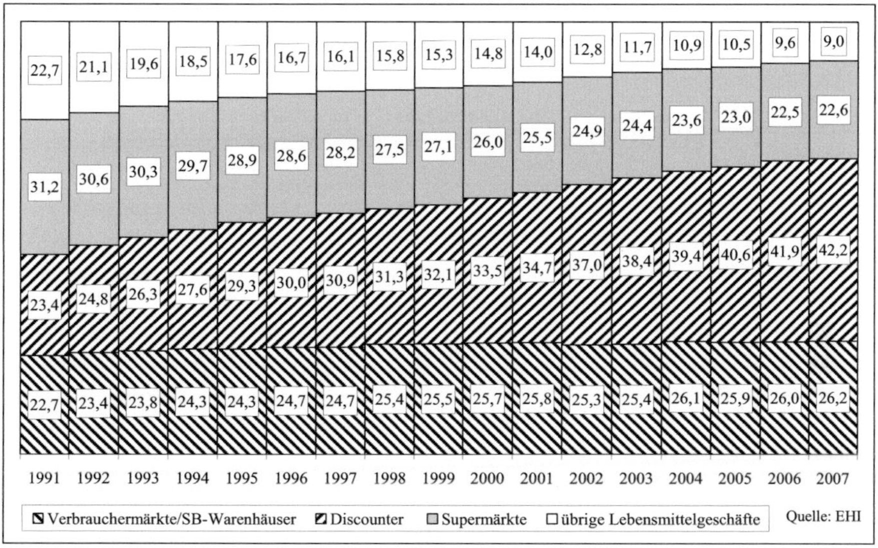

Abb. 2: Umsatzanteile der verschiedenen Betriebsformen im deutschen Lebensmitteleinzelhandel von 1991 bis 2007 (jeweils pro Jahr)

Eng verbunden mit der Zunahme von Discountern im Konsumgüterhandel ist die in den letzten Jahren stark zunehmende Verbreitung von Handelsmarken.[41] Gerade in Discountern ist der Anteil von Handelsmarken im Sortiment vergleichsweise hoch.[42] Somit beruht das von den Konsumenten ‚angenommene' innovative Distributionskonzept von Discountern nicht zuletzt auf dem Angebot von Handelsmarken.

Darüber hinaus ist auch ein Zusammenhang zwischen dem Grad der Konzentration im Handel und dem Marktanteil von Handelsmarken festzustellen.[43] Dies ist vermutlich

---

40 Vgl. OLBRICH 2001c, S. 12.

41 Vgl. u. a. OLBRICH 2001c, S. 11; WILDNER 2003, S. 109 ff.; STEENKAMP/GEYSKENS/GIELENS/KOLL 2004, S. 57 f.; COMPETITION COMMISSION (UK) 2007, S. 2; KUMAR/STEENKAMP 2007, S. 4 ff. sowie OLBRICH/BUHR 2007a, S. 488.

42 Vgl. u. a. OLBRICH 2001c, S. 11; STEENKAMP/GEYSKENS/GIELENS/KOLL 2004, S. 57; COMPETITION COMMISSION (UK) 2007, S. 2 sowie COMPETITION COMMISSION (UK) 2008, S. A9(10)-1.

43 Vgl. OLBRICH 2001a, S. 257; OLBRICH 2001c, S. 13 f. sowie die dort jeweils genannten empirischen Untersuchungen.

darauf zurückzuführen, dass bei hoher Handelskonzentration die noch verbliebenen Unternehmen i. d. R. vergleichsweise groß sind und dass mit zunehmender Unternehmensgröße i. d. R. Vorteile in der Bewerbung, Produktion und Vermarktung von Handelsmarken verbunden sind.[44]

2.2. Zur rechtlichen Regulierung des Preiswettbewerbs

Den ‚Nährboden' für die zunehmende Verbreitung von Handelsmarken bildet letztlich das in Europa geltende Wettbewerbsrecht, insbesondere das Verbot der vertikalen Preisbindung (Artikel 81 EG), das eine rechtliche Regulierung des Marktes darstellt.

Der Preiswettbewerb im europäischen Konsumgüterhandel unterliegt durch das in Artikel 81 EG geregelte Verbot der vertikalen Preisbindung einer starken rechtlichen Regulierung. Nach Artikel 81 und den dazugehörigen Leitlinien der Europäischen Kommission zum Umgang mit vertikalen Beschränkungen sind neben direkten Preisfestlegungen im Wege von Vertragsbestimmungen auch indirekte Preisbindungen, die z. B. durch bestimmte Konditionensysteme oder durch Drohungen eines der beteiligten Akteure bewirkt werden, verboten.[45]

‚Flankenschutz' erhält diese Regulierung des Marktes durch das Diskriminierungsverbot (§ 20 GWB), das marktbeherrschenden Unternehmen eine Nichtbelieferung von Händlern, deren Preissetzung nicht zu den eigenen preispolitischen Zielen passt, untersagt. Immerhin besteht dieser ‚Belieferungszwang' seit der fünften GWB-Novelle 1989 nur noch gegenüber kleinen und mittleren, jedoch nicht mehr gegenüber großen Handelssystemen. Gleichwohl weisen AHLERT/KÖSTER/VERING 2006 darauf hin, dass Hersteller, sofern sie keine marktbeherrschende Stellung innehaben, damit zwar rechtlich die Möglichkeit haben, größere Händler, die ihre Herstellermarken in Preiskämpfen mit anderen Händlern einsetzen, nicht zu beliefern. Faktisch existiere jedoch aufgrund der Konzentration im Handel ein Belieferungszwang, wenn der Markenartikelhersteller diese Händler als Kunden nicht verlieren will.[46]

Diese rechtliche ‚Zangenwirkung' von preispolitischer Einflussbegrenzung und Belieferungspflicht führt nach AHLERT 2004 sowie AHLERT/KÖSTER/VERING 2006 dazu,

44 Vgl. OLBRICH 2001a, S. 257; OLBRICH 2001c, S. 13.

45 Vgl. Artikel 81 EG und EUROPÄISCHE KOMMISSION 2000, S. 11.

46 Vgl. AHLERT/KÖSTER/VERING 2006, S. 215.

dass Markenartikelhersteller ihre Produkte nach Abgabe in das Distributionssystem einem ungewissen, ihrer vertikalen Vermarktungskonzeption möglicherweise diametral zuwiderlaufenden preispolitischen Schicksal überantworten müssen.[47]

Das Verbot der vertikalen Preisbindung hat das preispolitische Instrumentarium der Industrie somit geschwächt und im Gegenzug die preispolitischen Optionen des Handels erheblich gestärkt.[48] Neben den grundsätzlichen Optionen, die das Verbot der vertikalen Preisbindung dem Handel eröffnet hat (Preishoheit im gesamten Sortiment), und den damit eröffneten Vorteilen für preisaggressive Betriebsformen im Konzentrationsprozess des Einzelhandels ermöglicht dieses Verbot dem Handel insbesondere mit Blick auf Handelsmarken ganz besondere preispolitische Optionen:

- Kontrolle und Fixierung der endverbrauchergerichteten Preise im gesamten Vertriebsnetz des Handelsunternehmens sowie
- Justierung der Preisabstände zu den Herstellermarken und zu anderen Handelsmarken des Unternehmens sowie
- Justierung des ‚empfohlenen Herstellerabgabepreises‘, der von Handelsmarkenproduzenten zur Erzeugung ‚künstlicher Preisabstände‘ zu tatsächlich verlangten Preisen angegeben wird.[49]

Insbesondere im Lebensmitteleinzelhandel erfolgt durch Handelsmarken seit geraumer Zeit eine immer weiter voranschreitende Abschottung des Wettbewerbs bei gleichzeitiger Umgehung des Regulierungstatbestandes Preisbindungsverbot.

In diesem Zusammenhang haben sich in den letzten Jahren insbesondere zwei preispolitische Verhaltensweisen des Handels herauskristallisiert: das ‚Umbrella Pricing‘ und die ‚gezielte Preisschleuderei‘.[50] Mit Blick auf diese Verhaltensweisen merken AHLERT/KÖSTER/VERING 2006 an, dass Markenartikelhersteller dem „… Preisroulette zwischen überhöhten Preisen zur Begünstigung der Handelsmarken und radikalen Niedrigpreisen zugunsten der Erhöhung der Preisoptik der Einkaufsstätten in den Augen der Konsumenten nahezu schutzlos ausgeliefert …“[51] seien.

---

47 Vgl. AHLERT 2004, S. 249; AHLERT/KÖSTER/VERING 2006, S. 215. Siehe dazu auch AHLERT 1996, S. 28; AHLERT/KÖSTER 2004, S. 181 f.

48 Vgl. OLBRICH 2001a; OLBRICH/BUHR 2004.

49 Vgl. OLBRICH 2004, S. 167; OLBRICH/BUHR/GREWE/SCHÄFER 2005, S. 2.

50 Vgl. ausführlich dazu u. a. OLBRICH 2001a und OLBRICH 2001b.

51 AHLERT/KÖSTER/VERING 2006, S. 216.

Eine immer bedeutendere Rolle spielen in diesem Zusammenhang ‚Preiskulissen', also die durch die Preishoheit des Handels künstlich erzeugten Preisvergleiche bei bestimmten Waren.[52] Ein Beispiel aus dem Lebensmitteleinzelhandel zeigt, in welcher Form Preiskulissen zurzeit in der Unternehmenspraxis eingesetzt werden. So werden in Handzetteln des Handelsunternehmens Rewe Handels- und Herstellermarken preislich und qualitativ direkt miteinander verglichen.[53] Hier zielt die beabsichtigte Wirkung der Vergleiche nicht nur auf die unmittelbare Erhöhung des Abverkaufs der Handelsmarken, sondern auch auf die Profilierung des Händlers im Vergleich zu denjenigen anderen Händlern, die noch in erheblichem Umfang Herstellermarken anbieten.

Dem Problem des ‚Umbrella Pricing' wurde im Rahmen der siebten GWB-Novelle 2005, in der das deutsche Kartellrecht an das europäische Kartellrecht angeglichen wurde, zumindest in gewissen Grenzen Rechnung getragen. Denn nach Artikel 4a der Gruppenfreistellungsverordnung zu vertikalen Vereinbarungen in Verbindung mit § 2 II GWB ist es Lieferanten nun erlaubt, Höchstverkaufspreise festzulegen, „... sofern sich diese nicht infolge der Ausübung von Druck oder der Gewährung von Anreizen durch eine der Vertragsparteien tatsächlich wie Fest- oder Mindestverkaufspreise auswirken"[54].

Mit Blick auf die Untereinstandspreispolitik des Handels hat AHLERT bereits vor über 25 Jahren auf die damit einhergehende Verzerrung der Wettbewerbsverhältnisse hingewiesen. Ihm zufolge könnten durch Untereinstandspreise sowohl auf der Hersteller- als auch auf der Handelsstufe bestimmte Gruppen von Unternehmen unverhältnismäßig stark benachteiligt werden, ohne dass ihnen von der Rechtsordnung die entsprechenden Freiräume für geeignete Abwehrstrategien eröffnet würden. Eine derartige Ungleichverteilung der absatzpolitischen Freiheitsgrade könne weder mit Rücksicht auf die Verbraucherinteressen noch im Sinne eines leistungsgerechten Wettbewerbs als gerechtfertigt angesehen werden. Vor diesem Hintergrund sah AHLERT in

---

52 Vgl. OLBRICH 2004, S. 169 f.; OLBRICH/BUHR/GREWE/SCHÄFER 2005, S. 20 ff.

53 Vgl. z. B. Rewe-Handzettel der KW 22/2007 und KW 23/2007. Vgl. zu einer kritischen Stellungnahme HANKE 2007, S. 31.

54 EUROPÄISCHE KOMMISSION 1999, Artikel 4a. Vgl. tiefergehend zur Zulässigkeit von Höchstpreisbindungen auch AHLERT/KÖSTER/VERING 2006, S. 212 f. und S. 216 f.; HILDEBRAND 2006, S. 106 ff.; KÖHLER 2006a, S. 93 und OLBRICH/BUHR 2007a, S. 489 f.

Bezug auf Untereinstandspreise bereits damals ‚akuten wettbewerbspolitischen Handlungsbedarf'.[55]

„Völlig machtlos ...“[56] – wie AHLERT, KÖSTER und VERING es noch im Jahr 2006 bezeichneten – müssen die Hersteller seit der im Dezember 2007 in Kraft getretenen achten GWB-Novelle nun nicht mehr beim ‚Preisdumping' zuschauen. Im Rahmen dieser Novelle wurde eine Verschärfung des kartellrechtlichen Verbots von Verkäufen unter dem Einstandspreis (§ 20 IV GWB) mit Blick auf Lebensmittel vorgenommen.[57] Vorher galt das Verbot für Unternehmen mit überlegener Marktmacht, wenn sie Waren oder gewerbliche Leistungen ‚nicht nur gelegentlich' und ‚ohne sachliche Rechtfertigung' unter dem Einstandspreis anboten. Seit Inkrafttreten der Novelle ist auch der ‚gelegentliche' Verkauf von Lebensmitteln unter dem Einstandspreis grundsätzlich untersagt (§ 20 IV Satz 2 Nr. 1 GWB). Davon ausgenommen bleiben weiterhin Verkäufe unter dem Einstandspreis, wenn sie ‚sachlich gerechtfertigt' sind oder wenn ‚vergleichbar schwerwiegende Fälle' vorliegen.[58]

Als ‚sachlich gerechtfertigt' gilt ein Verkauf unter dem Einstandspreis dann, wenn er einen unmittelbar bevorstehenden physischen Verderb verhindern kann. Gleiches gilt für Saisonartikel bzw. speziell im Hinblick auf bestimmte Ereignisse hergestellte Artikel, wenn sie nach Ablauf der Saison bzw. des Ereignisses unverkäuflich sind. ‚Vergleichbar schwerwiegende Fälle' liegen z. B. bei beschädigter Ware oder Ausschussware vor.[59]

Dass sich die Verschärfung des Verbots lediglich auf Lebensmittel bezieht, wurde damit begründet, dass insbesondere der Lebensmitteleinzelhandel aufgrund der hohen Konzentration großer Handelsunternehmen von einem scharfen und teilweise ruinösen Preiswettbewerb gekennzeichnet sei.[60] Zu kritisieren ist in diesem Zusammenhang, dass der Gesetzgeber für eine Ausdehnung auf andere Bereiche des Konsumgüter-

55 Vgl. AHLERT 1983, S. 469 und AHLERT 1986, S. 336. Mit Verweis auf das ‚Koordinationsmängelkonzept' von GROSSEKETTLER kommt AHLERT 1986 zu dem Schluss, dass offensive Untereinstandspreise das Attribut ‚leistungsgerecht' nicht verdienten. Vgl. zu ‚schädlichen Wirkungen' von ‚Unterkostenverkäufen' auch NETTE 1984, S. 148.

56 AHLERT/KÖSTER/VERING 2006, S. 217.

57 Vgl. zu dieser Novelle auch OLBRICH/SCHULTZ/VOERSTE 2009, S. 3.

58 Vgl. DEUTSCHER BUNDESTAG 2007b, S. 3; BUNDESMINISTERIUM DER JUSTIZ 2007, S. 2966 sowie O. V. 2007a, S. 30.

59 Vgl. DEUTSCHER BUNDESTAG 2007a, S. 10 sowie DEUTSCHER BUNDESTAG 2007b.

60 Vgl. DEUTSCHER BUNDESTAG 2007a, S. 9.

handels nach wie vor keine Veranlassung sieht, obwohl auch in diesen Bereichen deutliche Anzeichen eines ruinösen Preiswettbewerbs nicht zu übersehen sind.[61]

Darüber hinaus ist es nach der Kartellnovelle marktmächtigen Unternehmen nun auch verboten, von den von ihnen belieferten kleinen und mittleren Unternehmen, mit denen sie auf dem nachgelagerten Markt im Wettbewerb stehen, höhere Preise als von den Endverbrauchern zu verlangen (§ 20 IV Satz 2 Nr. 3 GWB).[62]

Mit dieser Änderung sollen ebenso wie mit der Verschärfung des Untereinstandspreisverbots für Lebensmittel kleine und mittlere Lebensmitteleinzelhändler vor Verdrängungspraktiken marktstarker Handelskonzerne wirksamer geschützt werden.[63]

Obwohl der Gesetzgeber die Verschärfung des § 20 IV GWB in erster Linie zum ‚Schutz des horizontalen Wettbewerbs' vorgenommen hat, betrifft sie gleichzeitig auch die vertikale Beziehung zwischen Handel und Industrie.[64] Durch das bereits vor der achten Kartellnovelle in abgeschwächter Form geltende Verbot des Verkaufs unter dem Einstandspreis besteht für Konsumgüterhersteller die Möglichkeit, durch Festlegung der Abgabepreise an den Handel den letztendlichen Abverkaufspreis an den Endkäufer – zumindest in gewissem Maße – zu beeinflussen. Der Preissetzungsspielraum des Handels lässt sich damit zumindest insofern einschränken, dass der Einstandspreis den Preis bildet, der – sofern kein Ausnahmetatbestand greift – nicht unterschritten werden darf. Die im Zuge der achten Kartellnovelle vorgenommene Verschärfung des Untereinstandspreisverbots für Lebensmittel hat somit also eine gewisse Verbesserung des Schutzes der Lebensmittelhersteller vor gezielten Niedrigpreisstrategien des Handels gebracht.

Zusammenfassend ist zu konstatieren, dass die Möglichkeit zur vertraglichen Festlegung von Höchstverkaufspreisen und das Verbot des Verkaufs unter dem Einstandspreis zwar erste Schritte in die richtige Richtung sind, gleichwohl ist zu kritisieren, dass der Gesetzgeber nach wie vor eine generelle Abschaffung des Verbots der vertikalen Preisbindung und damit eine Deregulierung des Preiswettbewerbs nicht in Erwägung zieht.

---

61 Vgl. u. a. SEIDEL 2007 mit Blick auf Drogeriemärkte sowie O. V. 2002 in Bezug auf den Textileinzelhandel.

62 Vgl. DEUTSCHER BUNDESTAG 2007b, S. 3 und S. 11. Vgl. zu dieser Novelle auch OLBRICH/SCHULTZ/VOERSTE 2009, S. 3.

63 Vgl. DEUTSCHER BUNDESTAG 2007a, S. 9.

64 Vgl. dazu auch TAUBERGER 2008, S. 7.

Das Verbot der vertikalen Preisbindung ist ein Eingriff in die Vertragsfreiheit der Wirtschaftssubjekte.[65] Um vereinbar mit dem Grundkonzept des gemeinsamen Marktes als Raum weitgehend freier Wirtschaftstätigkeit zu sein, erfordert ein Eingriff in die Vertragsfreiheit eine klare Begründung. Im vorliegenden Fall könnte eine solche Begründung z. B. im Nachweis negativer Auswirkungen der Vertragsfreiheit für das Ergebnis des Wirtschaftsprozesses, d. h. insbesondere für die Wohlfahrt der Konsumenten bestehen.

In der Tat wurde in Deutschland derart argumentiert als das Preisbindungsverbot in den siebziger Jahren eingeführt wurde: Es wurde eine Machtanballung der Industrie gegenüber dem Handel gesehen, der mit Hilfe des Preisbindungsverbots entgegengewirkt werden sollte, um letztlich negative Folgen für die Konsumenten zu vermeiden.[66]

Der Zwang zur Begründung eines gesetzgeberischen Eingriffes in die Vertragsfreiheit erlischt jedoch nicht mit der Aufnahme einer entsprechenden Norm in das Gesetz. Da der Wirtschaftsprozess dynamischer Natur ist, ist vielmehr kontinuierlich zu prüfen, ob die ursprünglichen Gründe für eine Maßnahme noch überzeugen und ob es inzwischen nicht weitere Gründe gibt, die eventuell gegen die Maßnahme sprechen.[67]

Im Schrifttum mehren sich die Stimmen, die bezweifeln, dass eine weitere Beibehaltung des Preisbindungsverbots die richtige Entscheidung ist. Sie argumentieren mit der Marktsituation in der Konsumgüterwirtschaft, insbesondere mit dem derzeitigen Zustand des Machtverhältnisses zwischen Handel und Industrie.[68]

Auch AHLERT fordert bereits seit vielen Jahren eine vollständige Deregulierung des Preiswettbewerbs, d. h. eine Abschaffung des Verbots der vertikalen Preisbindung.[69] In diesem Zusammenhang weist er darauf hin, dass eine erlaubte Preisbindung nicht zwangsläufig bedeute, dass alle Marktteilnehmer die Preise binden. Es bestehe vielmehr lediglich die Möglichkeit zur Preisbindung. Insofern sei das Alternativenspektrum an konkreten Ausgestaltungsmöglichkeiten recht groß. In diesem Zu-

---

65 Vgl. hierzu auch OLBRICH/BUHR 2007a, S. 490 f.

66 Vgl. hierzu überblicksartig HORST 1992.

67 Vgl. ähnlich HORST 1992, S. 282 und AHLERT/KÖSTER/VERING 2006, S. 217.

68 Vgl. HORST 1992; GLASOW 2000 sowie unter Angabe weiterer Quellen OLBRICH 2004 und OLBRICH/BUHR 2006.

69 Vgl. u. a. AHLERT 1996, S. 29; AHLERT 2004, S. 258; AHLERT/KÖSTER/VERING 2006, S. 225 f.

sammenhang fügt er hinzu, dass in Zeiten der Zulässigkeit vertikaler Preisbindung lediglich ein kleiner Anteil der Markenprodukte preislich gebunden gewesen sei.[70]

Eine offene Diskussion über diesen Aspekt findet im europäischen Gesetzgebungsprozess jedoch derzeit nicht statt. Von Befürwortern der derzeitigen Regelung wird lediglich auf die volkswirtschaftliche Analyse verwiesen, die mit Hilfe reiner Modellanalysen, ausgehend von Startannahmen, die der realen Lage nicht entsprechen, die Vorteilhaftigkeit der derzeitigen Regelung zu demonstrieren scheinen.[71]

Mit Blick auf die ‚Beweislastumkehr' spricht also schon ein Fehlen klarer Begründungen, die in regelmäßigen Abständen vorgelegt werden, für eine Abschaffung des Verbots.

In diesem Zusammenhang kommt dem am 28.06.2007 vom US SUPREME COURT gefällten Urteil zu vertikalen Preisvereinbarungen besondere Bedeutung zu. In diesem hob das oberste Gericht der USA das bis dahin geltende per-se-Verbot von vertikalen Mindestpreisvereinbarungen auf und führte stattdessen eine Einzelfallbeurteilung (‚rule-of-reason') ein.[72] Das Gericht hob damit ein fast 100 Jahre altes Präzedenzurteil von 1911 auf und hat somit zumindest indirekt auch potenziell wettbewerbsbeschränkende Wirkungen eines per-se-Verbots anerkannt.

2.3. Die Marktform als Determinante der Preispolitik im Handel

In der klassischen betriebswirtschaftlichen Preistheorie existieren unterschiedliche Modellansätze, die die Beziehung zwischen der Höhe des Preises und verschiedenen ökonomischen Variablen untersuchen. Sie werden im Allgemeinen als ‚Marktreaktionsmodelle' oder ‚Marktreaktionsfunktionen' bezeichnet.[73] Die grundlegende Marktreaktionsfunktion stellt in diesem Zusammenhang die Preisabsatzfunktion dar, die zum einen den Preis als Aktionsvariable und zum anderen den Absatz als Reaktionsvariable beinhaltet.

---

70 Vgl. u. a. AHLERT 1996, S. 36 ff.; AHLERT 2004, S. 257.

71 Eine kommentierte Liste solcher Quellen findet sich bei SECRIERU 2004.

72 Vgl. US SUPREME COURT 2007, S. 1 und S. 28.

73 Vgl. tiefergehend zu Marktreaktionsfunktionen u. a. SCHMIDT/TOPRITZHOFER 1978; STEFFENHAGEN 1978; TOPRITZHOFER 1978; GEDENK/SKIERA 1993; HANSMANN 1995; BUKHARI 1998.

Wie in Abschnitt 1.3. bereits dargelegt wurde, wird im Rahmen der vorliegenden empirischen Untersuchung eine Artikelgruppe aus der Warengruppe Fleisch untersucht, die somit der übergeordneten Warengruppe Lebensmittel angehört. Da es im Zuge preispolitischer Überlegungen nicht unbedeutend ist, welche Marktform in der untersuchten Branche vorherrscht,[74] stellt sich die Frage, welcher Marktform die hier betrachtete Branche ‚Lebensmitteleinzelhandel' am ehesten zuzuordnen ist. In der Literatur hat sich diesbezüglich bisher noch keine einheitliche Einschätzung durchgesetzt. So wird der deutsche Lebensmitteleinzelhandel von einigen Autoren als ‚Polypol auf einem unvollkommenen Markt'[75] charakterisiert, während andere Autoren ihn eher in die Marktform des ‚Oligopols'[76] einordnen. Daher wird für die in Frage kommenden Marktformen in der gebotenen Kürze auf die jeweilige Preisabsatzfunktion eingegangen.

Die doppelt geknickte Preisabsatzfunktion von GUTENBERG gilt in der Betriebswirtschaftslehre als theoretisch fundiert und hat sich zudem – sowohl für das Polypol als auch für das Oligopol – empirisch mehrfach bewährt.[77]

Die Besonderheit der doppelt geknickten Preisabsatzfunktion ist ihre Dreiteilung in einen relativ unelastischen mittleren Teil und zwei elastische Randbereiche.[78] Die Preiselastizität kennzeichnet dabei das Verhältnis der relativen Änderung der Nachfrage zu der sie auslösenden relativen Änderung des Preises. Sie ist ein dimensionsloses Maß für den Einfluss des Preises auf den Absatz.[79]

GUTENBERG geht davon aus, dass im relativ unelastischen mittleren Teil der Funktion Preisänderungen nur geringfügige Änderungen der Nachfrage auslösen, während Preisvariationen in den elastischen Randbereichen zu starken Nachfrageänderungen führen. Der grundsätzliche Verlauf der Funktion ist GUTENBERG zufolge im Polypol

---

74 Vgl. u. a. OLBRICH/BATTENFELD 2007, S. 19; DILLER 2008, S. 72.

75 Vgl. MONOPOLKOMMISSION 1985, S. 75; MONOPOLKOMMISSION 1994, S. 158. BERG argumentiert im Rahmen seiner Analyse gegen den Standpunkt des Bundeskartellamts, dass der Lebensmitteleinzelhandel oligopolgefährdet sei. Vgl. BERG 1985, S. 36 ff.

76 Vgl. WIED-NEBBELING 1986, S. 253 f.; PÜTTHOFF/LENDERS 1999, S. 33; MÖSER 2002, S. 18; AHLERT/KENNING/VOGEL 2003, S. 4. Siehe auch Beschluss des Bundeskartellamts vom 14.08.1984, WuW/E BKartA 2161 (Co op AG/Wandmaker GmbH).

77 Vgl. DILLER 2008, S. 79. Vgl. zu empirischen Überprüfungen u. a. FOG 1960; HUPPERT 1974; WIED-NEBBELING 1985; GAUL/LÖFFLER 1999.

78 Vgl. DILLER 2008, S. 79. Vgl. tiefgehend zu den Grundlagen der doppelt geknickten Preisabsatzfunktion GUTENBERG 1984, S. 238 ff.

79 Vgl. SIMON 1992, S. 93 sowie AHLERT/KENNING/VOGEL 2003, S. 5.

und im Oligopol gleich, allerdings differieren die jeweils angenommenen Entwicklungen in den beiden Marktformen.[80]

Im Falle eines *Polypols* wird der relativ unelastische mittlere Teil der GUTENBERGschen Preisabsatzfunktion als ‚monopolistischer Bereich' bezeichnet. Innerhalb dieses Bereichs lösen Preisvariationen lediglich sehr geringfügige Veränderungen der Nachfrage aus. GUTENBERG führt dies auf die sogenannten ‚akquisitorischen Potenziale' der Unternehmen zurück, die letztlich die Präferenzen der Konsumenten für bestimmte Unternehmen begründen.[81] Das ‚akquisitorische Potenzial' umfasst alle Faktoren, die die individuelle Anziehungskraft eines Unternehmens ausmachen.[82] Im Lebensmitteleinzelhandel sind das z. B. die Reputation des Händlers, Handelsmarken, Liefer- und Zahlungsbedingungen, Standort, Service sowie Angebot und Qualität der Waren.[83]

Innerhalb des monopolistischen Spielraums wirken sich Preisänderungen zwar auch auf den Absatz aus. Diese Änderungen sind in ihrer Ausprägung allerdings sehr schwach, da lediglich bisherige ‚Stammkunden' ihre Nachfrage leicht verändern und u. U. ‚Grenznachfrager' hinzukommen bzw. ausscheiden. Es kommt jedoch nicht zu Fluktuationen bisheriger Stammkunden oder Zuwanderungen von Stammkunden der Konkurrenz. Innerhalb des monopolistischen Preisbereichs fließt somit nur latente Nachfrage zu oder ab.

Der monopolistische Spielraum ist dabei umso größer, je

- ausgeprägter das akquisitorische Potenzial des Unternehmens bzw. je geringer die Substituierbarkeit der angebotenen Leistung ist,
- unwichtiger der Preis im Zuge der Kaufentscheidung ist bzw. je qualitäts- und servicebewusster die Konsumenten sind,
- unvollkommener die Preis- und Qualitätstransparenz ist,
- langsamer die Konsumenten auf Preisänderungen reagieren.[84]

---

80 Vgl. GUTENBERG 1984, S. 291 f. sowie AHLERT/KENNING/VOGEL 2003, S. 5; DILLER 2008, S. 79 f.

81 Vgl. GUTENBERG 1984, S. 244 f.

82 Vgl. WIED-NEBBELING 2004, S. 114.

83 Vgl. AHLERT/KENNING/VOGEL 2003, S. 6.

84 Vgl. AHLERT/KENNING/VOGEL 2003, S. 8; WIED-NEBBELING 2004, S. 114 f.; DILLER 2008, S. 80.

Außerhalb des monopolistischen Bereichs müssen die Anbieter damit rechnen, dass es – neben den auch innerhalb des Bereichs bei Preisvariationen auftretenden Nachfrageschwankungen – bei Preiserhöhungen zusätzlich zu einer Abwanderung von Käufern zur Konkurrenz bzw. bei Preissenkungen zu einem Käuferzustrom von der Konkurrenz kommt.[85] Der Anbieterwechsel lässt sich auf ein nicht mehr ausreichendes akquisitorisches Potenzial der jeweils von der Fluktuation betroffenen Anbieter zurückführen. D. h. im Falle von Preiserhöhungen, dass der Preis im Vergleich zur Konkurrenz nun so hoch ist, dass das akquisitorische Potenzial des Anbieters nicht mehr ausreicht, um die Kunden dennoch zu halten. Im Falle von Preissenkungen ist der Preis nun so gering, dass das akquisitorische Potenzial der konkurrierenden Anbieter nicht mehr zur Kundenbindung ausreicht.[86]

Die Absatzverschiebungen verteilen sich im Polypol auf viele Anbieter, so dass der Nachfragezustrom bzw. -verlust für jeden einzelnen Konkurrenten so gering ist, dass preispolitische Reaktionen ausbleiben.[87]

Auch für den Fall des *Oligopols* geht GUTENBERG von einer doppelt geknickten Preisabsatzfunktion aus. Allerdings wird sie im Oligopol anders interpretiert als im Polypol. Der relativ unelastische mittlere Bereich der Preisabsatzfunktion wird von GUTENBERG im Oligopol als ‚reaktionsfreier Bereich' bezeichnet. Preisvariationen führen in diesem Bereich zu den gleichen Ergebnissen wie im Polypol. Während dieser Bereich auch hier frei von preisbezogenen Konkurrenzreaktionen ist, sind die beiden nach oben und unten angrenzenden preiselastischen Bereiche demgegenüber jedoch nicht frei von preispolitischen Konkurrenzreaktionen.[88]

Dies ist darauf zurückzuführen, dass im Oligopol lediglich wenige Anbieter existieren und Käuferfluktuationen sich daher nicht auf eine Vielzahl von Anbietern verteilen. Sie werden somit für die Konkurrenten spürbar und lösen preispolitische Reaktionen aus. Auf Preissenkungen reagieren die Konkurrenten i. d. R. ebenfalls mit Preissenkungen und umgekehrt.[89]

Den Hintergrund für dieses Parallelverhalten bilden ähnliche Kosten- und Erlösstrukturen der Anbieter im Oligopol. Anbieter, die nach der Preissenkung eines

---

85 Vgl. GUTENBERG 1984, S. 244 ff. sowie SCHMALEN 1995, S. 97.

86 Vgl. AHLERT/KENNING/VOGEL 2003, S. 7.

87 Vgl. SCHMALEN 1995, S. 96 f.

88 Vgl. GUTENBERG 1984, S. 293 sowie ALBACH 1973, S. 19.

89 Vgl. u. a. OLBRICH/BATTENFELD 2007, S. 19.

Konkurrenten ebenfalls mit Preissenkungen reagieren, streben eine Rückgewinnung ihrer zum preisaggressiven Konkurrenten abgewanderten Stammkunden an. Anbieter, die nach der Preiserhöhung eines Konkurrenten ebenfalls mit Preissteigerungen reagieren, nutzen ihre Möglichkeit, dies ohne Gewinneinbußen zu tun. Sie verlieren lediglich die vorher zugewanderten Stammkunden des Konkurrenten, der den Preis zuerst erhöht hatte.[90]

Die Anpassungen der Konkurrenzpreise führen letztlich dazu, dass sich die Lage der Preisabsatzfunktion verschiebt. Bei unveränderter Präferenzverteilung auf alle Anbieter behält sie aber ihre doppelt geknickte Form bei.[91]

Mit Blick auf den Lebensmitteleinzelhandel ist zurzeit noch davon auszugehen, dass der relativ unelastische mittlere Bereich der Preisabsatzfunktion noch recht klein ist. Der Grund dafür liegt darin, dass das akquisitorische Potenzial der einzelnen Händler aufgrund der hohen Substituierbarkeit der Leistungen als noch zu gering einzustufen ist. Da die Konsumenten somit momentan noch Ausweichmöglichkeiten haben, stellt der Preis das kaufentscheidende Kriterium dar. Diese Aspekte grenzen den preispolitischen Spielraum der Händler im Lebensmitteleinzelhandel zurzeit noch ein. Schon geringe Preisvariationen führen daher vermutlich überwiegend noch zu recht starken Veränderungen der Absätze.[92] Die oben beschriebenen Entwicklungen waren in den letzten Jahren im deutschen Lebensmitteleinzelhandel recht deutlich zu erkennen. Denn der Lebensmitteleinzelhandel ist zurzeit nach wie vor noch von einem starken Preiskampf gekennzeichnet.[93] Die Preisspirale nach unten trat insbesondere im Zuge der starken Zunahme von Verkaufsstellen der Betriebsform Discounter auf.

Nun ist allerdings zu befürchten, dass die letzten kleineren Handelsunternehmen in diesem Preiskampf nicht mehr ‚mithalten' können und aus dem Markt ausscheiden. Dies ist dann vermutlich der ‚Startschuss' für ein paralleles Preisverhalten der noch verbliebenen Anbieter nach oben. Dies ist vor allem deshalb kritisch zu betrachten, weil die Preiserhöhungen vermutlich nicht aufgrund verbesserter Produktqualitäten zustande kommen, sondern vorwiegend aufgrund der geringen Anzahl verbliebener Konkurrenten, die ein preisliches Parallelverhalten – wie die obigen Ausführungen zum Preissetzungsverhalten im Oligopol verdeutlichen – erst ermöglicht. Steigende

---

90 Vgl. AHLERT/KENNING/VOGEL 2003, S. 10.

91 Vgl. tiefergehend dazu GUTENBERG 1984, S. 298 ff.; AHLERT/KENNING/VOGEL 2003, S. 11; DILLER 2008, S. 80.

92 Vgl. AHLERT/KENNING/VOGEL 2003, S. 8.

93 Vgl. DIERIG/SEIDEL/HAUSTEIN-TESSMER 2008.

Preise können somit u. U. ein ‚Alarmsignal' für eine einsetzende Oligopolisierung des Marktes und damit eine beginnende Preisspirale nach oben darstellen.

3. Auswirkungen der zunehmenden Verbreitung von Handelsmarken – eine Bilanzierung und Bewertung der Diskussion in der Literatur

3.1. Chronologische Analyse ausgewählter Publikationen

Der zunehmenden Verbreitung von Handelsmarken werden einerseits wettbewerbsfördernde und für die Konsumenten in erster Linie vorteilhafte Effekte zugeschrieben, andererseits werden auch wettbewerbsbeschränkende und zumindest langfristig eher nachteilige Effekte für die Konsumenten und das Gemeinwohl gesehen.

Nachfolgend werden die im Rahmen des Schrifttums am wichtigsten erscheinenden Quellen daraufhin untersucht, ob die Autoren durch den Zuwachs von Handelsmarken in erster Linie positive oder negative Effekte für den Wettbewerb im Konsumgütermarkt und damit letztlich für die Konsumenten erwarten.[94] Zu diesem Zweck werden jeweils zuerst die in den Aufsätzen genannten Auswirkungen wiedergegeben. Dabei werden die Quellen in chronologischer Reihenfolge der Erscheinungsjahre und innerhalb der einzelnen Jahre in alphabetischer Reihenfolge der Autorennamen abgehandelt. Die im Fließtext angegebenen Seitenzahlen beziehen sich auf die jeweils als Abschnittsüberschrift im Fettdruck angegebene Quelle.

1. HOCH, S. J./BANERJI, S. 1993:

When Do Private Labels Succeed?, in: Sloan Management Review, Vol. 34, No. 4, pp. 57-67.

Die Autoren versuchen in ihrem Aufsatz, Erfolgsfaktoren von Handelsmarken für den Supermarktsektor in den USA zu bestimmen. Das bedeutet, dass sie sich nicht ausdrücklich mit den Konsequenzen von Handelsmarken für die Konsumenten auseinandersetzen. Es lassen sich in ihrem Beitrag aber dennoch Einschätzungen zu möglichen Auswirkungen durch Handelsmarken erkennen:

---

94 Eine jüngere Literaturübersicht zu den ökonomischen Konsequenzen von Handelsmarken geben BERGÈS-SENNOU/BONTEMS/RÉQUILLART 2004. Eher am Rande verweisen die Autoren darauf, dass durch die Verbreitung von Handelsmarken langfristig für die Wohlfahrt schädliche Folgen auftreten könnten und verweisen auf DOBSON 1998.

Handelsmarken werden von HOCH/BANERJI als starke ‚Wettbewerbsquelle' für Markenartikelhersteller bezeichnet (S. 57). Beim Kauf von Handelsmarken kann es in den Augen der Verfasser einerseits sein, dass Konsumenten eine niedrigere Qualität in Kauf nehmen, wenn sie dadurch ein Produkt zu einem niedrigeren Preis bekommen können. Andererseits könnten Konsumenten in einigen Kategorien beim Kauf von Handelsmarken aber auch eine zu den Herstellermarken vergleichbare Qualität zu einem niedrigeren Preis erhalten (S. 65).

Die traditionelle Sichtweise, dass Handelsmarken Folger und keine Innovatoren seien und dass sie limitierte Werbebudgets hätten, ist nach Ansicht der Autoren nicht mehr zwangsläufig richtig. Sich als Markenartikelhersteller an dieser Sichtweise zu orientieren, sei vielmehr gefährlich (S. 66).

HOCH/BANERJI nennen sowohl eher positive als auch eher negative Effekte durch Handelsmarken für die Konsumenten. Darüber hinaus warnen sie Markenartikelhersteller davor, Handelsmarken zu unterschätzen. Sie legen sich allerdings nicht abschließend fest, ob sie insgesamt eher Vor- oder Nachteile durch Handelsmarken für die Konsumenten sehen.

2. MESSINGER, P. R./NARASIMHAN, C. 1995:

Has Power Shifted In The Grocery Channel?, in: Marketing Science, Vol. 14, No. 2, pp. 189-223.

MESSINGER/NARASIMHAN gehen in ihrem Beitrag der Frage nach, ob es in der Lebensmittelbranche – in den USA – in den letzten zwei Dekaden einen ‚Machtwechsel' gegeben hat. Im Zuge ihrer Untersuchung legen sie auch einige Konsequenzen der Zunahme von Handelsmarken für Herstellermarken dar.

Die zunehmende Verbreitung von Handelsmarken kann in den Augen der Autoren dazu führen, dass die Konsumenten den Herstellermarken insgesamt weniger Beachtung schenken (S. 201). Darüber hinaus werde der Zuwachs von Handelsmarken eine Verlagerung des Gewinns von den Herstellern hin zu den Händlern bewirken, wenn die Händler weiterhin höhere Gewinne mit ihren Handelsmarken erzielten als mit Herstellermarken (S. 202). Der zunehmende Anteil von Handelsmarken könne ferner dazu führen, dass die Konsumentenloyalität von Marken auf Geschäftsstätten übergehe (S. 220).

Die Autoren stellen ausschließlich negative Auswirkungen von Handelsmarken für Herstellermarken heraus. Welche potenziellen Konsequenzen der Anstieg von Handelsmarken für die Konsumenten haben könnte, wird von den Autoren nicht untersucht.

3. RAJU, J. S./SETHURAMAN, R./DHAR, S. K. 1995:

The Introduction and Performance of Store Brands, in: Management Science, Vol. 41, No. 6, pp. 957-978.

Ziel der Untersuchung von RAJU/SETHURAMAN/DHAR war es, herauszufinden, welche ‚Begleitumstände' in einer Produktgruppe für eine ‚erfolgreiche' Einführung von Handelsmarken förderlich sind. Sie stellen zunächst ein Modell auf, welches die Vermutung enthält, dass die Einführung einer Handelsmarke eher dann zu einer Erhöhung der Gewinne von Handelsunternehmen in einer Artikelgruppe führt, wenn die Kreuzpreissensibilität zwischen Herstellermarken gering ist und die Kreuzpreissensibilität zwischen Herstellermarken und der Handelsmarke hoch ist. Sie gehen in ihrem Modell ferner davon aus, dass auch der Absatzanteil von Handelsmarken unter diesen Bedingungen höher ist. Zudem führe die Einführung von Handelsmarken zu höheren Gewinnen in der Artikelgruppe, wenn die Anzahl gelisteter Herstellermarken in der Artikelgruppe hoch ist.

Die Modellannahmen bewährten sich in einer von den Autoren durchgeführten empirischen Untersuchung. Als Datenbasis dienten Abverkaufsdaten amerikanischer Supermärkte aus dem Jahr 1988. Zudem stellten die Autoren im Rahmen der empirischen Untersuchung fest, dass die Anzahl gelisteter Herstellermarken im Zuge der Zunahme von Handelsmarken zurückging (S. 974). Mit Blick auf den Gesamtabsatz in der Artikelgruppe stellten sie weder einen signifikant positiven noch negativen Einfluss der Einführung von Handelsmarken fest (S. 973).

4. BODENBACH, B. F. 1996:

Internationale Handelsmarkenpolitik im europäischen Lebensmitteleinzelhandel, Regensburg 1996.

BODENBACH untersucht in seinem Beitrag die internationale Handelsmarkenpolitik im europäischen Lebensmitteleinzelhandel. Er geht im Rahmen seiner Untersuchung nicht explizit auf die Auswirkungen des Anstiegs von Handelsmarken auf die Konsumenten ein. Implizit werden jedoch zwei mögliche Konsequenzen genannt. Zum einen weist er auf die Gefahr der Markenerosion aufgrund von großen Preisabständen der Herstellermarken zu Handelsmarken hin, die nicht mit der Qualitäts- oder Zusatznutzendifferenz übereinstimmten (S. 49 f.).[95] Zum anderen könne die Möglichkeit, Handelsmarken herzustellen, ein Weg für schwächere Hersteller sein, ein vollständiges Ausscheiden aus dem Markt zu verhindern (S. 51).

Eine eindeutige Stellungnahme von BODENBACH dahingehend, ob er die Konsequenzen des Zuwachses von Handelsmarken insgesamt eher positiv oder negativ für den Wettbewerb einschätzt, ist nicht ersichtlich. Auf Folgen für die Konsumenten durch die zunehmende Verbreitung von Handelsmarken geht der Autor nicht ein.

5. HOCH, S. J. 1996:

How Should National Brands Think About Private Labels?, in: Sloan Management Review, Vol. 37, No. 2, pp. 89-102.

HOCH geht in seinem Aufsatz nicht explizit auf die Auswirkungen der zunehmenden Verbreitung von Handelsmarken ein, sondern sucht nach alternativen Strategien für Hersteller industrieller Markenartikel, auf die Beeinträchtigung durch Handelsmarken zu reagieren. Die aus seinem Beitrag herausgefilterten Aussagen lassen jedoch darauf schließen, dass er eher negative Auswirkungen für Markenartikelhersteller sieht, da er diesen Handlungsempfehlungen dahingehend gibt, wie sie sich gegenüber Handelsmarken verhalten sollten.

HOCH weist indirekt auf die wichtige Rolle von Herstellermarken für das Hervorbringen von Innovationen hin, indem er Herstellern empfiehlt, weiterhin in den Markenaufbau und in Produktinnovationen zu investieren, damit sie wichtige Konsumentenbedürfnisse und -probleme mit Hilfe von Hochqualitätsprodukten lösen könnten. Den differenzierten Nutzen sollen sie HOCH zufolge aggressiv durch gute Werbung kommunizieren (S. 101).

Ferner empfiehlt der Autor den Produzenten führender Herstellermarken, langfristig nicht in erster Linie über den Preis zu konkurrieren, da gerade dies das einzige Attribut sei, bei dem Handelsmarken dominierten (S. 101).

---

95 Auch zitiert in WIESER/AIGINGER/WÜGER 1999, S. 146.

6. DOBSON, P. W./WATERSON, M. 1997:

Countervailing Power And Consumer Prices, in: The Economic Journal, Vol. 107, No. 2, pp. 418-430.

In diesem Beitrag wird nicht explizit auf die Auswirkungen des Zuwachses von Handelsmarken eingegangen, sondern auf die Effekte zunehmender Macht der Händler. Dies ist z. B. gemäß DOBSON 1998 unter anderem eine Folge der zunehmenden Verbreitung von Handelsmarken.[96] Aus diesem Grunde kann man davon ausgehen, dass die im vorliegenden Aufsatz erläuterten Folgen von Händlermacht z. T. Folgen der Ausbreitung von Handelsmarken sind.

Die Autoren stellen zwei mögliche Formen des Umganges mit Händlermacht heraus: Zum einen könnten die Händler als Agenten der Konsumenten agieren und die durch ihre Nachfragemacht erzielten Einsparungen im Einkauf an die Konsumenten in Form niedrigerer Preise weitergeben. Dies werde insbesondere dann der Fall sein, wenn die Verkäufermacht noch vergleichsweise unbedeutend sei. Zum anderen sei es aber auch möglich, dass infolge einer erhöhten Konzentration im Handelssektor die Endpreise für die Konsumenten stiegen und es demnach zu einer Wohlfahrtsminderung komme. In diesem Fall seien die Händler in der Lage, höhere Margen zu erzielen (S. 428).

Aus Sicht der Autoren ist die wachsende Angebotsmacht des Handels gerade dann ein Problem, wenn die Sortimente der Händler nicht als substituierbar angesehen werden können (S. 428 f.): Handelsmarkenprogramme stellen aber gerade den Versuch dar, die Substituierbarkeit des Sortiments durch konkurrierende Sortimente abzuschwächen.[97]

Die von DOBSON/WATERSON genannten potenziellen Folgen kurzfristig niedrigerer, jedoch langfristig höherer Endverbraucherpreise aufgrund gestiegener Händlermacht und damit indirekt auch aufgrund des gestiegenen Marktanteils von Handelsmarken (s. o.) zeigen, dass die Autoren zwar kurzfristig unter Umständen Vorteile für die Konsumenten sehen, langfristig jedoch eher von nachteiligen Auswirkungen ausgehen.

96 Vgl. DOBSON 1998, S. 7.

97 Vgl. hierzu ähnlich auch DOBSON/WATERSON 1999, S. 142.

7. EUROPEAN COMMISSION 1997:

Green Paper on Vertical Restraints in EC Competition Policy, European Commission, Brussels 1997.

Die EUROPÄISCHE KOMMISSION weist in ihrem Grünbuch zunächst darauf hin, dass immer mehr Handelsketten vielfältige Produkte unter ihrem eigenen Namen anböten (S. 8). Durch die mit der Entwicklung von Handelsmarken verbundene vertikale Integration agierten Händler in einigen Fällen als Wettbewerber der Hersteller (S. 11). Traditionell bestehe ein Konflikt zwischen Markenartikelherstellern und großen Händlern, die gern ihre eigenen Marken verkaufen möchten (S. 12 f.). Jedoch erläutert die EUROPÄISCHE KOMMISSION in diesem Zusammenhang zugleich, dass auch Kooperationen mit Vorteilen für beide Seiten möglich seien und verweist auf das Beispiel Procter & Gamble und Wal-Mart in den USA (S. 12 f.).

Die Frage, wer die Konditionen zwischen Hersteller und Händler festlegen kann, sei abhängig davon, welche Position die Marke im jeweiligen Marktsegment hat. Im Falle eines Machtungleichgewichts zugunsten des Handels fordere der Händler von den Markenartikelherstellern z. T. Listungsgebühren oder Rabatte im Einkauf. Durch den begrenzten Regalplatz bestehe insbesondere für Zweit- oder Drittmarken das Risiko der Auslistung zugunsten von Handelsmarken (S. 66).

Die EUROPÄISCHE KOMMISSION berichtet ferner von Gesprächspartnern, nach deren Meinung es lediglich drei Unternehmenstypen gebe, die langfristig eine Chance hätten, zu überleben: 1. Große Hersteller mit breiter Produktpalette, die in Forschung und Entwicklung und in die Einführung neuer Marken investieren, 2. Handelsmarkenproduzenten, 3. Nischenanbieter. Zweit-, Dritt- und Viertmarkenhersteller hätten demnach oft keine andere Wahl, als Subunternehmer zu werden und Handelsmarken herzustellen (S. 67). Die EUROPÄISCHE KOMMISSION weist zudem darauf hin, dass es in den Augen einiger Forscher unwahrscheinlich sei, dass Händler die notwendige Größe haben, um in Marken investieren und Forschung und Entwicklung betreiben zu können (S. 67).

Die EUROPÄISCHE KOMMISSION stellt demnach in ihrem Grünbuch in erster Linie mögliche negative Effekte für Markenartikelhersteller durch Handelsmarken heraus. Auf direkte Auswirkungen für die Konsumenten wird dagegen nicht eingegangen. Aus den von ihnen genannten negativen Effekten für Markenartikelhersteller können jedoch u. U. nachteilige Effekte für die Konsumenten abgeleitet werden.

8. KRISHNAN, T. V./SONI, H. P. 1997:

Guaranteed profit margins: A demonstration of retailer power, in: International Journal of Research in Marketing, Vol. 14, No. 1, pp. 35-56.

KRISHNAN/SONI untersuchen im Rahmen ihres Aufsatzes das zunehmend im Lebensmittelbereich feststellbare Phänomen, dass Händler von den Herstellern eine ‚garantierte Marge‘ verlangen. Handelsmarken identifizieren sie in diesem Zusammenhang als ein von den Händlern verwendetes Druckmittel, um von den Herstellern einen höheren Gewinn zu erpressen (S. 35 und S. 53). Akzeptierten die Hersteller die vom Händler vorgegebenen Konditionen nicht, bestehe für sie die Gefahr, dass ihre Herstellermarke vom Händler ausgelistet werde (S. 36).

Darüber hinaus versetzen Handelsmarken den Händler nach Ansicht der Autoren gegenüber dem Hersteller in eine bessere Verhandlungsposition aufgrund der durch sie erzielbaren höheren Geschäftsstättentreue der Kunden, für deren Aufrechterhaltung die Herstellermarken nicht mehr wichtig seien (S. 53).

Die Ausführungen lassen insgesamt darauf schließen, dass die Autoren mit der wachsenden Verbreitung von Handelsmarken in erster Linie negative Konsequenzen für die Markenartikelhersteller verbinden. KRISHNAN/SONI setzen sich nicht mit Konsequenzen für die Konsumenten auseinander.

9. DOBSON, P. W. 1998:

The Economic Welfare Implications of Own Label Goods, School of Management and Finance, Discussion Paper No. IV, University of Nottingham 1998.

DOBSON unterscheidet im Rahmen seiner Analyse zwei mögliche Auswirkungen von Handelsmarken. Auf der einen Seite sieht er wettbewerbsfördernde Effekte, auf der anderen Seite wettbewerbsbeschränkende Effekte.

Als eine wettbewerbsfördernde Auswirkung nennt DOBSON zunächst die Steigerung des Wettbewerbs auf Hersteller- und Handelsebene. Diese könne dazu führen, dass zusätzliche Produkte gefördert werden, die eine latente Nachfrage (besser) befriedigen (S. 2, S. 22 und S. 26). Zudem könne der steigende Druck von Handelsmarken bei den Markenartikelherstellern die Produktentwicklung und die Generierung von Innovationen anregen, so dass daraus letztlich eine steigende Artikelvielfalt und unter Umständen auch steigende Qualität resultiere (S. 20 und S. 25). DOBSON zufolge können

Handelsmarken im Einzelfall Produkte mit guter Qualität zu Preisen sein, die unter denen führender Herstellermarken liegen (S. 20).

Allerdings weist DOBSON bereits hier darauf hin, dass die niedrigeren Preise für die Endabnehmer lediglich einen kurzfristigen Nutzen darstellen können. Denn wenn als Folge der Händler- und Hersteller-Wettbewerb zerstört werde, ergäben sich langfristig negative Effekte für die Konsumenten (S. 22).

DOBSON nennt ferner die Erhöhung der Effizienz als positive Auswirkung des Zuwachses von Handelsmarken. Durch einen direkten Vertrag von Händlern mit Produzenten verringere sich die Zahl unabhängiger Beauftragter, die in die Produktion/Distribution involviert seien, was zu einer Effizienzsteigerung führe. Die enge, flexible Beziehung zu Herstellern von Handelsmarken habe zur Folge, dass neue Produkte schnell und kostengünstig eingeführt werden könnten (S. 22).

Zudem sei auch ein erleichterter Markteintritt für Hersteller eine wettbewerbsfördernde Folge der zunehmenden Verbreitung von Handelsmarken. Um Markteintrittsbarrieren zu umgehen, könnten neue Hersteller zunächst Handelsmarken produzieren. So können sie DOBSON zufolge erst einmal Erfahrung und Wissen sammeln, um später auch eigene Marken auf den Markt zu bringen und auf diese Weise zu einer Verstärkung des Wettbewerbs beitragen (S. 24 f. und S. 26).

Diesen möglicherweise den Wettbewerb und die Wohlfahrt fördernden Auswirkungen von Handelsmarken stehen nach DOBSON jedoch antikompetitive und damit die Wohlfahrt vermindernde Effekte der zunehmenden Ausweitung von Handelsmarken gegenüber. Hier nennt DOBSON zunächst die Einschränkung des Wettbewerbs sowohl auf Händler- als auch auf Herstellerebene (S. 2 f. und S. 34). Durch exklusive Lieferverträge für bestimmte Marken komme es zu einer Dämpfung des Wettbewerbs und dies führe letztlich zu einer limitierten Auswahl für die Konsumenten (S. 2 und S. 33). Ein durch das Ausscheiden kleinerer Händler reduzierter Händlerwettbewerb und der damit einhergehende Machtanstieg der verbleibenden Händler führe langfristig zu höheren Preisen für die Konsumenten (S. 33). Ferner würden Preisvergleiche für die Konsumenten dadurch schwieriger, dass die Handelsmarken zwischen den Händlern variieren (S. 2 f.). DOBSON weist jedoch darauf hin, dass in Bereichen, in denen die Qualität schwer feststellbar sei, die Konsumenten eher zu Herstellermarken tendierten, da diesen generell eine höhere Qualität zugeschrieben werde. Im Hinblick auf Handelsmarken verspürten die Konsumenten eine erhöhte Unsicherheit über die Qualität, so dass die Auswahl der Produkte schwieriger werde (S. 34). Aus diesem Grund sei die Handelsmarkenpenetration in diesen Bereichen geringer (S. 34).

Auch auf der Seite der Hersteller komme es zu einer Verminderung des Wettbewerbs aufgrund der Tatsache, dass Zweitmarken vom Handel ausgelistet und durch Handelsmarken ersetzt würden (S. 3). Außerdem bestehe die Gefahr der Verringerung von Produktentwicklungen sowie von Produkt- und Prozessinnovationen (S. 3 und S. 28 f.), denn der Anreiz für Markenartikelhersteller, in Forschung und Entwicklung zu investieren und Innovationen hervorzubringen, werde dadurch gedämpft, dass die Händler recht schnell die Herstellermarke imitieren und die kopierte Handelsmarke auf dem Markt einführen können. Die Händler könnten hier als ‚Trittbrettfahrer' agieren (S. 3 und S. 28 f.). Für die Konsumenten bedeute die verminderte Innovationsrate langfristig Einbußen bei der Artikelvielfalt und unter Umständen auch bei der Qualität (S. 28 f.). DOBSON zufolge hat die generelle Akzeptanz von Handelsmarken durch die Konsumenten den Händlern Verhandlungsmacht gebracht und die Hersteller in eine untergeordnete Rolle gedrängt (S. 7). Durch die Ausübung der Nachfragemacht verminderten die Händler die Gewinne der Produzenten zu ihren Gunsten (S. 31). Dies könne zu einer Einschränkung der Produkt- und/oder der Prozessinnovationen führen (S. 31).

Wie die Ausführungen zeigen, geht DOBSON im Rahmen seiner Analyse zu den Wohlfahrtsauswirkungen der wachsenden Verbreitung von Handelsmarken sowohl auf wohlfahrtssteigernde als auch auf wohlfahrtssenkende Effekte ein. Er weist darauf hin, dass man den Gesamtwohlfahrtseffekt von Handelsmarken a priori nicht abschätzen könne. Letztlich ist jedoch speziell seinem Abstract zu entnehmen, dass er insgesamt eher negative Auswirkungen des Zuwachses von Handelsmarken für die Konsumenten sieht. Hier nennt er insbesondere die in seinen Augen durch die Handelsmarken verursachte zunehmende Macht der Händler, die, gegenüber Herstellern eingesetzt, zusammen mit abnehmender Wettbewerbsintensität zwischen den Händlern zu reduzierter Konsumentenwohlfahrt führe. Daneben befürchtet er auch, dass Investitionen der Markenartikelindustrie aufgrund gesunkener Gewinnchancen nur noch in geringerem Maße stattfinden werden, was letztlich zu einer weiteren Schwächung ihrer Marken und langfristig sogar zu ihrem gänzlichen Verschwinden führen könne.

10. TÄGER, U. C. 1998:

Hohe Wettbewerbsintensität in der Warendistribution der Europäischen Union, in: IFO-Schnelldienst, Jg. 51, Nr. 15, S. 3-12.

TÄGER stellt in seinem Beitrag Ergebnisse eines Gutachtens des IFO-Instituts über Strukturveränderungen im Handel der Europäischen Union vor, das im Auftrag der Europäischen Kommission angefertigt wurde. Hierbei nennt er als Folge einer in den letzten Jahren zunehmend feststellbaren Konzentration im Handel der EU-Länder u. a. „neue Warenangebote wie niedrigpreisige Handelsmarken“ (S. 7).

Diese Ausführungen deuten darauf hin, dass TÄGER durch die steigende Anzahl von Handelsmarken möglicherweise eine positive Auswirkung für die Konsumenten in Form einer erhöhten Produktauswahl für diese sieht.

11. VOGEL, L. 1998:

Wettbewerbsrecht und Einkaufsmacht: Es ist Zeit für eine neue Betrachtungsweise, in: Wirtschaft und Wettbewerb, Jg. 48, Nr. 12, S. 1162-1172.

VOGEL untersucht in seinem Beitrag das Wettbewerbsrecht und die Einkaufsmacht des Handels in der EU. In diesem Zusammenhang geht er u. a. auch auf Auswirkungen der zunehmenden Verbreitung von Handelsmarken ein.

Eine positive Bewertung des Zuwachses von Handelsmarken bietet sich laut VOGEL unter anderem mit dem Argument an, Konsumenten werde durch Handelsmarken ein „billigeres und zugleich reichhaltigeres Warenangebot“ angeboten (S. 1163). Tatsächlich sei die Verhaltensweise der Handelsriesen aber nicht positiv zu beurteilen, denn Handelsmarken hätten die Vielfalt der den Kunden angebotenen Sortimentspaletten verringert (S. 1163).

Der Konzentrationsprozess im Handel schlägt sich VOGEL zufolge unter anderem in einer vertikalen Produktintegration durch die Zunahme von Handelsmarken nieder (S. 1165). Negative Konsequenzen aus der Konzentration – und damit, wenn man obigem Argumentationsgang folgt, auch aus der Zunahme von Handelsmarken – seien beispielsweise eine Vereinheitlichung der Produkte, das Verschwinden von Zweitmarken und ein geringerer Innovationsschub in der Produktentwicklung (S. 1166).

Handelsmarkenprogramme führten nicht nur zu einer Abschottung der Filialen, also zu wachsender Angebotsmacht des Handels, sondern natürlich auch zu wachsender Nachfragemacht des Handels gegenüber den Herstellern. Dieser Umstand sei von Wettbewerbsrecht und -politik bislang nicht genügend gewürdigt worden (S. 1166 ff.).[98]

Wie die Nennungen zeigen, geht VOGEL davon aus, dass die zunehmende Verbreitung von Handelsmarken in erster Linie negative Konsequenzen für die Konsumenten hat.

---

98 Vgl. hierzu auch OLBRICH 2002.

12. BONTEMS, P./MONIER-DILHAN, S./REQUILLART, V. 1999:

Strategic effects of private labels, in: European Review of Agricultural Economics, Vol. 26, No. 2, pp. 147-165.

Die Autoren präsentieren in ihrem Aufsatz ein Modell, mit dessen Hilfe sie die Auswirkungen der Einführung von Handelsmarken untersuchen. Sie konstatieren im Rahmen ihres Modells folgende Entwicklungen: Einerseits komme es im Falle einer steigenden Qualität von Handelsmarken zu einem intensiveren Preiswettbewerb zwischen Handelsmarken und Herstellermarken, was letztlich zu sinkenden Preisen der Herstellermarken führe. Andererseits sei jedoch zu beachten, dass die steigende Qualität der Handelsmarken dazu führe, dass ihre Kosten steigen und dies sei schließlich mit einer verminderten Wettbewerbsfähigkeit verbunden (S. 162).

Die Verfasser kommen im Rahmen ihres Modells demnach zu dem Ergebnis, dass lediglich die Einführung von Handelsmarken mit hoher Qualität einen Einfluss auf die Preise von Herstellermarken hat. Als Umkehrschluss daraus ergibt sich, dass die Einführung von Handelsmarken mit niedriger Qualität keinen Einfluss auf die Preise von Herstellermarken hat. Insgesamt lässt sich mit Blick auf die Frage, ob die Einführung von Handelsmarken zu einer Erhöhung oder zu einer Senkung der Wohlfahrt führe, daher feststellen, dass die Autoren als Ergebnis ihrer Untersuchung von einer Erhöhung der Wohlfahrt im Falle der Einführung von Handelsmarken mit hoher Qualität ausgehen.

Darüber hinaus vertreten die Verfasser die Auffassung, dass durch die Einführung von Handelsmarken das Problem der doppelten Marginalisierung der Herstellermarken in der vertikalen Kette vermindert oder vermieden werde (S. 147 und S. 162). Damit meinen sie den Umstand, dass Zwischenhändler und Endverkäufer dem Verkaufspreis des Herstellers jeweils eine Gewinnmarge zuschlagen. Als Argument für eine Wohlfahrtssteigerung durch Handelsmarken ist diese Überlegung aber nicht sehr überzeugend, da Markenartikelhersteller meist direkt, also ohne Zwischenhändler, mit den Handelskonzernen verhandeln.

Mit Blick auf die Frage, inwieweit die Ergebnisse des Modells auf die Realität übertragbar sind, verweisen die Verfasser auf einige empirische Studien, die entsprechende Ergebnisse vorweisen sollen. Allerdings machen sie auch darauf aufmerksam, dass ein direkter Vergleich ihrer Ergebnisse mit existierenden empirischen Ergebnissen aufgrund der Modellannahmen nicht möglich sei (S. 163). Daher bleibt die Relevanz der analytischen Ergebnisse fraglich.

13. DOBSON CONSULTING 1999:

Buyer Power and its Impact on Competition in the Food Retail Distribution Sector of the European Union, prepared for the European Commission – DG IV, Study Contract No. IV/98/ETD/078, Nottingham 1999.

Die Ausführungen in dieser von DOBSON CONSULTING vorgelegten Studie zur Nachfragemacht und deren Einfluss auf die Lebensmittelbranche der Europäischen Union entsprechen zu großen Teilen denen im Aufsatz DOBSON 1998.

Die Durchdringung der Handelsmarken führt danach zu einer Verzerrung des Wettbewerbs zugunsten großer Händler. Dies bringe zwar kurzfristig niedrigere Preise mit sich, langfristig müsse jedoch zwischen diesem kurzfristigen Nutzen und dem langfristigen Schaden für den Wettbewerb abgewogen werden (S. 4 f.).

Kurzfristig versorge das Wachstum der Handelsmarken die Konsumenten durchaus mit einer größeren Auswahl, insbesondere in Bezug auf den Preis (S. 160). Allerdings gebe es Hinweise darauf, dass Händler die Handelsmarken auch als Waffe vor allem gegenüber Herstellern von Zweitmarken benutzten, indem sie ihnen mit Auslistungen drohten und sie so zu Zugeständnissen zwängen. Premium-Marken seien dieser Gefahr allerdings in der Regel nicht ausgesetzt (S. 160).

Die Zunahme der Handelsmarken führt der Studie zufolge ferner dazu, dass Händler kleinere und schwächere Herstellermarken auslisten und es so zu einem gedämpften Wettbewerb kommt (S. 174). Darüber hinaus verringere die Verbreitung der Handelsmarken die Investitionsneigung der Markenartikelhersteller mit der Folge, dass die Produkte nicht verfeinert und weiterentwickelt würden (S. 174 und S. 190).

Auch die steigende Nachfrage der Händler nach Herstellern für ihre Handelsmarken, die auch Herstellermarken produzieren, könne zu einer Abnahme von Produktinnovationen und schließlich zum Ausscheiden von Marken führen. Dies vermindere die Wohlfahrt, weil einerseits Produkte nicht weiterentwickelt würden und andererseits der Verlust von Marken die Auswahl an Produkten reduziere. Da Händler zudem die Handelsmarken nicht neu entwickelten, sondern lediglich imitieren würden, träten Nachteile für die Konsumenten und damit eine verminderte Wohlfahrt dadurch ein, dass die Gesamtheit aller Produkte nicht in der Weise weiterentwickelt würde, wie es sonst der Fall wäre. Wenn Imitationen so schnell aufträten, dass Investitionen in die Marke und Innovationen für Markenartikelhersteller nicht mehr rentabel seien, werde daraus langfristig ein technologischer Stillstand bei den betroffenen Produkten resultieren (S. 190).

Zusammenfassend kann gesagt werden, dass die vorliegende Studie der zunehmenden Verbreitung von Handelsmarken insgesamt vorwiegend negative Auswirkungen für den Wettbewerb und damit langfristig für die Konsumenten zuschreibt.

14. Wieser, R./Aiginger, K./Wüger, M. 1999: Marktmacht im Einzelhandel, Österreichisches Institut für Wirtschaftsforschung, Wien 1999.

Da sich die Verfasser bei der Erläuterung der Auswirkungen von Handelsmarken sehr stark an Dobson 1998 anlehnen, werden die Effekte im Folgenden lediglich überblicksartig genannt:

Als wettbewerbsfördernde Effekte von Handelsmarken identifizieren die Autoren die Folgenden: Immer mehr Handelsmarken seien aus Sicht vieler Konsumenten vollständige Substitute für führende Markenprodukte (S. 64). Daher führten Handelsmarken zu einem Preisdruck auf etablierte Herstellermarken und damit zumindest zu Beschränkungen bei Preissteigerungen (S. 65). Die Effizienz der Angebotskette (Produzent, Händler, Konsument) werde zudem erhöht, indem produktbezogene Daten der Händler in die Produktentwicklung einflössen und so Konsumentenwünsche besser erfüllt werden könnten. Ferner würde die Effizienz gesteigert, indem einerseits das Problem des doppelten Gewinnaufschlages durch die Händlerdominanz gelindert werde sowie andererseits indem eine Reduktion der Lagerkosten eintrete (S. 65). Der Markteintritt für neue Hersteller werde darüber hinaus erleichtert, da sie zunächst als Produzenten von Handelsmarken mit dem Vorteil niedrigerer Kosten auftreten könnten (S. 65).

Dem stehen aus Sicht der Autoren auch wettbewerbsbeschränkende Effekte von Handelsmarken gegenüber: Durch die Imitation von Markenprodukten durch Handelsmarken hofften die Händler auf Verwechslungskäufe von irritierten Konsumenten. Dieses Trittbrettfahrerverhalten der Händler führe zu sinkenden Investitionsanreizen für die Hersteller (S. 65 f.). Mögliche Wohlfahrtsgewinne durch die doppelte Rolle der Händler in Produktion und Vertrieb (z. B. bessere Bedienung der Konsumentenwünsche, weniger Flops, Vermeidung von Duplikationen in Forschung und Entwicklung) würden aufgrund von Interessenkonflikten zwischen Handel und Hersteller vielfach nicht realisiert: Denn den Herstellern fehle das zur Zusammenarbeit notwendige Vertrauen und der Handel wolle seine Machtposition nicht aufgeben (S. 66). Darüber hinaus würden Handelsmarken als Waffen im horizontalen Wettbewerb mit anderen Händlern eingesetzt, denn durch eine im Vergleich mit der Markentreue stärkere Geschäftsstättentreue könnten Konkurrenten im Handel und auch Hersteller von Top-Marken in Bedrängnis kommen (S. 66 f.). Letztlich kann es den Autoren zufolge zu einer Oligopolisierung des Handels mit der Folge höherer Preise aufgrund steigender Marktmacht kommen. Darüber hinaus könnten Exklusivvereinbarungen zwischen Herstellern und Händlern zu steigenden Preisen infolge des reduzierten Wettbewerbs führen. Außerdem seien die Suchkosten der Konsumenten wegen steigender Unsicherheit über die Qualität der Handelsmarken insbesondere bei Erfahrungsgütern[99] erhöht (S. 67). Der Anteil an Handelsmarken sei vor allem in jenen Produktkategorien hoch, die für die Konsumenten keine Erfahrungsgüter darstellen (S. 145). Auch bereite der Zuwachs an Handelsmarken den Markenartikelherstellern zunehmend das Problem der Markenerosion. Unter Bezugnahme auf die Ausführungen BODENBACHS verweisen die Autoren auf die potenziellen Folgen eines Nachlassens der Präferenzstärke und damit letztlich möglicher Ertragsprobleme und abnehmender Verhandlungsstärke gegenüber dem Handel (S. 145 f.).[100]

Die Autoren gehen in ihrem Aufsatz in recht enger Anlehnung an DOBSON 1998 sowohl auf prokompetitive Effekte als auch auf antikompetitive Auswirkungen durch Handelsmarken ein. Eine eindeutige Stellungnahme dahingehend, ob in ihren Augen eher die wohlfahrtserhöhenden oder die wohlfahrtssenkenden Konsequenzen überwiegen, ist nicht erkennbar. Lediglich die Tatsache, dass die Autoren den zunehmenden Anteil an Handelsmarken als eine Ursache für steigende Marktmacht der Händler benennen (S. 37) und abschließend wettbewerbspolitische Maßnahmen zur Vermeidung des Missbrauchs von Händlermacht fordern (S. 156), lässt u. U. darauf schließen, dass ihrer Ansicht nach eher wohlfahrtsmindernde Folgen überwiegen.

15. GABRIELSEN, T. S./SØRGARD, L. 2000:

Private Labels, Price Rivalry and Public Policy, Working Paper No. 41/00, Foundation for Research in Economics and Business Administration, University of Bergen 2000.

GABRIELSEN/SØRGARD untersuchen mit Hilfe eines Modells die Auswirkungen der fehlenden und der vorhandenen Einführung von Handelsmarken auf die Preise von Herstellermarken. Unter der Annahme, dass die Einführung von Handelsmarken grundsätzlich möglich ist, präsentieren die Autoren drei mögliche Ergebnisfälle,

[99] Als ‚Erfahrungsgüter' werden Produkte bezeichnet, deren Qualitätseigenschaften erst während bzw. nach ihrer Nutzung vom Konsumenten beurteilt werden können.

[100] Vgl. BODENBACH 1996, S. 49 f.

zwischen denen auf der Basis der Anzahl ‚loyaler Kunden' der jeweils betrachteten Herstellermarke unterschieden wird.

Im ersten Fall (geringe Anzahl loyaler Kunden der Herstellermarke) wird keine Handelsmarke eingeführt, da der Markenartikelhersteller zuvor seinen Großhandelspreis senkt, um auf diese Weise die Einführung einer Handelsmarke für den Händler unattraktiv zu machen. Als Folge ergibt sich auch eine Senkung des finalen Preises für die Herstellermarke (S. 3).

Im zweiten Fall (mittlere Anzahl loyaler Kunden der Herstellermarke) wird eine Handelsmarke eingeführt. Als Reaktion der Markenartikelhersteller wird eine Preissteigerung für die Herstellermarken festgestellt, da diese sich nur noch auf die loyalen Kunden konzentrieren und sich damit von den aufgrund ihrer Preissensibilität ‚wechselgefährdeten' Kunden abwenden (S. 4).

Im dritten Fall (große Anzahl loyaler Kunden der Herstellermarke) wird ebenfalls eine Handelsmarke eingeführt. Jedoch ist hier kein Einfluss auf den Preis der Herstellermarke feststellbar. Dies ist dann der Fall, wenn sich die Markenartikelhersteller sowohl vor als auch nach Einführung der Handelsmarke ausschließlich auf ihre loyalen Kunden konzentrieren und damit den Preis sowohl vorher als auch hinterher hoch ansetzen (S. 4).

Zusammenfassend lässt sich festhalten, dass im ersten Fall bereits die drohende Einführung einer Handelsmarke ausreicht, um eine Senkung der Preise für die Herstellermarken hervorzurufen. Im zweiten Fall führt die Einführung einer Handelsmarke zu einer Preissteigerung, während sie im dritten Fall keine Preisreaktionen bei den Herstellermarken auslöst.

Die Abweichungen ihrer Ergebnisse von anderen Ergebnissen in der Literatur deuten in den Augen der Verfasser darauf hin, dass die Auswirkungen der Einführung von Handelsmarken auf den Wettbewerb in den verschiedenen Produktkategorien unterschiedlich seien (S. 16).

Mit Blick auf die Übertragbarkeit ihrer Ergebnisse auf die Realität weisen die Autoren darauf hin, dass ihr Modell möglicherweise den Wohlfahrtsverlust durch die Einführung von Handelsmarken unterschätze, weil es nicht den potenziellen Nettowohlfahrtsverlust durch die höheren Preise für die Herstellermarken berücksichtige (S. 17). In ihren Augen könnten Preiszugeständnisse der Markenartikelhersteller für die Konsumenten und für die Gesellschaft vorteilhafter sein als die Einführung von Handelsmarken.

16. Dobson, P. W./Clarke, R./Davies, S./Waterson, M. 2001:

Buyer Power and its Impact on Competition in the Food Retail Distribution Sector of the European Union, in: Journal of Industry, Competition and Trade, Vol. 1, No. 3, pp. 247-281.

Auch die im Rahmen dieses Beitrags erläuterten Auswirkungen von Handelsmarken ähneln denen, die bereits im Aufsatz Dobson 1998 genannt wurden:

Dobson/Clarke/Davies/Waterson untersuchen im Rahmen ihres Aufsatzes die Nachfragemacht und ihre Auswirkungen auf die Lebensmittelbranche der Europäischen Union. Ihnen zufolge könnten kurzfristig durch die Verbreitung von Handelsmarken zwar positive Effekte für die Konsumenten in Form einer größeren Auswahl resultieren, insbesondere langfristig schätzen die Autoren jedoch die Auswirkungen als nachteilig für die Konsumenten ein. Denn in ihren Augen sind Hersteller von Zweit- und Drittmarken aufgrund der mit dem Anstieg der Handelsmarken verbundenen Machtzunahme der Händler gefährdet, da die mächtigen Händler ihnen mit Auslistungen drohen und sie so zu Zugeständnissen zwingen könnten. Lediglich marktführende Markenartikelhersteller seien davon nicht bedroht (S. 277).

Darüber hinaus gehen die Autoren davon aus, dass große Händler ‚Schlüsselmarken' häufig mit Verlust verkauften und sich die dadurch entstehenden Kosten zurückholten, indem sie andere Artikel zu einem höheren Preis verkauften (S. 275 und S. 276). Dies ruiniere jedoch Wettbewerber mit einem kleineren Sortiment. Den Konsumenten würden die niedrigeren Preise zwar kurzfristig Vorteile bringen (vgl. S. 276). Allerdings würden die Investitionen der Markenartikelhersteller durch diese Aktivitäten der Händler untergraben, wenn die niedrigeren Preise dazu führten, dass die Konsumenten die Qualität der Produkte als schlechter wahrnehmen. Dies könne die Markenartikelhersteller dazu veranlassen, ihre Investitionen in die Produkte einzuschränken. Als Folge davon gehe der Wettbewerb der Herstellermarken unter Umständen zurück, was für die Konsumenten langfristig eine eingeschränkte Produktauswahl bedeute (S. 276).

17. Gabrielsen, T. S./Steen, F./Sørgard, L. 2001:

Private Label Entry as a Competitive Force? An analysis of price responses in the Norwegian food sector, Working Paper, University of Bergen 2001.

Gabrielsen/Steen/Sørgard untersuchen in einer empirischen Analyse den Einfluss der Einführung von Handelsmarken auf die Preise von Herstellermarken im norwegischen Lebensmittelsektor. Sie stellen fest, dass durch Handelsmarken in erster Linie

Preissteigerungen hervorgerufen werden. Diese seien allerdings bevorzugt bei ‚starken' Herstellermarken erkennbar. Ferner konstatieren die Verfasser, dass erfolgreiche Handelsmarken – gemessen am Marktanteil – typischerweise einen größeren Einfluss auf die Preise der Herstellermarken ausüben als weniger erfolgreiche Handelsmarken (S. 24 f.).

Eine zusammenfassende Beurteilung der Wohlfahrtseffekte von Handelsmarken findet sich in diesem Beitrag nicht. Die empirischen Ergebnisse können aber dazu dienen, Argumente zu stützen, mit deren Hilfe eine solche Beurteilung herausgearbeitet werden kann.

18. CHINTAGUNTA, P. K./BONFRER, A./SONG, I. 2002:

Investigating the Effects of Store-Brand Introduction on Retailer Demand and Pricing Behavior, in: Management Science, Vol. 48, No. 10, pp. 1242-1267.

CHINTAGUNTA/BONFRER/SONG haben die Auswirkungen der Einführung von Handelsmarken auf die Preise und Absätze von Herstellermarken sowie auf die Gesamtabsätze in zwei Artikelgruppen untersucht. Als Datenbasis dienten ihnen Scanningdaten, die in den Verkaufsstätten einer amerikanischen Supermarktkette über einen Zeitraum von 275 Wochen (1991 bis 1996) erhoben wurden.

In den untersuchten Artikelgruppen ‚Haferflocken' und ‚gefrorene Nudeln' sanken die Preise von Herstellermarken nach der Einführung von Handelsmarken um etwa 7 % (S. 1255). Mit Blick auf die Absätze wurden unterschiedliche Entwicklungen festgestellt. Während die Absätze von Herstellermarken nach der Einführung von Handelsmarken zurückgingen, stiegen hingegen die Gesamtabsätze in der untersuchten Artikelgruppe (S. 1255).

19. SAYMAN, S./HOCH, S. J./RAJU, J. S. 2002:

Positioning of Store Brands, in: Marketing Science, Vol. 21, No. 4, pp. 378-397.

Ziel des Aufsatzes von SAYMAN/HOCH/RAJU ist es, Handelsunternehmen auf der Basis von Ergebnissen eines spieltheoretischen Modells Empfehlungen bezüglich der zu wählenden Positionierungsstrategie für Handelsmarken zu geben. Die Verfasser kommen unter den in dem Modell identifizierten Bedingungen zu dem Ergebnis, dass

Handelsmarken in der Nähe der führenden Herstellermarken positioniert werden sollten (S. 394).

Allerdings seien auch Szenarios vorstellbar, in denen die Positionierung der Handelsmarke in der Nähe der führenden Herstellermarke nicht die ‚optimale' Strategie sei. Dies sei beispielsweise dann der Fall, wenn die Konsumenten die ‚echte' Marke präferierten oder wenn ein Segment identifiziert werde, in dem der Preis stärker bewertet werde als die Qualität (S. 395).

Bei den empirischen Überprüfungen der modellhaften Überlegungen ergab sich zum einen, dass Handelsmarken tatsächlich – entsprechend der Modellempfehlung – vorwiegend auf die Imitation führender Herstellermarken abzielen. Zum anderen ergab sich, dass der Wettbewerb zwischen der Handelsmarke und der führenden Herstellermarke nur dann sehr ausgeprägt ist, wenn die Handelsmarke eine hohe Qualität aufweist.

Darüber hinaus kommen die Autoren in einer dritten empirischen Studie zu dem Ergebnis, dass die Konsumenten bei einer Imitation der führenden Herstellermarke durch eine Handelsmarke trotz wahrgenommener physischer Ähnlichkeit nicht zwingend auf eine allgemeine Vergleichbarkeit bzw. auf eine vergleichbare Produktqualität der beiden Produkte schließen (S. 394).

Aufgrund seiner Zielsetzung enthält sich auch dieser Beitrag einer zusammenfassenden Beurteilung der Zunahme von Handelsmarken. Die Ergebnisse der empirischen Studien können gleichwohl bei der Erarbeitung einer solchen Beurteilung helfen, da sie bei der Einschätzung der Wichtigkeit bestimmter Argumente herangezogen werden können. Z. B. kann auf die zuletzt genannte Studie verwiesen werden, die einen Imagetransfer von Herstellermarken auf imitierende Handelsmarken in Zweifel zieht.

20. Swedish Competition Authority 2002a:

The Grocery Retail Trade. Structure, form of ownership and relations with suppliers, report series 2002:6, Stockholm 2002.

Die Schwedische Wettbewerbsaufsicht geht in diesem Gutachten zum Lebensmittelhandel u. a. auf Auswirkungen der Verbreitung von Handelsmarken auf den Wettbewerb und auf die Konsumenten ein.

Sie geht davon aus, dass Handelsmarken dazu führen können, dass weniger starke Marken Marktanteile verlieren und letztlich u. U. auch aus dem Markt austreten müssen. Dies würde für die Konsumenten eine geringere Wahlmöglichkeit zwischen den Marken bedeuten (S. 3).

Auch habe das Angebot von Handelsmarken dazu geführt, dass es für kleinere Markenartikelhersteller schwieriger sei, in neue Märkte einzutreten (S. 6). Als möglichen ‚Ausweg' nennt die SCHWEDISCHE WETTBEWERBSAUFSICHT die Möglichkeit für kleinere Hersteller, die Handelsmarken der Händler zu produzieren – allerdings mit dem Nachteil der Abhängigkeit von diesen Händlern (S. 3).

Im Hinblick auf Konsequenzen für den Wettbewerb wird in diesem Gutachten ferner aufgezeigt, dass die großen Händler durch das Angebot von Handelsmarken nicht nur Käufer der Herstellerprodukte sind, sondern zugleich auch deren Rivalen, die neben den Marketing-Aktivitäten in den Geschäften auch die Preise sowohl für ihre Handelsmarken als auch für die Herstellermarken festlegen (S. 3 und S. 5 f.). Zwar können Handelsmarken der WETTBEWERBSAUFSICHT zufolge aufgrund der gestiegenen Machtposition der Händler gegenüber den Herstellern kurzfristig zu niedrigeren Verbraucherpreisen führen, langfristig sei die Preisentwicklung jedoch nicht abschätzbar (S. 3). Darüber hinaus würden Händler mit Hilfe von eigenen Handelsmarken die Loyalität der Konsumenten gegenüber den Verkaufsstellen ihrer eigenen Kette erhöhen und sie auf diese Weise ‚einsperren'. Als Resultat entstehe geringerer Wettbewerbsdruck im gesamten Sektor (S. 3 f.).

Den Ausführungen ist zu entnehmen, dass die SCHWEDISCHE WETTBEWERBSAUFSICHT vorwiegend Nachteile durch die zunehmende Verbreitung von Handelsmarken für den Wettbewerb und für die Konsumenten sieht.

21. SWEDISH COMPETITION AUTHORITY 2002b:

Prices in Sweden can be squeezed through competition, press release, No. 24, 13.12.2002, Stockholm 2002.

In der vorliegenden Pressemitteilung werden die Ergebnisse von zwei Gutachten der SCHWEDISCHEN WETTBEWERBSAUFSICHT zusammengefasst, die sich mit den Preisen auf dem schwedischen Konsumgütermarkt beschäftigen. In diesem Zusammenhang wird unter anderem auch auf die Konsequenzen der zunehmenden Verbreitung von Handelsmarken für die Konsumenten und für den Wettbewerb eingegangen.

Zunächst wird der zum Zeitpunkt der Pressemitteilung amtierende Generaldirektor der WETTBEWERBSAUFSICHT, LJUSBERG, zitiert, der auf die Gefahr aufmerksam macht, dass die Sortimente in den Supermärkten durch die Zunahme von Handelsmarken einander sehr ähnlich würden (S. 2). Mit Blick auf die Konsequenzen für den Wettbewerb wird in der Pressemitteilung darauf hingewiesen, dass die Supermarktketten nicht lediglich Käufer der Produkte der Hersteller seien, sondern dass sie zudem mit ihnen aufgrund ihrer Handelsmarken konkurrierten. Dies komme noch zu den ihnen bereits vorbehaltenen Kompetenzen bezüglich der Preisfestsetzung, der Regalplatzverteilung und der Werbung hinzu (S. 2).

Demnach werden in dieser Pressemitteilung ausschließlich nachteilige Effekte für den Wettbewerb und für die Konsumenten durch die Zunahme von Handelsmarken erwähnt.

22. WARD, M. B./SHIMSHACK, J. P./PERLOFF, J. M./HARRIS, M. J. 2002: Effects Of The Private-Label Invasion In Food Industries, in: American Journal of Agricultural Economics, Vol. 84, No. 4, pp. 961-973.

Die Autoren stellen in ihrem Aufsatz die Ergebnisse einer in den USA durchgeführten Untersuchung vor, im Rahmen derer Scannerdaten von Supermärkten dazu verwendet wurden, aus Fachzeitschriften extrahierte Hypothesen über die ‚Invasion' von Handelsmarken in der Lebensmittelbranche zu überprüfen.

Die Autoren kommen in ihrer Untersuchung zu Ergebnissen, die den Hypothesen aus den Fachzeitschriften widersprechen. Sie stellen fest, dass durch die zunehmende Verbreitung von Handelsmarken die durchschnittlichen Preise der Marken steigen, die nichtpreisbezogene Werbung für Herstellermarken zurückgeht und die Anzahl der Marken pro Hersteller – als Maß der Differenzierung – sinkt oder gleich bleibt (S. 972).

Die Autoren bewerten ihre Ergebnisse allerdings nicht, so dass nicht klar ist, ob sie die von ihnen ermittelten, für die Konsumenten eher negativ erscheinenden Konsequenzen in erster Linie auf die Zunahme von Handelsmarken zurückführen.

23. BERGES-SENNOU, F./BONTEMS, P./REQUILLART, V. 2003:

Economic impact of the development of private labels, First Biennal Conference of the Food System Research Group, 26./27.06.2003, University of Wisconsin, Madison 2003.

BERGÈS-SENNOU/BONTEMS/RÉQUILLART verweisen auf die häufig unrealistischen Annahmen, die Modellen und darauf aufbauenden Analysen zugrunde liegen, die eine Wohlfahrtssteigerung durch mehr Handelsmarken nahe legen (S. 18 f. und S. 20). Insbesondere bei der Berücksichtigung der Wettbewerbssituation zwischen verschiedenen Handelssystemen und in einer langfristigen Analyse könnte den Autoren zufolge, die im Übrigen selbst eine derartige Modellanalyse durchgeführt haben, durchaus eine negative Einschätzung überwiegen.[101]

24. COMPETITION COMMISSION (UK) 2003:

Safeway Merger Inquiries: Remedies Statement, 24.06.2003, London 2003.

Die COMPETITION COMMISSION des vereinten Königreiches weist im Rahmen ihres Berichts zur Safeway-Untersuchung (betrifft die Parteien Wal-Mart, Asda, Sainsbury, Morrison, Tesco und Safeway) auf die folgenden potenziellen Auswirkungen durch die Zusammenschlüsse hin: Die Parteien erwarteten als Folge der Zusammenschlüsse Einsparungen durch die Verbreitung von Handelsmarken. Dies könne für die Konsumenten letztlich zur Folge haben, dass die Anzahl der für sie erhältlichen Herstellermarken reduziert wird (S. 10).

Zudem sieht die COMPETITION COMMISSION das Problem reduzierter Produktlinien und einer reduzierten Artikelvielfalt sowie die Gefahr einer Einschränkung von Innovationen (S. 10). Diese Probleme werden in der Quelle zwar allgemein als Gefahren von Zusammenschlüssen genannt. Da die COMPETITION COMMISSION jedoch die Verbreitung von Handelsmarken als eine mögliche Folge von Zusammenschlüssen benennt, können die genannten Probleme indirekt auch als Folge des Zuwachses von Handelsmarken interpretiert werden.

---

101 Entsprechende Diskussionen der wohlfahrtsgerichteten Effekte und modellhafte Analysen finden sich in jüngster Zeit häufig. Vgl. z. B. BONTEMS/MONIER-DILHAN/RÉQUILLART 1999; GABRIELSEN/SØRGARD 2000; GABRIELSEN/STEEN/SØRGARD 2001; SAYMAN/HOCH/RAJU 2002 sowie PAUWELS/SRINIVASAN 2004. Dabei ist jeweils im Einzelnen zu prüfen, welche Aussagen die jeweiligen Autoren in welchem Umfang nicht nur auf ihr Modell, sondern auch auf die Realität bezogen wissen wollen.

Wie die Ausführungen zeigen, weist die COMPETITION COMMISSION ausschließlich auf mögliche Nachteile für die Konsumenten durch eine weitere Verbreitung von Handelsmarken hin.

25. HEIL, O./LÜTJE, D./SCHUNK, H. 2003:

Können Niedrigpreise des Handels nachhaltige Schäden für Markenartikel verursachen? – Eine Analyse aus der Perspektive der Marketing-Forschung, Kurzgutachten, Center for Brand Equity & Competition, Johannes Gutenberg-Universität Mainz 2003.

Im vorliegenden Beitrag wird insbesondere der Einfluss von vom Handel durchgeführten Niedrigpreisaktionen mit Herstellermarken untersucht. Die Autoren gehen davon aus, dass tendenziell die Handelsmarken, die sich in der gleichen Produktkategorie wie der beworbene Artikel befinden, von der Niedrigpreisaktion in Form eines Mehrabsatzes profitieren, während der Hersteller dadurch zwar zunächst einen Vorteil durch Steigerung der Nachfrage nach seinem Produkt habe, langfristig jedoch mit der Schädigung seiner Marke rechnen müsse (S. 11).

Als Folge des reduzierten Preis-Premiums der Herstellermarke durch Preisaktionen der Händler sei es möglich, dass Hersteller Investitionen in Forschung und Entwicklung, Qualitätssicherungsmaßnahmen oder Service unterließen. Dies kann in den Augen der Autoren langfristig zu einem verminderten Wohlfahrtsniveau führen (S. 12).

Die Autoren sehen demnach insgesamt nachteilige Konsequenzen für die Markenartikelhersteller durch die zunehmende Verbreitung von Handelsmarken, die aber langfristig u. U. auch zu Nachteilen für die Konsumenten aufgrund eingeschränkter Investitionen der Markenartikelhersteller werden könnten. Ihren Ausführungen ist ferner indirekt die Überzeugung zu entnehmen, dass Händler Preisaktionen vielfach lediglich deshalb durchführen, um den Absatz ihrer Handelsmarken zu fördern (S. 11, Fn. 6).

26. KÖHLER, H. 2003:

Einflussmöglichkeiten der Markenartikelindustrie auf den Endverbraucherpreis von Markenartikeln, München 2003.

KÖHLER stellt im Rahmen seiner Studie zunächst die ungleichen Wettbewerbsbedingungen für Händler und Hersteller in Deutschland heraus. Die Händler hätten nach dem Gesetz nicht nur die Preishoheit für die Artikel ihrer Handelsmarken, sondern auch für die von ihnen vertriebenen Markenprodukte der Hersteller (S. 8, Rn. 1 und S. 39, Rn. 93).

Langfristig bestehe die Gefahr, dass die Industrie zum Erfüllungsgehilfen des Handels herabgestuft werde. Die Entwicklung von Handelsmarken, die von Markenartikelherstellern erzeugt werden, ist KÖHLER zufolge ein weiterer Schritt in diese Richtung (S. 8, Rn. 1). Herstellermarken dienten im Rahmen von Niedrigpreisaktionen der Händler als bloße Lockvogelangebote ohne Rücksicht auf etwaige Schädigungen der Marke (S. 8, Rn. 1). Auch die zu Werbezwecken von Handelsunternehmen durchgeführten und veröffentlichten Vergleiche zwischen den Preisen der selbst angebotenen Hersteller- und Handelsmarken dienten als Instrument zum Absatz der Handelsmarken (S. 8, Rn. 1).

Diese Entwicklungen deuten nach Ansicht des Autors darauf hin, dass die Markenartikelindustrie derzeit vom Handel in die Defensive gedrängt wird (S. 8, Rn. 1), denn der Hersteller könne wegen des grundsätzlichen Preis- und Konditionenbindungsverbots in Artikel 81 EG und §14 GWB[102] seine Vorstellungen über Endverbraucherpreise nicht durchsetzen (S. 39, Rn. 93). Diesen Wettbewerbsnachteilen der Hersteller stellt KÖHLER aber auch einige Möglichkeiten für Hersteller gegenüber, ihre Vorstellungen dennoch durchzusetzen, wie z. B. Absatz über andere Vertriebswege, Einstellung der Belieferung bestimmter Händler, Werbung oder unverbindliche Preisempfehlungen (S. 39, Rn. 94).

Insgesamt sorgten dennoch sowohl das Problem der Gegenüberstellung der Preise von Herstellermarken und Handelsmarken als auch das der Preisaktionen für Herstellermarken dafür, dass Herstellermarken vielfach nur noch als Steigbügelhalter bzw. Vorspann für den Vertrieb der Handelsmarken dienten. Die Herstellermarken könnten dadurch geschädigt werden, so dass ihr Marktwert sinke (S. 39 f., Rn. 95 f.).

KÖHLER weist in diesem Zusammenhang darauf hin, dass es für die Hersteller sowohl kartell- als auch wettbewerbsrechtlich nahezu keine Möglichkeit gebe, sich gegen ein solches als schädigend unterstelltes Verhalten der Händler zu wehren (S. 40 f., Rn. 97 f.). Die einzigen Lösungsmöglichkeiten sieht er auf der vertragsrechtlichen Ebene, wobei dabei fraglich sei, ob sich die Händler auf solche vertraglichen Klauseln einlassen würden (S. 41-43, Rn. 99-102). KÖHLER unterbreitet der Bundesregierung

[102] Dieser Paragraph des GWB wurde im Jahr 2005 gelöscht. Das Verbot der vertikalen Preisbindung ist nun auch für nationale Fälle in Artikel 81 EG geregelt.

daher für die siebte Novelle des GWB verschiedene Verbesserungsvorschläge (S. 43, Rn. 103).

KÖHLER stellt im Rahmen seines Aufsatzes somit ausschließlich Verhaltensweisen des Handels im Zusammenhang mit der Vermarktung ihrer Handelsmarken dar, die letztlich schädlich für die Marke bzw. für die Markenartikelhersteller sein können. Auf Konsequenzen für die Konsumenten durch die zunehmende Verbreitung von Handelsmarken geht er hingegen nicht ein.

27. RYAN, T. J. 2003:

Private Labels: Strong, Strategic & Growing, in: Apparel Magazine, Vol. 44, No. 10, pp. 32-38.

RYAN geht in seinem Aufsatz auf die zunehmende Verbreitung von Handelsmarken in der Bekleidungsbranche der USA ein. Er zitiert zwei Unternehmensvertreter dieser Branche, die sich zu den Folgen der Ausbreitung von Handelsmarken äußern.

Der erste in diesem Zusammenhang zitierte Unternehmensvertreter, MARK MINSKY (Senior Vice President of Merchandising, Doneger Group), stellt RYAN zufolge heraus, dass Marken verantwortlich für Innovationen seien. Der zweite hier genannte Unternehmensvertreter, ROBERT ROTHBAUM (Vice President von Val D'Or), ist nach RYAN der Ansicht, dass der Händler aufgrund von Handelsmarken vom wichtigsten Kunden des Markenartikelherstellers zu seinem am meisten gefürchteten Wettbewerber geworden ist (S. 38).

RYAN liefert keine eigene zusammenfassende Bewertung in Bezug auf die zunehmende Verbreitung von Handelsmarken. Insofern kann er weder der Gruppe zugeordnet werden, die vorwiegend Vorteile durch Handelsmarken für die Konsumenten sieht, noch der, die überwiegend Nachteile sieht.

28. KLANTE, O. 2004:

Identifikation und Erklärung von Markenerosion, Wiesbaden 2004.

KLANTE setzt sich mit Ansätzen zur Identifikation und solchen zur Explikation von Markenerosion auseinander. Konkrete Auswirkungen der Zunahme von Handelsmarken auf den Wettbewerb oder für die Konsumenten erörtert er nicht.

Der Autor identifiziert folgende Ursachen für Markenerosion: Häufige Preisaktionen im Handel, fehlende Einzigartigkeit und mangelnde Innovationskraft der Herstellermarken, mangelnde Konsistenz und Kontinuität der Markenführung im vertikalen System, häufiger Wechsel der Entscheidungsträger im Markenmanagement sowie Anreizdefizite für Markenmanager zur ‚Langzeitsteuerung' (S. 198).

Außerdem haben häufige Preisaktionen im Handel KLANTE zufolge in einer mittel- bis langfristigen Betrachtung erhebliche negative Auswirkungen auf die Markentreue der Konsumenten. Auch würden sie in den Köpfen der Konsumenten eine veränderte Wahrnehmung der Marke bewirken. Dieser Befund gelte nicht nur für Hersteller-, sondern auch für Einkaufsstättenmarken, da die Einkaufsstätten an Prägnanz, Einzigartigkeit und Relevanz verlören. Dies sei insbesondere für solche Händler von Bedeutung, die sich von den Discountern abgrenzten (S. 202).

Wie die Ausführungen zeigen, geht KLANTE nicht auf potenzielle Konsequenzen des Anstiegs von Handelsmarken für den Wettbewerb und für die Konsumenten ein. Interessant, allerdings auch nicht neu, erscheint in diesem Zusammenhang dennoch seine Feststellung, dass der sogenannte ‚Preisverhau' der Herstellermarken durch die Händler möglicherweise zu für die Markenartikelhersteller negativen Reaktionen der Konsumenten und damit zu einer Schädigung der Marken führen kann.

29. PAUWELS, K./SRINIVASAN, S. 2004:

Who Benefits From Store Brand Entry?, in: Marketing Science, Vol. 23, No. 3, pp. 364-390.

Die Autoren gehen im Rahmen ihrer Untersuchung der Frage nach, welchen Einfluss die Einführung von Handelsmarken auf Hersteller, Handelsunternehmen und Konsumenten hat. Ihre Aussagen stützen sich auf die Ergebnisse eines multivariaten Analysemodells, in welches sie jahresübergreifende Daten aus vier Produktkategorien einbeziehen.

Mit Blick auf die Hersteller starker Markenartikel gehen PAUWELS/SRINIVASAN aufgrund ihrer Ergebnisse davon aus, dass diese aus der Einführung von Handelsmarken eher Nutzen ziehen können, weil sie wegen des Anstiegs der Preise höhere Erträge realisieren könnten. Für die Hersteller von Zweitmarken vermuten die Autoren dagegen eine gegenteilige Entwicklung, so dass sich für sie aus der Einführung von Handelsmarken eher nachteilige Effekte ergäben.

Die Konsumenten profitieren in den Augen der Verfasser von einer zunehmenden Verbreitung von Handelsmarken. So stünde ihnen zum einen eine größere Produktauswahl zur Verfügung und zum anderen könnten sie aus Preissenkungen – allerdings vorwiegend von Zweitmarken – Nutzen ziehen.

Auch für die Handelsunternehmen ergeben sich nach Einschätzung der Autoren in erster Linie Vorteile durch die Einführung und Verbreitung von Handelsmarken. So profitierten sie einerseits von den hohen Margen der Handelsmarken und andererseits von den höheren Margen, die sie für Herstellermarken aufgrund ihrer durch die Handelsmarken gestärkten Verhandlungsposition gegenüber den Markenartikelherstellern durchsetzen könnten.

Im Hinblick auf die Generalisierbarkeit der Ergebnisse weisen die Autoren u. a. auf die folgenden Grenzen ihrer Studie hin: Es wurden lediglich Daten aus vier Produktbereichen in die Untersuchung einbezogen, die zudem ausschließlich aus niedrigen Preiskategorien stammten. Darüber hinaus lagen nur Daten von einem Handelsunternehmen vor. Das bedeutet, dass die Ergebnisse der Untersuchung nur bedingt verallgemeinerungsfähig sind.

30. BONANNO, A./LOPEZ, R. A. 2005:

Private Label Expansion and Supermarket Milk Prices, in: Journal of Agricultural & Food Industrial Organization, Vol. 3, No. 1, Special Issue: Retailer Strategies in the Food Marketing Chain, Article 2.

BONANNO/LOPEZ untersuchen auf Basis von Daten, die in amerikanischen Supermärkten von März 1996 bis Juli 2000 erhoben wurden, den Einfluss von Handelsmarken auf die Entwicklung der Milchpreise in den USA. Die Ergebnisse zeigen, dass mit zunehmendem Angebot von Handelsmarken ein signifikanter Anstieg der Preise von Herstellermarken einhergeht. Gleichzeitig hat die zunehmende Verbreitung von Handelsmarken jedoch dazu geführt, dass die durchschnittlichen Verbraucherpreise von Milch – aus einer übergeordneten Perspektive betrachtet – gesunken sind (S. 14). Vor dem Hintergrund gestiegener Preise von Herstellermarken ist der Rückgang der durchschnittlichen Milchpreise somit durch die anscheinend sehr niedrigpreisigen Handelsmarken verursacht worden.

31. BONTEMPS, C./OROZCO, V./REQUILLART, V./TREVISIOL, A. 2005:

Price Effects of Private Label Development, in: Journal of Agricultural & Food Industrial Organization, Vol. 3, No. 1, Special Issue: Retailer Strategies in the Food Marketing Chain, Article 3.

Die Autoren untersuchen im Rahmen ihrer Studie die Reaktionen der Preise von Herstellermarken auf die zunehmende Verbreitung von Handelsmarken. In diesem Zusammenhang testen sie verschiedene in der Literatur gefundene Modelle anhand von Daten eines französischen Verbraucherpanels aus den Jahren 1998 bis 2000, das insgesamt sechs Artikelgruppen aus dem Lebensmittelbereich beinhaltet. Sie stellen fest, dass zwischen der Verbreitung von Handelsmarken und den Preisen von Herstellermarken eine positive Beziehung besteht. Darüber hinaus kommen sie zu dem Ergebnis, dass die Stärke der Preisreaktionen bei Herstellermarken davon abhängt, mit welchem Typ von Handelsmarken die Herstellermarken jeweils konkurrieren.

32. NORDIC COMPETITION AUTHORITIES 2005:

Nordic Food Markets – a taste for competition, Report from the Nordic competition authorities, No. 1/2005, November, Copenhagen et al. 2005.

Vor dem Hintergrund, dass die Lebensmittelpreise in den nordischen Ländern im Allgemeinen höher sind und gleichzeitig auch die Sortimentsbreite geringer zu sein scheint als in den anderen europäischen Ländern, haben die NORDIC COMPETITION AUTHORITIES entschieden, die Gegebenheiten auf den Lebensmittelmärkten der nordischen Länder tiefgehend zu untersuchen.

Mit Blick auf die Effekte einer wachsenden Verbreitung von Handelsmarken wird im Rahmen der Studie festgestellt, dass die Anzahl gelisteter Herstellermarken aufgrund begrenzter Regalflächen im Handel zurückgeht, da Handelsmarken vielfach die Regalplätze von Herstellermarken einnehmen. Als besonders ‚gefährdet' werden in diesem Zusammenhang schwächere Herstellermarken eingestuft, da der Handel auf die starken nationalen und internationalen Herstellermarken nicht verzichten könne (S. 89). Hinsichtlich der Preisentwicklung wird in der Studie mit Verweis auf in der Literatur bereits existierende ‚theoretische' und empirische Forschungsergebnisse davon ausgegangen, dass steigende Anteile von Handelsmarken mit einem sinkenden Preisniveau einhergehen (S. 88 f.).

33. Association des Industries de Marque (AIM) 2006:

Response to the European Commission's Discussion Paper on the Application of Article 82 of the Treaty to Exclusionary Abuses, 04.04.2006, Brussels 2006.

Die AIM möchte mit ihrer Stellungnahme zum Diskussionspapier der Europäischen Kommission in erster Linie darauf aufmerksam machen, dass die dortige Behandlung von Dominanz und Käufermacht in ihren Augen die auf realen Märkten vorzufindende Beziehung zwischen Markenartikelherstellern und Handelsunternehmen nicht adäquat berücksichtige. Insbesondere die Marktmacht von Handelsunternehmen sieht die AIM als zu wenig beachtet.

Die AIM erläutert ihren Standpunkt anhand der Kriterien ‚Dominanz', ‚relevanter Markt', ‚missbräuchliches bzw. wettbewerbsschädliches Verhalten' und ‚Konsumentenwohlfahrt'.

Bezüglich des Kriteriums ‚Dominanz' führt die AIM aus, dass die Kommission nicht bedacht habe, dass auch Händler Marktmacht gegenüber Lieferanten ausübten (im Diskussionspapier wird i. d. R. nur von Marktmacht der Lieferanten ausgegangen). Die AIM weist in diesem Zusammenhang darauf hin, dass Händler wichtiger für Industrieunternehmen seien als umgekehrt. Große Händler seien unverzichtbare Geschäftspartner für Markenartikelhersteller. Die Markenartikelhersteller könnten es sich nicht leisten, dass ihre Produkte nicht in allen großen Handelsketten gelistet seien. Auch sei zu berücksichtigen, dass Konsumenten im Falle des Nichtvorhandenseins einer Herstellermarke in einer Einkaufsstätte eher zu einem vergleichbaren Produkt griffen als deswegen die Einkaufsstätte zu wechseln (S. 4 f.).

In diesem Zusammenhang weist die AIM ferner darauf hin, dass die Handelsunternehmen die Entscheidungen hinsichtlich ihres Regalplatzes träfen und somit entschieden, welche Produkte gelistet werden, in welcher Menge, wo sie platziert werden, wie viel Regalplatz sie bekommen und zu welchem Preis sie verkauft werden (S. 6).

Zudem hätten die Handelsunternehmen Zugang zu sensiblen Daten von verschiedenen Markenartikelherstellern, die den Markenartikelherstellern selbst nicht zur Verfügung stünden. Auf dieser Basis könnten sie dann ihre eigenen Handelsmarken positionieren. Die Handlungsmöglichkeiten von Markenartikelherstellern seien somit durch die Existenz von Handelsunternehmen, die die Macht hätten, einzelne oder mehrere Herstellermarken auszulisten und zudem direkte Wettbewerber der Markenartikelhersteller seien, stark eingeschränkt (S. 7).

Mit Blick auf das Kriterium ‚relevanter Markt' sieht die AIM ebenfalls Verbesserungsbedarf in dem vorliegenden Diskussionspapier der Kommission. Ihrer Ansicht nach ist die Abgrenzung des relevanten Marktes bei der Beurteilung der Marktmacht von Handelsunternehmen bisher nicht gelungen. Sie weist darauf hin, dass große Handelsunternehmen weitgehend unabhängig von ihren Lieferanten agieren könnten und insofern ‚dominant' in einem oder mehreren relevanten Märkten seien. Insbesondere auf lokaler Ebene sei sowohl auf Absatz- als auch auf Beschaffungsmärkten häufig eine Dominanz von Handelsunternehmen festzustellen (S. 7 f.).

Bezüglich des Kriteriums ‚missbräuchliches bzw. wettbewerbsschädliches Verhalten' sollte die Kommission in den Augen der AIM beachten, dass insbesondere im Konsumgütersektor die Marktmacht von den Handelsunternehmen und nicht von den Industrieunternehmen ausgehe. Die drohende Auslistung sei i. d. R. ausreichend, um Industrieunternehmen dazu zu bringen, jeder Forderung von Handelsunternehmen zuzustimmen. Laut AIM ist die Auslistung als Spiegel der Lieferverweigerung (von Industrieunternehmen) zu betrachten und sollte auch entsprechend behandelt werden. Zudem werde Konsumenten durch eine vom Handelsunternehmen vorgenommene Auslistung der Zugang zu einem bestimmten Produkt verweigert und führe daher zu ‚Verbraucher-Schaden' (S. 9 f.).

Darüber hinaus weist die AIM mit Blick auf den Wettbewerb zwischen Hersteller- und Handelsmarken darauf hin, dass Handelsunternehmen sowohl für Hersteller- als auch für Handelsmarken die entscheidenden sortimentspolitischen Entscheidungen träfen. Sie legten die Preise fest, entschieden, welche Produkte gelistet werden, wie viel Regalplatz sie bekommen, wo sie platziert werden und wie und wann sie werblich unterstützt werden. Diese Entscheidungsbefugnis führe zu einem Verhalten, das sowohl Markenartikelhersteller als auch Konsumenten schädigen könne (S. 10).

Auch sei es in keinem anderen Kontext möglich, Zugang zu Daten seines direkten Wettbewerbers zu haben und diese im Rahmen der Entwicklung der eigenen Handelsmarken zu nutzen. Die Entwicklung von Produkten, die Herstellermarken in allen Belangen imitieren (sogenannte ‚Look-alikes' oder ‚Copycats'), sei eine Extremform wettbewerbsschädlichen Verhaltens von Handelsunternehmen. Dies führe auch zu Fehlkäufen von Konsumenten (S. 11).

In den Augen der AIM sollte in dem Diskussionspapier zudem stärker berücksichtigt werden, dass die anscheinende Dominanz eines Herstellers in einer bestimmten Produktkategorie durch die Praktiken der Handelsunternehmen komplett aufgehoben werden könne. Auch fordert die AIM klarere Richtlinien dahingehend, ob bestimmte Rabattschemata nach Artikel 82 EG erlaubt sind (S. 12).

Bezüglich des Kriteriums ‚Konsumentenwohlfahrt' führt die AIM aus, dass die von großen Handelsunternehmen angebotene große Vielfalt an Produkten unter einem Dach und Preise auf einem konkurrenzfähigen Niveau dazu führten, dass diesen Handelsunternehmen auch kein wettbewerbsschädliches Verhalten in anderen Bereichen angelastet würde. In den Augen der AIM sollte die Kommission jedoch auch die potenziellen langfristigen Folgen der Praktiken von Handelsunternehmen betrachten (S. 13 f.).

Im Falle der Auslistung von Herstellermarken sei z. B. die Produktauswahl für die Konsumenten eingeschränkt. Es sei auch keine Antwort, zu sagen, dass der Konsument ja immer noch die Alternative habe, eine Handelsmarke zu kaufen. Wenn der Konsument ein bestimmtes Produkt wünsche und dieses nicht verfügbar sei, sei dies eine Verminderung der Konsumentenwohlfahrt, weil er in seiner Auswahl eingeschränkt sei. Schließlich sei es unwahrscheinlich, dass er die Einkaufsstätte wechsele, nur um das eine gewünschte Produkt dort zu kaufen (S. 13).

Zudem sei der Preiswettbewerb zwischen einer Herstellermarke und einer Handelsmarke nicht vergleichbar mit dem zwischen zwei unabhängigen Herstellermarken. Auch dies führe zu einem Rückgang der Konsumentenwohlfahrt aufgrund des fehlenden ‚wirklichen' Preiswettbewerbs (S. 14).

Die Einführung von Handelsmarken vermindert AIM zufolge aufgrund der Gefahr der Nachahmung durch Handelsmarken den Anreiz für Markenartikelhersteller, Innovationen hervorzubringen. Weniger Innovationen bedeuteten für Konsumenten wegen der abnehmenden Produktauswahl ebenfalls eine verminderte Wohlfahrt (S. 14).

34. BAKER, D./BALTZER, K./MØLLER, A. S. 2006:

Branding Behavior in the Danish Food Industry, in: Agribusiness, Vol. 22, No. 1, pp. 31-49.

BAKER/BALTZER/MØLLER untersuchen im Rahmen von Befragungen dänischer Hersteller- und Handelsunternehmen aus der Lebensmittelbranche in den Jahren 1997 und 2002 u. a. die Auswirkungen der zunehmenden Verbreitung von Handelsmarken auf die Artikelvielfalt. Die Autoren gehen vor dem Hintergrund ihrer Ergebnisse davon aus, dass die Zunahme von Handelsmarken langfristig mit einem Rückgang der Anzahl angebotener Herstellermarken verbunden ist (S. 45).

Aus Sicht der Markenartikelhersteller besteht somit die Gefahr, dass ihre Herstellermarken vom Handel ausgelistet werden. Dies kann letztlich auch mit einer Gefährdung der Existenz betroffener Herstellerunternehmen verbunden sein.

Aus Sicht der Konsumenten ergäbe sich insbesondere dann eine negative Beurteilung, wenn der Rückgang der Anzahl angebotener Herstellermarken eine gravierende Verminderung der Artikelvielfalt zur Folge hätte, die nahezu keine Auswahl mehr zwischen verschiedenen Artikeln ermöglicht.

35. BERGSTRÖM, F./DAUNFELDT, S.-O./RUDHOLM, N. 2006:

The Times, they are a Changing: What's new in the Swedish retail trade market?, in: European Retail Digest, Oxford Institute of Retail Management, University of Oxford 2006, No. 52, pp. 37-39.

BERGSTRÖM/DAUNFELDT/RUDHOLM erläutern im Rahmen ihres Aufsatzes ihre empirischen Ergebnisse aus dem schwedischen Lebensmitteleinzelhandel, die auf Scanningdaten aus den Jahren 2001 bis 2004 basieren. Mit Blick auf die Anzahl angebotener Artikel wurde in den untersuchten Artikelgruppen ein deutlicher Anstieg der Anzahl angebotener Handelsmarken (Wachstumsrate 10 %) bei einem gleichzeitigen Rückgang der Anzahl angebotener Herstellermarken um 2 % konstatiert (S. 37). Hinsichtlich der Preisentwicklung wurde im Untersuchungszeitraum ein Rückgang der Verbraucherpreise um 3,4 % festgestellt (S. 38).

Insgesamt deutet der in der schwedischen Lebensmittelbranche festgestellte Trend zur Verlagerung des Sortimentsschwerpunkts von Herstellermarken zu Handelsmarken somit darauf hin, dass für die Hersteller industrieller Markenartikel letztlich die Gefahr besteht, ausgelistet zu werden.

36. BONTEMPS, C./OROZCO, V./REQUILLART, V. 2006:

Private Labels, National Brands and Food Prices, IDEI Working Paper, No. 402, Institut d'Économie Industrielle, Toulouse 2006.

BONTEMPS/OROZCO/RÉQUILLART untersuchen exemplarisch anhand einer Artikelgruppe aus dem Lebensmittelbereich die Entwicklung der Preise von Herstellermarken im Zuge der zunehmenden Verbreitung von Handelsmarken in den Jahren 1998 bis 2001. Die zugrunde liegenden Daten wurden im Rahmen eines Konsumentenpanels in Frankreich erhoben.

Die Autoren stellen im Rahmen ihrer Untersuchung fest, dass die Preise von Herstellermarken im Zuge der Zunahme von Handelsmarken angestiegen sind. Zudem konstatieren sie einen Zusammenhang zwischen der Stärke der Preisreaktion und der ‚Marktstellung' der jeweiligen Herstellermarke: Die Preise führender Herstellermarken ‚reagieren' stärker auf die Verbreitung von Handelsmarken als die Preise von Zweitmarken (S. 22).

Diese Ergebnisse lassen insbesondere mit Blick auf die dem Handel obliegende Preishoheit vermuten, dass in erster Linie führende Herstellermarken der Gefahr unterliegen, ‚Opfer' preispolitischer Taktiken des Handels zu werden.

37. GORRIE, A. 2006:

Competition Between Branded and Private Label Goods. Do Competition Concerns Arise When a Customer is also a Competitor?, in: European Competition Law Review (E.C.L.R.), Vol. 27, No. 5, pp. 217-227.

GORRIE untersucht im Rahmen seines Artikels, ob die mit dem Wachstum von Handelsmarken verbundene neue Rolle von Handelsunternehmen sowohl als Kunden als auch als Wettbewerber von Industrieunternehmen Auswirkungen auf wettbewerbsrechtliche Aspekte hat und falls ja, welche Rechtsmittel u. U. angewandt werden könnten. Darüber hinaus untersucht GORRIE, ob diese duale Rolle von Handelsunternehmen u. U. auch Schäden für die Konsumenten zur Folge haben könnte.

Hinsichtlich möglicher Auswirkungen von Käufermacht auf den Wettbewerb kommt GORRIE zu dem Ergebnis, dass Käufermacht nicht zwingend positive Effekte mit sich bringt. Die größten Handelsunternehmen würden 20 % und mehr des Geschäfts von Lieferanten ausmachen, während es umgekehrt lediglich ein sehr geringer Anteil sei, den Lieferanten zum Geschäft der Handelsunternehmen beitrügen. Dies hätte Auswirkungen auf die Verhandlungen hinsichtlich individueller Preise, Werbung und allgemeiner Geschäftsbedingungen (S. 218).

Obwohl Käufermacht kurzfristig häufig zu Vorteilen der Konsumenten in Form niedrigerer Preise führe, könnten langfristig nachteilige Effekte auftreten. Beispielsweise könnten Lieferanten gezwungen sein, Investitionen in neue Produkte oder Produktverbesserungen, Werbung und Markenaufbau zu reduzieren. Auch könnten Zweitmarken eliminiert und Erstmarken geschwächt werden, was letztlich zu geringerer Produktauswahl, weniger Innovationen und zu einer Stärkung der Handelsmarken führe. Käufermacht könne also zu einer Verzerrung des Hersteller-Handels-Wettbewerbs führen (S. 218 f.).

Von Handelsmarken hervorgerufene Auswirkungen auf den Wettbewerb sieht GORRIE vor allem darin begründet, dass Handelsunternehmen ihre Handelsmarken durch bessere Regalplätze, Preisunterschiede, Werbung und ‚Stock-Outs' begünstigten. Die meisten Handelsmarkenproduzenten nutzten Markenartikelhersteller als Quelle für Informationen, Innovationen und neue Produktideen. GORRIE bezeichnet das Verhalten der Handelsunternehmen sogar als ‚parasitisch' (S. 219).

Mit Blick auf die Behandlung der Käufermacht des Handels und der Zunahme von Handelsmarken durch verschiedene Wettbewerbsbehörden führt GORRIE aus, dass das OFFICE OF FAIR TRADING (OFT) die Zunahme der Käufermacht des Handels lange Zeit positiv sah, da es davon ausging, dass damit verbundene niedrigere Preise an die Konsumenten weitergegeben würden und insofern positiv aus der Sicht von Konsumenten seien. Erst im Jahr 2006 hätte auch das OFT erkannt, dass die gestiegene Käufermacht u. U. die Produktauswahl der Konsumenten vermindern könnte (S. 219 f.).

Die COMPETITION COMMISSION (UK) habe hingegen bereits im Jahr 2000 festgestellt, dass Käufermacht die Wettbewerbsfähigkeit von Industrieunternehmen beeinträchtigen könnte mit der möglichen Folge, dass diese weniger in Innovationen und Produktentwicklungen investierten und dass die Qualität und die Produktauswahl zurückgingen (S. 220 f.).

Die Sichtweise der EUROPÄISCHEN KOMMISSION verdeutlicht GORRIE anhand einiger beispielhafter Entscheidungen der Kommission zu geplanten Zusammenschlüssen verschiedener Unternehmen (S. 221 ff.). Den Zusammenschluss von Kesko und Tuko verbot die Kommission z. B. mit der Begründung, dass die damit verbundene erhöhte Käufermacht von Kesko ihre marktbeherrschende Stellung im Einzelhandel und auf den Cash-and-Carry-Märkten noch verstärken würde. Zudem sah die Kommission die Verbreitung von Handelsmarken als Schlüsselelement in der Machtausübung gegenüber Herstellern.

Die Akquisition von Gillette durch Procter&Gamble erlaubte die EUROPÄISCHE KOMMISSION hingegen mit der Begründung, dass die damit verbundene Machtzunahme dieser Industrieunternehmen durch die bestehende Käufermacht des Handels in Grenzen gehalten würde.

Mögliche Schädigungen der Konsumenten im Zusammenhang mit Handelsmarken und der Käufermacht des Handels sieht GORRIE in weniger Produktinnovationen und geringerer Produktqualität, verminderter Produktauswahl, weniger Auswahl an Einkaufsstätten und u. U. in höheren Preisen (S. 223).

GORRIE geht schließlich auch auf einige mögliche Rechtsmittel ein, die u. U. im Zusammenhang mit der ‚Double-Agent'-Rolle und der gestiegenen Käufermacht des Handels herangezogen werden könnten. Allerdings kommt er selbst zu dem Ergebnis, dass diese Mittel als schwach eingestuft werden müssen (S. 224 ff.).

Aus diesem Grund fordert GORRIE abschließend, dass mit Blick auf die Schwäche der bestehenden Rechtsmittel vor dem Hintergrund ökonomischer Wohlfahrt Abhilfe geschaffen werden müsse, da ansonsten das Risiko bestehe, dass Industrieunternehmen im Falle übertriebener Forderungen der Handelsunternehmen als Reaktion zu unangemessenen Mitteln, wie geheimen Absprachen, sei es mit Händlern oder zwischen Lieferanten, griffen (S. 227).

38. BUNDESWETTBEWERBSBEHÖRDE DER REPUBLIK ÖSTERREICH 2007: Allgemeine Untersuchung des österreichischen Lebensmitteleinzelhandels unter besonderer Berücksichtigung des Aspekts der Nachfragemacht, Wien 2007.

Die BUNDESWETTBEWERBSBEHÖRDE DER REPUBLIK ÖSTERREICH hat vor dem Hintergrund der Tatsache, dass bei ihr eine Vielzahl von Beschwerden hinsichtlich einer missbräuchlichen Ausnutzung von Nachfragemacht im Lebensmittelhandel eingegangen ist und auch eine entsprechende Medienberichterstattung stattgefunden hat, in den Jahren 2003 und 2004 eine Untersuchung durchgeführt, die sich mit der Existenz und den Wirkungen nachfrageseitiger Marktmacht auf den Wettbewerb im Lebensmittelhandel auseinandergesetzt hat.

Mit Blick auf Handelsmarken kommt sie zu dem Ergebnis, dass deren zunehmende Produktion – bei gegebener Austauschbarkeit von Herstellermarken durch Handelsmarken – durchaus die Verhandlungsmacht des Händlers stärke (S. 11). Demgegenüber gebe es für die Behauptung, dass Hersteller mit Forderungen von Händlern konfrontiert seien, für diese Handelsmarken zu produzieren bzw. dabei sogar Herstellermarken ‚nachzubauen', keine konkreten Hinweise (S. 19).

Insgesamt zieht sie die Schlussfolgerung, dass der Nachfragemacht des Handels kaum Grenzen gesetzt seien, wenn starke Herstellermarken fehlten und die Angebotsseite wenig konzentriert sei. Je größer die Bedeutung von Handelsmarken sei, desto stärker sei die Nachfragemacht des Handels und diese könne letztlich negative Auswirkungen, wie einen Rückgang von Innovationen und Artikelvielfalt, haben (S. 20).

39. COMPETITION COMMISSION (UK) 2007:

Working paper on the competitive effects of own label goods, Working paper in the context of the Groceries Market Investigation, 10.04.2007, London 2007.

Die wachsende Verbreitung von Handelsmarken hat der COMPETITION COMMISSION zufolge sowohl positive als auch negative Effekte auf den Wettbewerb. Die Untersuchung potenzieller negativer Effekte bezieht sich im Wesentlichen auf drei Bereiche:

1. die durch Handelsmarken hervorgerufene ‚Doppelposition‘ der Händler als Kunde und Wettbewerber von Markenartikelherstellern,

2. die Verwendung sogenannter ‚Copycats‘ und

3. die Möglichkeit, dass der Wettbewerb zwischen Handelsunternehmen durch Handelsmarken abgeschwächt werde.

Mit Blick auf die Doppelrolle der Handelsunternehmen sieht die COMPETITION COMMISSION aufgrund des frühzeitigen Wissens über geplante Produkteinführungen von Herstellermarken die Gefahr, dass die Handelsunternehmen dieses Wissen nutzen, um entsprechende Handelsmarken zu produzieren. Diese Tendenz, dass Handelsmarken von den Investitionen der Markenartikelhersteller profitieren, könne letztlich dazu führen, dass die Markenartikelhersteller ihre Investitionen in Innovationen reduzieren. Darüber hinaus sei davon auszugehen, dass Zweit- und Drittmarken durch Handelsmarken ersetzt würden und dies letztlich investitions- und innovationshemmend wirke (S. 7 und S. 9). In diesem Zusammenhang wird auch darauf hingewiesen, dass im Rahmen einer in Großbritannien durchgeführten empirischen Studie[103] ermittelt wurde, dass Innovationen bei Herstellermarken teilweise wieder zu einem Rückgang von Handelsmarken geführt hätten bzw. dass sie auch Innovationen bei Handelsmarken stimulierten (S. 11).

Hinsichtlich der Frage, welche Auswirkungen Handelsmarken haben, die den Herstellermarken äußerlich sehr ähnlich sehen (‚Copycats‘), kommt die COMPETITION

---

103 Vgl. MINTEL GROUP 2006.

COMMISSION zu keinem eindeutigen Ergebnis. Sie weist lediglich darauf hin, dass die Möglichkeit bestehe, dass Konsumenten diese Produkte in dem Glauben kaufen, es seien die jeweiligen Herstellermarken oder sie seien von dem jeweiligen Hersteller des Originalprodukts hergestellt worden oder die Handelsmarke habe eine mit der Qualität der Herstellermarke vergleichbare Qualität (S. 13). Auch Studien, in denen Erfolgsfaktoren von Handelsmarken untersucht wurden, kommen laut COMPETITION COMMISSION zu keinem eindeutigen Ergebnis. Teilweise wurde das ‚Copycat Packaging' als einer der Haupterfolgsfaktoren identifiziert, teilweise wurde eher davon abgeraten (S. 14 f.).

Mit Blick auf den Einfluss von Handelsmarken auf den Wettbewerb zwischen Handelsunternehmen vertritt die COMPETITION COMMISSION nicht die Ansicht, dass dieser abgeschwächt werde. Der in diesem Zusammenhang häufig vorgebrachten Argumentation, Handelsmarken würden die Möglichkeit für Konsumenten, das Angebot verschiedener Handelsunternehmen zu vergleichen, reduzieren und dies würde letztlich den Preiswettbewerb zwischen den Handelsketten behindern, folgt die COMPETITION COMMISSION nicht. Sie vertritt hingegen die Meinung, dass Konsumenten nach wie vor die Möglichkeit hätten, die Angebote verschiedener Händler zu vergleichen. Dahinter steht die Auffassung, dass nicht nur Herstellermarken einen Vergleich ermöglichen, sondern auch Handelsmarken. Zwar seien es dann nicht die identischen Produkte, die verglichen werden, aber die Konsumenten könnten gleichwohl die Preise und die wahrgenommene Qualität der Produkte miteinander vergleichen (S. 15 f.).

Somit geht die COMPETITION COMMISSION nicht nur davon aus, dass Handelsmarken nicht zwingend negative Wettbewerbseffekte haben, sondern sie hält es darüber hinaus für möglich, dass Handelsmarken positive Auswirkungen auf den Wettbewerb haben können. In diesem Zusammenhang nennt sie insbesondere eine größere Produktauswahl für Konsumenten und einen gesteigerten Wettbewerb (S. 16).

40. GABRIELSEN, T. S./SØRGARD, L. 2007:

Private labels, price rivalry and public policy, in: European Economic Review, Vol. 51, No. 2, pp. 403-424.

GABRIELSEN/SØRGARD stellen im Rahmen ihrer Analyse ein Modell auf, mit dessen Hilfe sie die Auswirkungen einer bloßen Drohung der Einführung von Handelsmarken und die Auswirkungen einer tatsächlichen Einführung von Handelsmarken auf die Preise von Herstellermarken untersuchen. Sie kommen zu dem Ergebnis, dass die reine Drohung der Einführung von Handelsmarken ausreicht, um eine Senkung der Preise von Herstellermarken zu generieren. Demgegenüber führt eine tatsächliche Einführung von Handelsmarken nach ihrer Theorie zu höheren Preisen von Herstellermarken, weil die Produzenten von Herstellermarken es dann aufgeben würden, wechselwillige Konsumenten zu ‚bedienen' (S. 414).

Die Autoren resümieren daher, dass die Einführung von Handelsmarken negative Effekte sowohl auf die ‚Wohlfahrt der Konsumenten' als auch auf die ‚Gesamtwohlfahrt' haben kann (S. 415).

41. COMPETITION COMMISSION (UK) 2008: Market investigation into the supply of groceries in the UK, Final Report, 30.04.2008, London 2008.

Die COMPETITION COMMISSION greift im Rahmen ihres Abschlussberichts noch einmal die Aspekte auf, auf die sie im Rahmen des ein Jahr zuvor veröffentlichten Arbeitspapiers zu den Wettbewerbseffekten von Handelsmarken bereits eingegangen ist.[104] Insgesamt ist zu konstatieren, dass sie bei ihrer Einschätzung aus dem Vorjahr bleibt.

Die COMPETITION COMMISSION geht davon aus, dass die Vorteile, die Handelsunternehmen u. a. mit Blick auf frühzeitige Informationen zu geplanten Innovationen bei Herstellermarken haben, nicht ausreichen, um Herstellermarken durch Handelsmarken zu verdrängen (S. 171). Darüber hinaus vertritt sie die Auffassung, dass Handelsmarken bis dato keine negativen Auswirkungen auf Produktinnovationen von Markenartikelherstellern hatten (S. 172). Die COMPETITION COMMISSION sieht es ferner als unwahrscheinlich an, dass von sogenannten ‚Copycats' negative Effekte auf den Wettbewerb ausgehen könnten (S. 172). Schließlich lehnt sie auch die Auffassung ab, dass den Konsumenten durch Handelsmarken der Vergleich verschiedener Handelsunternehmen erschwert werde und somit der Wettbewerb eingeschränkt sei. Sie argumentiert, dass Konsumenten auch die Möglichkeit hätten, Handelsmarken unterschiedlicher Händler zu vergleichen, indem sie sowohl Preis als auch Qualität als Bewertungsmaßstäbe heranzögen (S. 172).

[104] Vgl. COMPETITION COMMISSION (UK) 2007.

Zusammenfassend kommt die britische COMPETITION COMMISSION zu dem Ergebnis, dass das Angebot von Handelsmarken im Lebensmittelbereich keine negativen Effekte auf den Wettbewerb habe (S. 172).

42. DOBSON, P. W./CHAKRABORTY, R. 2009:

Private Labels and Branded Goods: Consumers' 'Horrors' and 'Heroes', in: EZRACHI, A./BERNITZ, U. (Eds.): Private Labels, Brands and Competition Policy, Oxford 2009, pp. 99-124.

DOBSON/CHAKRABORTY untersuchen in ihrem Aufsatz die Fragestellung, wie Herstellermarken auf der einen Seite und Handelsmarken auf der anderen Seite den Wettbewerb positiv oder negativ beeinflussen können. Sie nennen sowohl mit Blick auf Handelsmarken als auch mit Blick auf Herstellermarken ‚Fälle', in denen die jeweiligen Markentypen für Konsumenten eher ‚Horror' bedeuten und ‚Fälle', in denen sie aus Sicht der Konsumenten als ‚Helden' einzustufen sind (S. 104-116).

Nach Ansicht der Autoren hatte die Entwicklung von Handelsmarken in einer kurzfristigen Betrachtung ‚ohne Zweifel' positive Effekte: eine erhöhte Produktauswahl, einen erhöhten Preiswettbewerb und die Möglichkeit für den Handel, aufgrund der durch die zusätzlichen Alternativen gewonnenen höheren Verhandlungsmacht niedrigere Preise von den Lieferanten zu verlangen (S. 123 f.).

Allerdings, so die Autoren, sei mit Blick auf die Zukunft zu befürchten, dass die Macht des Handels steige und sich dies letztlich negativ auf die Markenartikelindustrie und die Konsumenten auswirke. Zu denken sei in diesem Zusammenhang beispielsweise an Schädigungen des Markenwerts, eine verringerte Produktauswahl, verminderte Qualität von Handelsmarken (um Kosten zu senken), eine eingeschränkte Vergleichbarkeit von Preisen und Preismanipulationen (S. 124).

Vor diesem Hintergrund weisen DOBSON/CHAKRABORTY auf die wichtige Rolle von Wettbewerbsbehörden und Gerichten hin, deren Aufgabe sie darin sehen, sicherzustellen, dass der Wettbewerb sowohl auf der Hersteller- als auch auf der Handelsebene fair und funktionsfähig ist (S. 124).

43. BERNITZ, U. 2009:

Misleading Packaging, Copycats, and Look-alikes: An Unfair Commercial Practice?, in: EZRACHI, A./BERNITZ, U. (Eds.): Private Labels, Brands and Competition Policy, Oxford 2009, pp. 217-234.

BERNITZ richtet im Rahmen seines Aufsatzes den Blick auf die häufig zu beobachtende starke Ähnlichkeit der Verpackungen von Handelsmarken mit denen bekannter Herstellermarken. Er geht insbesondere der Frage nach, ob der Einsatz von irreführenden Verpackungen (z. B. in Form von ‚Copycats' und ‚Look-alikes') im Zusammenhang mit Handelsmarken als ‚unlautere Handelspraktik' einzustufen ist und somit rechtlich geahndet werden sollte.

In diesem Kontext untersucht BERNITZ zunächst die Funktionen der Markierung aus rechtlicher Sicht (‚trademarks') und aus der Sicht des Marketing (‚brands'). Anschließend gibt er einen Überblick darüber, welche Ausgestaltungsarten der Gesetzgebung gegen unlauteren Wettbewerb insbesondere in Bezug auf Imitationen existieren (S. 221-224). Darüber hinaus legt er die Inhalte der EU-Richtlinie zu ‚Praktiken unlauteren Wettbewerbs' dar (S. 224-228) und diskutiert schließlich deren Anwendbarkeit auf ‚Copycats' und ‚Look-alikes' (S. 228-232).

Ein besonderes Augenmerk richtet BERNITZ auf die Anwendung dieser Richtlinie im Vereinigten Königreich: Die Einschätzung der COMPETITION COMMISSION (UK), dass die Verpackung allein keine nachhaltige Basis für den Erfolg von Handelsmarken im Wettbewerb mit Herstellermarken sein könne, wird von BERNITZ scharf kritisiert. So ginge die COMPETITION COMMISSION davon aus, dass Konsumenten langfristig in der Lage seien, ‚Copycat-Verpackungen' zu erkennen und es vor diesem Hintergrund unwahrscheinlich sei, dass nachhaltige negative Effekte für Herstellermarken aufgrund von ‚Copycat-Verpackungen' entstehen könnten. Diese Argumentation der COMPETITION COMMISSION bezeichnet BERNITZ als inakzeptabel und begründet dies damit, dass sie nicht im Einklang mit der EU-Richtlinie zu ‚Praktiken unlauteren Wettbewerbs' stünde.

Zusammenfassend ist festzuhalten, dass BERNITZ die Anwendung der EU-Richtlinie mit Blick auf ‚Copycats' und ‚Look-alikes' im Vereinigten Königreich kritisiert und in diesem Zusammenhang insbesondere den Schutz der Konsumenten und der Markenartikelindustrie nicht ausreichend berücksichtigt sieht (S. 233-234).

44. EZRACHI, A./REYNOLDS, J. 2009:

Advertising, Promotional Campaigns, and Private Labels, in: EZRACHI, A./BERNITZ, U. (Eds.): Private Labels, Brands and Competition Policy, Oxford 2009, pp. 259-279.

EZRACHI/REYNOLDS untersuchen im Rahmen ihres Aufsatzes die Ziele und die Wirkungen kommunikationspolitischer Maßnahmen von Händlern und Herstellern. Besondere Berücksichtigung findet in diesem Zusammenhang die Rolle von Handelsmarken.

Die Autoren vertreten die Auffassung, dass die kommunikationspolitischen Maßnahmen von Händlern, die sowohl Herstellermarken als auch Handelsmarken anbieten, vermutlich darauf ausgelegt sind, den Absatz ihrer Handelsmarken zu fördern, da diese ihnen i. d. R. einen höheren Profit einbringen (S. 272).

Mit Blick auf die Wirkung der Werbung für Herstellermarken führen EZRACHI/REYNOLDS aus, dass eine intensive Werbung für Herstellermarken nicht die Existenz von Handelsmarken, sondern die Existenz anderer, nicht oder kaum beworbener Herstellermarken, die weniger gut verkauft werden, gefährde. Dies könne letztlich zu einer geringeren Produktauswahl für die Konsumenten führen (S. 275).

Zudem weisen die Autoren darauf hin, dass der Handel durch die direkte Zugriffsmöglichkeit auf seine elektronischen Abverkaufsdaten einen erheblichen Vorteil gegenüber der Markenartikelindustrie, der diese Möglichkeit nicht offensteht, besitze. Der Handel könne mit Hilfe dieser Daten das Kaufverhalten der Kunden besser verstehen und darauf aufbauend gezielt kommunikationspolitische Maßnahmen entwickeln (S. 278).

Zusammenfassend ist festzuhalten, dass sich die Existenz von Handelsmarken den Autoren zufolge lediglich für den Handel positiv auswirkt. Für die Markenartikelhersteller und für die Konsumenten befürchten sie hingegen eher negative Auswirkungen (S. 272 und S. 279).

3.2. Zusammenfassende Übersicht über die in der Literatur diskutierten Auswirkungen

Nachdem im vorangegangenen Abschnitt eine chronologische Analyse ausgewählter Publikationen vorgenommen wurde, soll nachfolgend der aktuelle Stand der Diskussion in der Literatur anhand der in den verschiedenen Quellen genannten Indikatoren analysiert werden. Um einen Überblick über die in der Literatur beschriebenen Ausprägungen der verschiedenen Indikatoren zu bekommen, werden diese im Rahmen dieses Abschnitts zunächst in Form einer Argumentenbilanz dargelegt. Diese soll dann die Basis für eine tiefgehende Analyse und Bewertung der verschiedenen Indikatoren im folgenden Abschnitt bilden.

Abbildung 3 stellt zunächst ohne Unterscheidung der jeweils positiv oder negativ beeinflussten Akteure die in der Literatur zu findenden Argumente, die im vorherigen Abschnitt herausgearbeitet wurden, in einer Argumentenbilanz zusammen. Wenn möglich, wurden dabei offensichtlich gegenläufige Effekte einander gegenüber gestellt.

	Indikator	Negative Auswirkungen	Positive Auswirkungen
1	**Artikelvielfalt**	Verminderte Produktauswahl	Größere Produktauswahl Hinzukommende Produkte, die eine latente Nachfrage befriedigen Bessere Befriedigung der Wünsche der Konsumenten
2	**Preise**	Höhere Preise	Niedrigere Preise
3	**Marktvolumen**	Geringeres Marktvolumen	Größeres Marktvolumen
4	**Qualität**	Verminderte Qualität der Produkte Unsicherheit über dic Qualität der Handelsmarken auf Seite der Konsumenten	Besseres Preis-Leistungs-Verhältnis für die Konsumenten
5	**Herstellerzahl und -situation**	Gefahr für die Existenz insbesondere schwächerer Hersteller Schlechtere Verhandlungsposition von Herstellern gegenüber Händlern aufgrund des Machtverlusts	Erleichterung des Markteintritts für neue Hersteller Erhöhung der Effizienz der Angebotskette
6	**Markenwert**	Markenerosion	–
7	**Händlerzahl und -situation**	Verringerte Zahl der Händler durch Ausscheiden kleinerer Händler Machtzuwachs gegenüber Herstellern und damit stärkere Verhandlungsposition	Erhöhung der Effizienz der Angebotskette
8	**Innovation**	Reduktion von Produkt- und Prozessinnovationen sowie Einschränkung der Weiterentwicklung von Produkten	Handelsmarken als potenzielle Innovatoren
9	**Wettbewerb**	Beschränkung des Wettbewerbs	Intensivierung des Wettbewerbs

Abb. 3: Argumentenbilanz zu den in der Literatur diskutierten Auswirkungen der zunehmenden Verbreitung von Handelsmarken

Im Folgenden wird, wo es notwendig erscheint, zwischen denjenigen Akteuren unterschieden, für die ein bestimmter Effekt als positiv oder als negativ angesehen wird. Nur wenn feststeht, welche Effekte welche Akteure begünstigen und in welchem Ausmaß dies der Fall ist bzw. mit welcher Wahrscheinlichkeit das Eintreten des jeweiligen Effektes zu erwarten ist, können die einzelnen Erwägungen zu einem Gesamturteil verdichtet werden. Es wird deshalb jeweils kurz erörtert, wie sich die einzelnen Effekte auf die Konsumenten, den Handel, die Industrie und letztlich auf den Wettbewerb auswirken.[105]

Auf die Frage, ob manche Indikatoren in kurz- bzw. langfristiger Betrachtung gegenläufige Tendenzen aufweisen, was eine Erklärung für die scheinbar widersprüchlichen Aussagen der Literatur darstellen könnte, wird in den folgenden Abschnitten ebenfalls eingegangen.

In der Reihenfolge der in der ersten Spalte der Tabelle zu findenden Nummerierung und unter der in der zweiten Spalte angegebenen Bezeichnung für den untersuchten Indikator werden die einzelnen Aspekte in den folgenden Unterabschnitten diskutiert.

3.3. Analyse einzelner Indikatoren

Der zunehmenden Verbreitung von Handelsmarken werden in der Literatur mit Blick auf die Hersteller, den Handel und die Konsumenten sowohl positive als auch negative Auswirkungen zugeschrieben. Dieser Widerspruch in den Ergebnissen ist auf unterschiedlich lange Zeiträume, unterschiedliche Objekte (Markentypen, Betriebsformen), unterschiedliche Indikatoren und unterschiedliche Perspektiven (Handel, Hersteller, Konsumenten) der Untersuchungen zurückzuführen.

Demzufolge kann keine ‚pauschale' Beurteilung der zunehmenden Verbreitung von Handelsmarken erfolgen, sondern es ist eine differenzierte Beurteilung – aus den verschiedenen Perspektiven, mit Blick auf verschiedene Indikatoren, unterschiedliche Objekte und verschiedene Zeiträume – erforderlich. Während in kurzfristigen Untersuchungen lediglich zeitweilige ‚Sprünge' nach oben oder unten ablesbar sind, ermög-

[105] Diese Sicht orientiert sich am Vorbild des von GROSSEKETTLER vertretenen Konzepts von Marktprozessen. Vgl. z. B. GROSSEKETTLER 1987 und GROSSEKETTLER 1994.

lichen langfristige Untersuchungen eine Beobachtung des langfristigen Entwicklungspfads.

Vor diesem Hintergrund werden im Folgenden – auf Basis der chronologischen Auswertung der Literatur (vgl. nochmals Abschnitt 3.1.) – die im wissenschaftlichen Schrifttum mit der zunehmenden Verbreitung von Handelsmarken in Verbindung gebrachten positiven und negativen Effekte jeweils getrennt nach Indikatoren diskutiert. Dabei werden die unterschiedlichen Untersuchungsobjekte und Perspektiven sowie die jeweilige zeitliche Ausdehnung berücksichtigt.[106]

Im Rahmen der chronologischen Literaturauswertung ging es um eine Beschreibung des Status quo der Diskussion in der Fachliteratur. In diesem Abschnitt soll nun die Basis für eine Bewertung der vorgetragenen Effekte geschaffen werden. Konkret bedeutet dies, dass z. B. Querverbindungen zwischen einzelnen Auswirkungen aufgezeigt oder weitere Überlegungen zur Bedeutung einzelner Auswirkungen im Rahmen einer übergreifenden Bewertung angestellt werden. Denn es ist zu beachten, dass sich die einzelnen Auswirkungen zum Teil überschneiden oder dass manche Auswirkungen Folgen von anderen Auswirkungen sein können.

Vor dem Hintergrund der im vierten Kapitel präsentierten empirischen Untersuchungen werden die in der Literatur diskutierten Auswirkungen der zunehmenden Verbreitung von Handelsmarken auf die Indikatoren Artikelvielfalt, Preise und Marktvolumen in diesem Zusammenhang besonders tiefgehend analysiert, da ein Schwerpunkt der empirischen Untersuchungen darin besteht, die Auswirkungen der Zunahme von Handelsmarken auf diese Indikatoren zu analysieren. Die Auswahl gerade dieser Indikatoren lässt sich damit begründen, dass sie im Zuge der zunehmenden Verbreitung von Handelsmarken eine Sonderstellung einnehmen: Auf kurze Sicht sind zunächst positive Effekte in Form steigender Artikelvielfalt, sinkender Preise und eines steigenden Marktvolumens zu erwarten. Langfristig sind hingegen eher negative Effekte zu erwarten.[107]

---

106 Die zum Nachweis von Fundstellen angegebenen Quellen erheben keinen Anspruch auf Vollständigkeit, sondern belegen exemplarisch die dargelegten Argumente. Vgl. zur Diskussion der Indikatoren in den Abschnitten 3.3.1. bis 3.3.3. auch OLBRICH/GREWE 2007; OLBRICH/GREWE 2008; OLBRICH/GREWE 2009a; OLBRICH/GREWE 2009b und OLBRICH/GREWE/ORENSTRAT 2009. Vgl. insbesondere zur Diskussion der Indikatoren in den Abschnitten 3.3.4. bis 3.3.8. auch OLBRICH/BUHR/GREWE/SCHÄFER 2005.

107 Vgl. zu den Hintergründen OLBRICH/BUHR/GREWE/SCHÄFER 2005, S. 96.

3.3.1. Artikelvielfalt

Es wird, teilweise von denselben Autoren, sowohl eine Verringerung als auch eine Erhöhung der Artikelvielfalt erwartet. So gehen DOBSON 1998 und 1999, VOGEL 1998 und DOBSON/CLARKE/DAVIES/WATERSON 2001 davon aus, dass eine zunehmende Verbreitung von Handelsmarken sowohl eine verminderte Artikelvielfalt[108] als auch eine größere Artikelvielfalt[109] zur Folge haben kann.

Deutlicher beziehen hingegen folgende Autoren bzw. Institutionen Stellung: MILLS 1995 rechnet ebenso mit einem Rückgang der Artikelvielfalt als Folge der wachsenden Verbreitung von Handelsmarken wie die EUROPEAN COMMISSION 1997, die COMPETITION COMMISSION (UK) 2003, die NORDIC COMPETITION AUTHORITIES 2005 und die BUNDESWETTBEWERBSBEHÖRDE DER REPUBLIK ÖSTERREICH 2007.[110] Als Begründung wird fast durchgehend darauf verwiesen, dass ein Zuwachs von Handelsmarken die Auslistung von Herstellermarken, und zwar insbesondere von Zweit- und Drittmarken der Industrie, aus den Handelssortimenten nach sich ziehe. Empirisch untermauern können diesen Standpunkt RAJU/SETHURAMAN/DHAR 1995 und WARD/SHIMSHACK/PERLOFF/HARRIS 2002 mit Untersuchungsergebnissen aus amerikanischen Supermärkten, BAKER/BALTZER/MØLLER 2006 auf Basis von Befragungsergebnissen dänischer Hersteller- und Handelsunternehmen aus dem Lebensmittelbereich sowie BERGSTRÖM/DAUNFELDT/RUDHOLM 2006 mit Bezug auf Daten aus dem schwedischen Lebensmitteleinzelhandel.[111]

Demgegenüber sind vergleichsweise wenige (i. d. R. ältere) Arbeiten zu finden, in denen von einem Anstieg der Artikelvielfalt als Effekt der zunehmenden Verbreitung von Handelsmarken die Rede ist. CALL 1967 weist mit Bezug auf eine Studie der NATIONAL COMMISSION ON FOOD MARKETING 1966 darauf hin, dass Händler mit Hilfe von Handelsmarken ihre Produktpalette ausweiten.[112] TÄGER 1998 stellt als

---

[108] Vgl. DOBSON 1998, S. 25; VOGEL 1998, S. 1163; DOBSON CONSULTING 1999, S. 160 sowie DOBSON/CLARKE/DAVIES/WATERSON 2001, S. 276.

[109] Vgl. DOBSON 1998, S. 2, S. 26, S. 28 f., S. 33; VOGEL 1998, S. 1163; DOBSON CONSULTING 1999, S. 190 sowie DOBSON/CLARKE/DAVIES/WATERSON 2001, S. 277.

[110] Vgl. MILLS 1995, S. 116; EUROPEAN COMMISSION 1997, S. 66; COMPETITION COMMISSION (UK) 2003, S. 10; NORDIC COMPETITION AUTHORITIES 2005, S. 89; BUNDESWETTBEWERBSBEHÖRDE DER REPUBLIK ÖSTERREICH 2007, S. 20.

[111] Vgl. RAJU/SETHURAMAN/DHAR 1995, S. 974; WARD/SHIMSHACK/PERLOFF/HARRIS 2002, S. 972; BAKER/BALTZER/MØLLER 2006, S. 45 sowie BERGSTRÖM/DAUNFELDT/RUDHOLM 2006, S. 37.

[112] Vgl. CALL 1967, S. 151 f. sowie NATIONAL COMMISSION ON FOOD MARKETING 1966.

positiven Aspekt der Konzentration im Einzelhandel „neue Warenangebote wie niedrigpreisige Handelsmarken“[113] heraus.

Abbildung 4 zeigt die Ergebnisse der Literaturauswertung noch einmal im Überblick.

Autoren, Jahr	Art der Untersuchung		Land	Unter-suchungs-zeitraum	Betrachtete Artikel-gruppen		Betrachtete Betriebsformen		Ergebnisse	
	nicht em-pirisch	empi-risch			separat	über-grei-fend	separat	über-greifend	Anzahl HeM	Anzahl gesamt
Call 1967	X		USA							↑
Mills 1995	X		UK						↓	
Raju/Sethu-raman/Dhar 1995		X	USA	1988		426	1 (SM)		↓	
European Commis-sion 1997	X		EU						↓	
Dobson 1998	X		EU						↓	↑
Täger 1998	X		EU							↑
Vogel 1998	X		EU						↓	↑
Dobson Consulting 1999	X	(X)	EU		(3)		2 (SM/VM)		↓	↑/↓
Dobson/Clarke/ Davies/Waterson 2001	X	(X)	EU		(3)		2 (SM/VM)		↓	↑/↓
Dekimpe/Steenkamp 2002	X		NL							↑
Ward/Shimshack/ Perloff/Harris 2002		X	USA	Nov. 1996-Jan. 1999		166	1 (SM)		↓/≈	
Competition Com-mission (UK) 2003	X		UK							↓
Nordic Competition Authorities 2005	X		Nor-dische Länder						↓	
Baker/Baltzer/ Møller 2006		X	DK	1997 u. 2002		X		X	↓	
Bergström/Daun-feldt/Rudholm 2006	X	(X)	SE	(Juni 2001-Mai 2004)		(146)		(X)	↓	
Bundeswettbe-werbsbehörde Österreich 2007		(X)	AT	2003-2004		(X)		(X)		↓

HeM = Herstellermarken SM = Supermärkte VM = Verbrauchermärkte
(X) = keine ‚eigene‘ empirische Untersuchung der Autoren

Anmerkung: Es wurden jeweils die genauestmöglichen Angaben aus den Quellen übernommen. Lediglich ‚angekreuzte Felder‘ bedeuten demzufolge, dass in den Quellen keine genaueren Angaben vorlagen.

Abb. 4: Literaturübersicht zu den Auswirkungen der zunehmenden Verbreitung von Handelsmarken auf die Artikelvielfalt

113 Täger 1998, S. 7.

Dieser scheinbare Widerspruch in der Entwicklung der Artikelvielfalt als Reaktion auf die zunehmende Verbreitung von Handelsmarken ist vor allem auf eine mangelnde Berücksichtigung der Zeitdimension zurückzuführen, denn kurzfristig können andere Entwicklungen zu beobachten sein als langfristig. Direkt nach der Einführung neuer Handelsmarken existieren insgesamt mehr unterschiedliche Artikel, es gibt also in diesem Zeitraum ein reichhaltigeres Warenangebot als vor ihrer Einführung.[114] Dabei bezieht sich die Annahme größerer Auswahl nicht nur auf die Produkteigenschaften, sondern auch auf die Preise, da sich durch Handelsmarken das Preisspektrum zumindest kurzfristig auffächert.[115]

Selbst wenn Handelsunternehmen in ihrem eigenen Sortiment Herstellermarken auslisten und durch Handelsmarken ersetzen, so sehen sich die Konsumenten insgesamt, so scheint es also, einer höheren Artikelvielfalt gegenüber. Richtet man den Blick allerdings auf die faktische Verfügbarkeit dieser Vielfalt für einzelne Konsumenten, so dürfte das Ergebnis häufig anders aussehen: Wenn in einem näheren Umkreis um den Wohnort eines Konsumenten nur noch wenige unterschiedliche Handelsunternehmen Verkaufsstellen unterhalten, dann kann für diese Konsumenten auch kurzfristig die Auslistung von Herstellermarken zugunsten von Handelsmarken zu einer geringeren Auswahl führen. Da der Konzentrationsprozess im Handel weiter voranschreitet, nimmt auch der Anteil an Konsumenten, die von derartigen Situationen verringerter Auswahlmöglichkeiten unter unterschiedlichen Anbietern betroffen sind, weiter zu. TÄGER 1998 führt die neuen Angebote an Handelsmarken sogar explizit auf den Konzentrationsprozess im Handel zurück.[116]

Mit Blick auf die Artikelvielfalt kann aus diesem Grunde lediglich für einen Teil der Konsumenten kurzfristig von einer Erhöhung der Auswahlmöglichkeiten ausgegangen werden, d. h. von einer zunehmenden Vielfalt angebotener Artikel. Langfristig ist aufgrund der Verdrängung industrieller Markenartikel durch Handelsmarken mit einer Verringerung der absoluten Anzahl unterschiedlicher Artikel im Gesamtmarkt zu rechnen. Aus Sicht aller Konsumenten würde die Artikelvielfalt in den tatsächlich von ihnen aufgesuchten Verkaufsstellen damit ebenfalls abnehmen.

Aus der Perspektive der Konsumenten würde somit – unter der Annahme, dass sie zumindest bis zu einem gewissen Ausmaß an einer großen Artikelauswahl interessiert

---

[114] Vgl. z. B. DOBSON 1998, S. 25.

[115] Vgl. etwa DOBSON CONSULTING 1999, S. 160 und DOBSON/CLARKE/DAVIES/WATERSON 2001, S. 277.

[116] Vgl. TÄGER 1998, S. 7.

sind – eine negative Beurteilung im Falle langfristig abnehmender Artikelvielfalt überwiegen.

Aus der Sicht des Handels wäre der Rückgang gelisteter Herstellermarken u. U. mit einer Abnahme der Anzahl von Lieferanten verbunden, so dass sich u. U. Kostensenkungspotenziale ergäben (z. B. in Bezug auf Verhandlungen, Abstimmung, Logistik).

Aus der Perspektive der Hersteller wäre mit einem Rückgang der Lieferantenzahl hingegen die Gefahr verbunden, ausgelistet zu werden. Sofern dies nicht der Fall wäre, könnte zumindest die fortwährende Gefahr einer Auslistung dafür sorgen, dass der Handel die Lieferanten zu Zugeständnissen – z. B. in Bezug auf die Konditionen – zwingt.

3.3.2. Preise

Auch bezüglich der Auswirkungen der Zunahme von Handelsmarken auf das Preisniveau im Handel gehen die Einschätzungen auseinander: Von verschiedenen Autoren werden sowohl (eher langfristig) steigende als auch (eher kurzfristig) sinkende Preise für wahrscheinlich gehalten bzw. teilweise auch beobachtet. Untersucht wird allerdings in der Mehrzahl der Untersuchungen nicht das Preisniveau *aller* Artikel, sondern die Preise von Herstellermarken. In einigen wenigen Studien bilden jedoch auch die Auswirkungen auf die Preise von Handelsmarken bzw. auf das gesamte Preisniveau den Untersuchungsgegenstand.

Niedrigere Preise als Folge der zunehmenden Verbreitung von Handelsmarken werden überwiegend in älteren Untersuchungen und i. d. R. auch in Untersuchungen erwartet, die keine empirische Forschung beinhalten.[117] Als Begründung für die Annahme vor allem kurzfristig[118] sinkender Preise wird einerseits darauf verwiesen, dass Herstellermarken von konkurrierenden Handelsmarken preislich unterboten würden.[119] Der auf diese Weise durch die Handelsmarken erzeugte Preisdruck[120] könne insgesamt zu

[117] Vgl. HOCH/BANERJI 1993; DOBSON/WATERSON 1997; DOBSON 1998; VOGEL 1998; DOBSON CONSULTING 1999; WIESER/AIGINGER/WÜGER 1999.

[118] Vgl. DOBSON CONSULTING 1999, S. 4 f.

[119] Vgl. z. B. DOBSON 1998, S. 20 f.

[120] Vgl. WIESER/AIGINGER/WÜGER 1999, S. 65.

einem preiswerteren Warenangebot führen.[121] Andererseits wird auch erörtert, ob sinkende Preise eine Folge der Weitergabe günstigerer Einkaufskonditionen bei Handelsmarken an die Konsumenten sein könnten.[122] Allerdings wird auch in wenigen jüngeren Quellen von Preissenkungen berichtet: BERGSTRÖM/DAUNFELDT/RUDHOLM 2006 zufolge führt ein Anstieg des Marktanteils von Handelsmarken um 10 % im schwedischen Lebensmitteleinzelhandel zu einem Rückgang des Preisniveaus von 3,4 %.[123] Auch die NORDIC COMPETITION AUTHORITIES 2005 vermuten, ohne dass eine eigene empirische Untersuchung durchgeführt wurde, dass steigende Anteile von Handelsmarken mit einem sinkenden Preisniveau einhergehen.[124]

Grundsätzlich ist zu betonen, dass das Preisniveau nicht unabhängig vom Qualitätsniveau gesehen werden darf. So können niedrigere Preise häufig mit niedrigerer Qualität einhergehen.[125] Umgerechnet auf das alte, höhere Qualitätsniveau könnte ein absolut gesehen niedrigerer Preis trotzdem eine verhältnismäßige Preiserhöhung darstellen.

Empirisch nachgewiesen werden konnten sinkende Preise im Zuge der Zunahme von Handelsmarken recht selten. COTTERILL/PUTSIS 2000 haben in einer Untersuchung amerikanischer Supermärkte bei höheren Marktanteilen von Handelsmarken niedrigere Preise von Hersteller- und Handelsmarken festgestellt.[126] CHINTAGUNTA/BONFRER/SONG 2002 haben ebenfalls in amerikanischen Supermärkten u. a. die Auswirkungen der Einführung von Handelsmarken auf die Preise von Herstellermarken untersucht und Preissenkungen von etwa 7 % konstatiert.[127] Diese Autoren sind die einzigen, die mit 275 Wochen beinahe einen ähnlich langen Untersuchungszeitraum vorweisen können wie die vorliegende Studie (312 Wochen). Allerdings untersuchen sie lediglich Supermärkte einer Handelskette und besitzen damit lediglich eine Datengrundlage mit sehr geringer Reichweite. Zudem untersuchen sie lediglich die Preise von Herstellermarken und den Gesamtabsatz. Die Artikelvielfalt, die Preise von Handelsmarken, das gesamte Preisniveau, die Absätze und Umsätze von Handels- und

[121] Vgl. VOGEL 1998, S. 1163.

[122] Vgl. DOBSON/WATERSON 1997, S. 428.

[123] Vgl. BERGSTRÖM/DAUNFELDT/RUDHOLM 2006, S. 38. Die Autoren verweisen in diesem Zusammenhang auch auf HANDELNS UTREDNINGSINSTITUT 2005.

[124] Vgl. NORDIC COMPETITION AUTHORITIES 2005, S. 89.

[125] Vgl. z. B. HOCH/BANERJI 1993, S. 65.

[126] Vgl. COTTERILL/PUTSIS 2000, S. 33.

[127] Vgl. CHINTAGUNTA/BONFRER/SONG 2002, S. 1255.

Herstellermarken sowie die Gesamtumsätze stehen hingegen nicht im Blickpunkt ihrer Untersuchung. Demzufolge beinhaltet ihre Untersuchung deutlich weniger Indikatoren als die vorliegende.

Sowohl Preissteigerungen als auch Preissenkungen halten DOBSON 1998 sowie WIESER/AIGINGER/WÜGER 1999 als Effekte der Zunahme von Handelsmarken für möglich.[128] Ein allgemein steigendes Preisniveau führen WIESER/AIGINGER/WÜGER 1999 unter anderem auf die durch Handelsmarken hervorgerufene Oligopolisierung des Handels zurück.[129] Preissenkungen erklären sie mit einem durch Handelsmarken induzierten Preisdruck auf Herstellermarken.[130]

Von gegensätzlichen empirischen Ergebnissen in den Reaktionen der Preise von Hersteller- und Handelsmarken auf die zunehmende Verbreitung von Handelsmarken berichten PUTSIS 1997 sowie PUTSIS/COTTERILL 1999. Sie stellen im Rahmen ihrer Untersuchungen im amerikanischen Lebensmitteleinzelhandel steigende Preise von Handelsmarken und sinkende Preise von Herstellermarken fest.[131]

Zu differierenden Ergebnissen allein mit Blick auf die Preise von Herstellermarken kommen BONFRER/CHINTAGUNTA 2004 auf Basis von Daten aus dem amerikanischen Lebensmitteleinzelhandel. Bei artikelgruppenübergreifender Betrachtung stellen sie Preissteigerungen infolge der Einführung von Handelsmarken fest, bei artikelgruppenspezifischer Betrachtung konstatieren sie hingegen in etwa der Hälfte der 104 untersuchten Artikelgruppen Preissteigerungen und in der anderen Hälfte Preissenkungen.[132]

Insbesondere in jüngeren nicht empirischen und empirischen Untersuchungen werden steigende Preise von Herstellermarken als negative Folgen der zunehmenden Verbreitung von Handelsmarken erwartet bzw. beobachtet.[133] Dabei ist der Grad der

---

[128] Vgl. DOBSON 1998, S. 20 f. und S. 33; WIESER/AIGINGER/WÜGER 1999, S. 65 und S. 67.

[129] Vgl. WIESER/AIGINGER/WÜGER 1999, S. 67.

[130] Vgl. WIESER/AIGINGER/WÜGER 1999, S. 65.

[131] Vgl. PUTSIS 1997, S. 367 sowie PUTSIS/COTTERILL 1999, S. 183.

[132] Vgl. BONFRER/CHINTAGUNTA 2004, S. 212.

[133] Vgl. zu empirischen Ergebnissen aus dem amerikanischen Lebensmitteleinzelhandel COTTERILL/PUTSIS/DHAR 2000, S. 133; WARD/SHIMSHACK/PERLOFF/HARRIS 2002, S. 972 sowie BONANNO/LOPEZ 2005, S. 14. Empirische Ergebnisse aus dem französischen Lebensmitteleinzelhandel liefern BONTEMPS/OROZCO/RÉQUILLART 2005, S. 14; BONTEMPS/OROZCO/RÉQUILLART/TREVISIOL 2005, S. 14 und BONTEMPS/OROZCO/RÉQUILLART 2006, S. 22. Vgl. zu nicht empirischen Ergebnissen GABRIELSEN/SØRGARD 2007, S. 414.

Preissteigerung einigen Autoren zufolge von unterschiedlichen Faktoren abhängig. So gehen BONTEMPS/OROZCO/RÉQUILLART/TREVISIOL 2005 davon aus, dass die Stärke der Preisreaktion bei Herstellermarken davon abhängig ist, mit welchem Typ von Handelsmarken die Herstellermarken jeweils konkurrieren.[134] BONTEMPS/OROZCO/RÉQUILLART 2006 stellen darüber hinaus fest, dass die Preise von führenden Herstellermarken im Zuge der Einführung von Handelsmarken stärker beeinflusst werden als die Preise von Zweitmarken.[135]

Abbildung 5 zeigt die Ergebnisse der Literaturauswertung noch einmal im Überblick.

Autoren, Jahr	**Art der Untersuchung**		**Land**	**Untersuchungszeitraum**	**Betrachtete Artikelgruppen**		**Betrachtete Betriebsformen**		**Ergebnisse**		
	nicht empirisch	empirisch			separat	übergreifend	separat	übergreifend	Preise HM	Preise HeM	Preise gesamt
DOBSON/WATERSON 1997	X		EU								↓/↑
DOBSON 1998	X		EU							↓	↑
VOGEL 1998	X		EU								↓
DOBSON CONSULTING 1999	X	(X)	EU		(3)		2 (SM/VM)				↓/↑
PUTSIS/COTTERILL 1999		X	USA	1991-1992		135	1 (SM)		↑	↓	
WIESER/AIGINGER/WÜGER 1999	X		AT							↓	↑
COTTERILL/PUTSIS 2000		X	USA	1991-1992		143	1 (SM)		↓	↓	
COTTERILL/PUTSIS/DHAR 2000		X	USA	1991-1992	125	125	1 (SM)		≈	↑	
DOBSON/CLARKE/DAVIES/WATERSON 2001	X	(X)	EU		(3)		2 (SM/VM)				↓/↑
CHINTAGUNTA/BONFRER/SONG 2002		X	USA	Juni 1991-Sept. 1996	2		1 (SM)			↓	

HM = Handelsmarken HeM = Herstellermarken SM = Supermärkte VM = Verbrauchermärkte
(X) = keine ‚eigene' empirische Untersuchung der Autoren

Anmerkung: Es wurden jeweils die genauestmöglichen Angaben aus den Quellen übernommen. Lediglich ‚angekreuzte Felder' bedeuten demzufolge, dass in den Quellen keine genaueren Angaben vorlagen.

Abb. 5: Literaturübersicht zu den Auswirkungen der zunehmenden Verbreitung von Handelsmarken auf die Preise

[134] Vgl. BONTEMPS/OROZCO/RÉQUILLART 2005, S. 14; BONTEMPS/OROZCO/RÉQUILLART/TREVISIOL 2005, S. 14.

[135] Vgl. BONTEMPS/OROZCO/RÉQUILLART 2006, S. 22.

Autoren, Jahr	**Art der Untersuchung**		**Land**	**Untersuchungszeitraum**	**Betrachtete Artikelgruppen**		**Betrachtete Betriebsformen**		**Ergebnisse**		
	nicht empirisch	empirisch			separat	übergreifend	separat	übergreifend	Preise HM	Preise HeM	Preise gesamt
WARD/SHIMSHACK/PERLOFF/HARRIS 2002		X	USA	Nov. 1996-Jan. 1999		166	1 (SM)			↑	≈/↓
BONFRER/CHINTAGUNTA 2004		X	USA	104 Wochen (keine Jahresangabe)	104	104		2		↑/↓	
MEDINA/MÉNDEZ/RUBIO 2004		X	ES	1999-2000	2			X			↓
BONANNO/LOPEZ 2005		X	USA	März 1996-Juli 2000	1		1 (SM)			↑	↓
BONTEMPS/OROZCO/RÉQUILLART 2005		X	FR	1998-2001	1			X		↑	
BONTEMPS/OROZCO/RÉQUILLART/TREVISIOL 2005		X	FR	1998-2000	6			X		↑	
NORDIC COMPETITION AUTHORITIES 2005	X		Nordische Länder								↓
BERGSTRÖM/DAUNFELDT/RUDHOLM 2006	X	(X)	SE	(Juni 2001-Mai 2004)		(146)		(X)			↓
BONTEMPS/OROZCO/RÉQUILLART 2006		X	FR	1998-2001	1			X		↑	
GABRIELSEN/SØRGARD 2007	X		NO							↑	

HM = Handelsmarken HeM = Herstellermarken SM = Supermärkte VM = Verbrauchermärkte
(X) = keine ‚eigene' empirische Untersuchung der Autoren

Anmerkung: Es wurden jeweils die genauestmöglichen Angaben aus den Quellen übernommen. Lediglich ‚angekreuzte Felder' bedeuten demzufolge, dass in den Quellen keine genaueren Angaben vorlagen.

Abb. 5: Literaturübersicht zu den Auswirkungen der zunehmenden Verbreitung von Handelsmarken auf die Preise (Fortsetzung)

Insgesamt kann festgehalten werden, dass die Ergebnisse mit Blick auf die erwarteten bzw. beobachteten Preisreaktionen im Zuge der zunehmenden Verbreitung von Handelsmarken recht stark differieren. Insbesondere in jüngeren Quellen wird mit Blick auf die Preise von Herstellermarken überwiegend von einem Anstieg ausgegangen, während mit Blick auf das gesamte Preisniveau mehrheitlich ein Rückgang erwartet wird.

Der Prozess von der Einführung einer Handelsmarke bis zur Auslistung von industriellen Zweit- und Drittmarken umfasst mehrere Stufen. Damit sich der Einsatz einer Handelsmarke für die Geschäftsstätten lohnt, muss diese unter anderem einen Teil der Nachfrage auf sich vereinigen, die zuvor auf Zweit- und Drittmarken der Industrie gerichtet war. Zu diesem Zweck wird die Handelsmarke wahrscheinlich höchstens zum gleichen Preis, wenn nicht sogar günstiger angeboten werden als die ausgelisteten Markenartikel der Industrie. Jedoch gehen damit nicht zwingend insgesamt niedrigere Preise einher: Aufgrund seiner Preishoheit kann der Handel die verbliebenen Herstellermarken auch ‚künstlich' verteuern, um damit seine eigenen Marken möglichst günstig erscheinen zu lassen, obwohl sie dies (im Vergleich zu den zuvor geltenden Preisen) möglicherweise gar nicht sind.[136]

Wenn industrielle Markenartikel ausgelistet werden, dann wird es für die Konsumenten schwieriger, einen Vergleich von Preisen (und Qualitäten) von Handelsmarken und Herstellermarken durchzuführen, da diese beiden Gruppen immer weniger gemeinsam in einem Regal anzutreffen sind. Die Konsumenten haben dann in der betrachteten Verkaufsstelle keine Ausweichmöglichkeit mehr. Angesichts des für die Konsumenten mit einem Verkaufsstellenwechsel verbundenen Aufwands dürfte das Handelsunternehmen später in der Lage sein, seine Handelsmarken im Preis anzuheben, ohne auf diese Weise sofort merklich an Nachfrage einzubüßen.

Wenn nun bedacht wird, dass der gleiche Prozess in konkurrierenden Handelsunternehmen ebenfalls stattfindet, dann ist leicht nachvollziehbar, warum höhere Preise im Handel zu finden sein könnten: Die Nachfrager haben dann immer weniger Ausweichmöglichkeiten auf konkurrierende Handelsunternehmen, bei denen noch günstigere Preise vorherrschen. Die Geschwindigkeit dieses Prozesses korreliert also stark mit dem Konzentrationsgrad des Handelssektors: Während die Auslistung solcher Artikel, deren Preise der Kunde in verschiedenen Handelsunternehmen vergleichen kann, die Anzahl der tatsächlichen Ausweichmöglichkeiten begrenzt, verringert die Konzentration bereits ganz grundsätzlich die potenziellen Ausweichmöglichkeiten.

Zusammenfassend kann festgestellt werden, dass sich der Konsument zumindest langfristig der Gefahr durchgehend höherer Preise gegenübersieht. Zusätzlich begünstigt wird diese Entwicklung durch die Gefahr einer Abnahme der Intensität des Wettbewerbs zwischen den Handelsunternehmen.

---

[136] Zu den Handlungsoptionen, die sich dem Handel aufgrund seiner Position als ‚Double Agent' bieten, vgl. ausführlich OLBRICH 2001b. KIRKWOOD 2005 gibt einen Überblick zum Stand der kartellrechtlichen Diskussion zu wettbewerbsschädlichem Preisverhalten von Handelsunternehmen.

Der Handel würde somit sowohl kurz- als auch langfristig von dieser Entwicklung profitieren – dies ist wohl auch der Grund, warum er sie anstößt.

Die Industrie hingegen kann nicht einmal von den langfristig möglichen höheren Preisen profitieren, da ihr Gewinn nicht von den Endverbraucherpreisen abhängt, sondern von den mit dem Handel vereinbarten Lieferbedingungen. Solange der Handel keinen vollständigen Verzicht auf industrielle Markenartikel riskieren möchte, werden die verbliebenen Markenartikelhersteller zwar eine recht sichere Verhandlungsposition haben. Da der Handel aber – zumindest solange es in jedem Produktbereich noch mindestens zwei oder drei Marken von verschiedenen Herstellern gibt – die Hersteller ‚gegeneinander ausspielen' kann, dürfte auch er es sein, der letztlich den größten Teil des durch höhere Preise zusätzlich erlangten Gewinns erhält.

Die Einschätzung aus einer übergeordneten Perspektive kann damit auch hier nur negativ ausfallen: Langfristig steigende Preise nutzen nur den Handelsunternehmen, die im Konzentrationsprozess weiterhin bestehen bleiben.

3.3.3. Marktvolumen

Im wissenschaftlichen Schrifttum wird mit Verweis auf steigende Marktanteile von Handelsmarken übereinstimmend die wachsende Bedeutung von Handelsmarken insbesondere im europäischen, aber auch im amerikanischen Konsumgüterhandel herausgestellt. Vergleichsweise selten sind in diesem Zusammenhang Untersuchungen zu den Auswirkungen der Zunahme von Handelsmarken auf das Marktvolumen zu finden. Das Marktvolumen kann sowohl mengenmäßig anhand von Absätzen als auch wertmäßig anhand von Umsätzen bestimmt werden.

Mit Blick auf die in der Literatur im Zusammenhang mit der zunehmenden Verbreitung von Handelsmarken untersuchten Kennzahlen ist zu konstatieren, dass überwiegend lediglich Absatz- und Umsatz*anteile* gemessen wurden.[137] Auswirkungen von Handelsmarken auf absolute Absätze und Umsätze standen hingegen selten im Blickpunkt der Untersuchungen. Für eine Bewertung der Auswirkungen von Handelsmarken auf das Marktvolumen – und damit auf die Versorgung der Konsumenten mit Gütern – ist eine Untersuchung der absoluten Absätze und Umsätze jedoch unerlässlich.

---

[137] Vgl. u. a. CORSTJENS/LAL 2000; STEINER 2004; COMPETITION COMMISSION (UK) 2007; LAMEY/DELEERSNYDER/DEKIMPE/STEENKAMP 2007.

Abbildung 6 zeigt die Ergebnisse der Literaturauswertung im Überblick.

Autoren, Jahr	**Art der Unter-suchung**		**Land**	**Ergebnisse**							
	nicht empi-risch	em-pi-risch		Absatz-anteil HM	Umsatz-anteil HM	Absatz HM	Umsatz HM	Absatz HeM	Umsatz HeM	Gesamt-absatz	Gesamt-umsatz
McMaster 1987		(X)	UK	↑		↑					
Laaksonen/Rey-nolds 1994		(X)	UK	↑	↑						
Raithel 1994		(X)	D		↑						
Raju/Sethura-man/Dhar 1995		X	USA							≈	
Balabanis/Craven 1997		X	UK			↑		↓			
Putsis/Cotterill 1999		(X)	USA	↑							
Corstjens/Lal 2000		X	CA, FR, UK, USA	↑		↑					
Oláh 2001		(X)	HU		↑						
Smith 2001		(X)	USA			↑	↑				
Williams/Clarke 2001		(X)	BE, CH, D, ES, FI, FR, NL, UK	↑	↑						
Chintagunta/ Bonfrer/Song 2002		X	USA					↓		↑	
Dekimpe/Steen-kamp 2002		X	NL	↑							
McGoldrick 2002	X		UK								↑
Ward/Shim-shack/Perloff/ Harris 2002		X	USA	↑	↑			↓			
Bachl 2003		X	D		↑						
Brady/Brown/ Hulit 2003		(X)	BE, D, ES, FR, I, NL, UK, USA	↑							
Gilbert 2003	X		UK							↑	
Howell 2003	X		USA			↑					
Siemes/Pietersen 2003		(X)	D	↑	↑		↑				
Wildner 2003		X	D		↑						

HM = Handelsmarken HeM = Herstellermarken (X) = keine ‚eigene' empirische Untersuchung der Autoren

Abb. 6: Literaturübersicht zu den Auswirkungen der zunehmenden Verbreitung von Handelsmarken auf absatz- und umsatzbezogene Kennzahlen

Autoren, Jahr	**Art der Untersuchung**		**Land**	**Ergebnisse**							
	nicht empirisch	empirisch		Absatzanteil HM	Umsatzanteil HM	Absatz HM	Umsatz HM	Absatz HeM	Umsatz HeM	Gesamtabsatz	Gesamtumsatz
o. V. 2004		(X)	USA			↑					
Sayman/Raju 2004		X	USA			↑		↓			
Steiner 2004		(X)	EU, UK	↑	↑						
Bergès-Sennou/Waterson 2005		(X)	FR, UK	↑							
McCusker 2005		X	CH, FR, D, ES, IE, UK, USA	↑	↑						
o. V. 2005		(X)	EU		↑						
Kreimer/Acar/Vogell 2006		(X)	D		↑						
Kreimer/Gerling 2006		(X)	D		↑						
Spinelli/de Moura Engracia Giraldi/Campomar 2006		(X)	BR	↑							
Berck/Brown/Perloff/Villas-Boas 2007		X	USA			↑					
Bokkerink u. a. 2007		(X)	BE, D, CH, ES, FR, I, NL, UK, USA	↑							
Competition Commission (UK) 2007		(X)	UK		↑						
EHI Retail Institute 2007		X	AT, CH, D, ES, FR, I, NL, UK		↑ (nur UK ↓)						
McCusker 2007		X	EU, USA	↑	↑						
Mehler 2007		(X)	D		↑						
Lamey/Deleersnyder/Dekimpe/Steenkamp 2007		(X)	EU, USA	↑							
o. V. 2007b		(X)	USA				↑				
Schommer/Harms/von le Fort/Seitz 2007		X	D		↑						
HM = Handelsmarken HeM = Herstellermarken (X) = keine ‚eigene' empirische Untersuchung der Autoren											

Abb. 6: Literaturübersicht zu den Auswirkungen der zunehmenden Verbreitung von Handelsmarken auf absatz- und umsatzbezogene Kennzahlen (Fortsetzung)

Die Abbildung verdeutlicht, dass der Schwerpunkt der bisherigen Untersuchungen auf den Absatz- und Umsatzanteilen von Handelsmarken sowie den Absätzen von Handels- und Herstellermarken lag. Untersuchungen der Entwicklung der jeweiligen Umsätze sowie der Gesamtabsätze und -umsätze im Zuge der zunehmenden Verbreitung von Handelsmarken wurden bisher hingegen vernachlässigt.

Die Autoren konstatieren übereinstimmend – überwiegend im Rahmen von empirischen Untersuchungen – steigende Absätze von Handelsmarken und sinkende Absätze von Herstellermarken im Zuge der zunehmenden Verbreitung von Handelsmarken. Es wäre also davon auszugehen, dass sich mit Blick auf die Umsätze entsprechende Entwicklungen ergeben.

Teilweise wird in diesem Zusammenhang auch darauf eingegangen, unter welchen Umständen besonders hohe Kennzahlen mit Blick auf Handelsmarken zu konstatieren sind. LAMEY/DELEERSNYDER/DEKIMPE/STEENKAMP 2007 nennen Phasen der Rezession als ‚handelsmarkenbegünstigende' Zeiträume.[138] SPINELLI//DE MOURA ENGRACIA GIRALDI/CAMPOMAR 2006 sehen insbesondere in hochkonzentrierten Märkten günstige Bedingungen für Handelsmarken und führen die geringe Konzentration des brasilianischen Lebensmittelmarktes als Grund für die im Vergleich zum britischen Lebensmittelmarkt geringen Absatzanteile von Handelsmarken (14 % gegenüber 40 % im britischen Markt) an.[139] Die COMPETITION COMMISSION (UK) 2007 sieht in der deutlichen Zunahme von Discountern in Westeuropa den größten Wachstumsmotor für die wachsende Verbreitung von Handelsmarken.[140] BALABANIS/CRAVEN 1997 gehen der Frage nach, ob die Absatzverschiebung von Herstellermarken zu Handelsmarken möglicherweise aufgrund von Verwechslungen zustande gekommen sein könnte, verneinen dies jedoch.[141]

Die Auswirkungen von Handelsmarken auf die gesamten Absätze und Umsätze standen ebenfalls selten im Blickpunkt von Untersuchungen. Im Einzelfall wurden Steigerungen der Kennzahlen empirisch festgestellt (CHINTAGUNTA/BONFRER/SONG 2002). In anderen Quellen wurden Steigerungen der Absätze und Umsätze prognostiziert, ohne diese Entwicklungen empirisch aufzuzeigen (MCGOLDRICK 2002 und GILBERT 2003). Lediglich RAJU/SETHURAMAN/DHAR 1995 haben in ihrer empirischen Untersuchung weder einen signifikant positiven noch negativen Einfluss der

[138] Vgl. LAMEY/DELEERSNYDER/DEKIMPE/STEENKAMP 2007, S. 1.

[139] Vgl. SPINELLI/DE MOURA ENGRACIA GIRALDI/CAMPOMAR 2006, S. 133.

[140] Vgl. COMPETITION COMMISSION (UK) 2007, S. 2.

[141] Vgl. BALABANIS/CRAVEN 1997, S. 307.

Einführung von Handelsmarken auf den Gesamtabsatz in der Artikelgruppe festgestellt.

Insgesamt lassen sich die Ergebnisse der Literaturauswertungen somit wie folgt zusammenfassen: Sofern die gesamten Absätze und Umsätze auf lange Sicht tatsächlich – wie in der Literatur beschrieben – ansteigen sollten, scheint die zunehmende Verbreitung von Handelsmarken sich zumindest nicht negativ auf das Marktvolumen auszuwirken. Die Versorgung der Konsumenten mit Gütern wäre dann zumindest nicht gefährdet.

Der Handel würde von steigenden Absätzen und Umsätzen von Handelsmarken und damit einhergehenden steigenden Gesamtabsätzen und -umsätzen vermutlich profitieren, da damit aufgrund i. d. R. höherer Handelsspannen von Handelsmarken vermutlich auch steigende Deckungsbeiträge verbunden sind.

Im Falle sinkender Absätze und Umsätze von Herstellermarken müsste aus Sicht der Markenartikelhersteller mit Blick auf die zunehmende Verbreitung von Handelsmarken allerdings ein negatives Fazit gezogen werden. Denn dauerhaft sinkende Absätze und Umsätze können letztlich zu einer Gefährdung der Existenz von Herstellerunternehmen führen.

3.3.4. Qualität

Beim Stichwort ‚Qualität' beschäftigt sich die Diskussion in der Literatur zum einen mit dem Qualitätsniveau des Gesamtangebots, zum anderen mit der Qualität der Handelsmarken. Aus diesem Grunde sind Aussagen zu niedrigerer bzw. höherer Qualität jeweils genau daraufhin zu überprüfen, auf welche Produkte und auf welches Vergleichsniveau sie sich beziehen.

Eine Verminderung des Gesamtqualitätsniveaus (im Vergleich zur Situation und Entwicklung ohne Handelsmarken) führt DOBSON 1998 auf verminderte Investitionen der Hersteller zurück, die aufgrund der Konkurrenz durch Handelsmarken weniger Ressourcen für diesen Zweck zur Verfügung haben.[142] Die Möglichkeit nachlassender Investitionen der Hersteller in Qualitätssicherungsmaßnahmen und Service betonen auch HEIL/LÜTJE/SCHUNK 2003.[143] Das starke Preisbewusstsein der Konsumenten

[142] Vgl. DOBSON 1998, S. 28 f.

[143] Vgl. HEIL/LÜTJE/SCHUNK 2003, S. 12.

und der daraus resultierende Zuwachs der Handelsmarken kann nach HOCH/BANERJI 1993 damit insgesamt zu einer durch die Konsumenten angestoßenen Verlagerung gesamter Sortimente auf gleichzeitig niedrigere Preis- und Qualitätsniveaus führen.[144]

Auch psychologische Argumente werden – unter Rückgriff auf Inhalte der ‚Neuen Institutionenökonomik' – genannt: Dass Handelsmarken besonders in Produktgruppen stark nachgefragt würden, die nicht als Erfahrungsgüter gelten, wird als Indiz für eine beim Konsumenten bestehende Unsicherheit über die Qualität von Handelsmarken angesehen.[145] Handelsmarken seien bei Nicht-Erfahrungsgütern deshalb stärker vertreten, weil es bei diesen leichter sei, die Konsumenten zum Kauf der Handelsmarke zu bewegen. Bei Erfahrungsgütern, bei denen die Konsumenten erst beim Gebrauch die Zweckmäßigkeit beurteilen können, ist es schwieriger, Konsumenten zum Erstkauf einer Handelsmarke zu bewegen, da dieser a priori eine eher geringere Qualität zugeschrieben wird.

Es wird für möglich gehalten, dass einzelne Handelsmarken die gleiche Qualität wie Herstellermarken zu einem günstigeren Preis böten und damit, vergleicht man nur diese beiden Dimensionen bei geeigneter Definition von ‚Qualität', für die Käufer eine bessere Leistung erbrächten.[146] Zumindest scheint dies nach Ansicht einzelner Autoren aus Sicht derjenigen Konsumenten der Fall zu sein, für die angeblich immer mehr Handelsmarken vollständige Substitute für führende Herstellermarken darstellen und ein positives Qualitäts- und Preisimage aufweisen.[147]

Pauschal kann keine Aussage zur Qualität von Handelsmarken im Vergleich zu Herstellermarken getroffen werden. Dies gilt selbst dann, wenn Handelsmarken teilweise deutlich günstiger angeboten werden als vergleichbare Herstellermarken: Einzelne Handelsunternehmen können u. U. Handelsmarken günstiger beziehen als Herstellermarken, da bei den Produzenten der Handelsmarken keine Kosten für Marketing und Vertrieb anfallen und es den Handelsunternehmen aufgrund ihrer Verhandlungsmacht gegenüber austauschbaren Produzenten gelingt, die Spanne des Produzenten sehr niedrig zu halten. So können u. U. auch Handelsmarken, die ähnliche oder gar gleiche Inhaltsstoffe und Herstellkosten aufweisen wie Herstellermarken, zu günstigeren Preisen angeboten werden.

---

144 Vgl. HOCH/BANERJI 1993, S. 65.

145 Vgl. DOBSON 1998, S. 34 und WIESER/AIGINGER/WÜGER 1999, S. 65 ff. und S. 145.

146 Vgl. etwa DOBSON 1998, S. 20; HOCH/BANERJI 1993, S. 65 sowie SCHULZE/SPILLER/BÖHM/DE WITTE 2008, S. 305 ff.

147 Vgl. WIESER/AIGINGER/WÜGER 1999, S. 64.

Wie es sich bei konkreten Handelsmarken verhält, ist also immer im Einzelfall zu prüfen. Zweifellos gibt es Artikel, deren Qualität geringer ist als die bekannter Herstellermarken der gleichen Kategorie. Der umgekehrte Fall ist allerdings ebenfalls nicht von vornherein auszuschließen. Die zu beobachtenden steigenden Marktanteile von Handelsmarken deuten also auf den ersten Blick darauf hin, dass die Mindestanforderungen der Konsumenten durch die Handelsmarken erfüllt sein könnten. Bei dieser Problematik ist allerdings zu beachten, dass preiswerte Substitute in Form von Handelsmarken stets von den Kosten der Markteinführung bekannter Herstellermarken profitieren und damit im Wettbewerb Vorteile gegenüber Herstellermarken besitzen, die sich auf das Machtgefälle in der Distributionskette zurückführen lassen. Dieses Machtgefälle ist Dreh- und Angelpunkt der Marketinginstrumente und durch die rechtlichen Rahmenbedingungen derzeit stark zugunsten des Handels verändert.

Anders als die direkte Frage nach der Qualität von Handelsmarken wirft ein weiterer Aspekt mehr Licht auf das Problem: Handelsmarken profilieren sich vor allem im Preiswettbewerb gegenüber Herstellermarken. Sollen Marktanteile verteidigt werden, so liegt für Herstellerunternehmen der Versuch nahe, ihre Produkte ebenfalls günstiger anzubieten. Zwar können sie dies nicht ohne den Handel durchsetzen, aber es sei einmal angenommen, dass der Handel zumindest in vielen Fällen bereit ist, Preise für Herstellermarken zu senken, wenn er diese auch günstiger einkaufen kann.

Wenn der Hersteller seine Produktionsweise unverändert lässt, dann kann er seine Abgabepreise kurzfristig nur auf Kosten seines Gewinns senken. Mittel- bis langfristig wären auch noch Einsparungen an Stellen im Unternehmen denkbar, die nichts mit der Qualität der Produkte zu tun haben. Je nach Höhe des Gewinns besteht auf diese Weise möglicherweise nur ein kleiner Spielraum nach unten. Als weitere Stellschraube bieten sich deshalb Umstellungen im Produktionsverfahren oder bei den Zutaten bzw. Rohmaterialien der Produkte an. Eine Verringerung der Qualität könnte also von einzelnen Herstellerunternehmen als Möglichkeit gesehen werden, günstigere Abgabepreise als Reaktion auf konkurrierende Handelsmarken ohne eine Verringerung des Gewinns zu erreichen. Auch diese Strategie wird vermutlich nicht von allen Markenartikelherstellern gewählt, aber in Einzelfällen ist eine Qualitätsverringerung als Reaktion auf das Auftreten von Handelsmarken durchaus möglich.

Nicht unbedeutend ist mit Blick auf den Indikator Qualität auch die Frage, ob zwischen den Handelsmarken verschiedener Betriebsformen Qualitätsunterschiede bestehen. Den Hintergrund dieser Überlegung bildet die Tatsache, dass zwischen den verschiedenen Betriebsformen z. T. deutliche Unterschiede in der Höhe der Anteile gelisteter Handelsmarken zu konstatieren sind. Beispielsweise sind in Discountern

i. d. R. höhere Anteile gelisteter Handelsmarken festzustellen als in den anderen Betriebsformen des Handels.[148] Je höher der Anteil gelisteter Handelsmarken im Sortiment eines Handelsunternehmens ist, umso stärker ist der Umsatz und letztlich auch der Deckungsbeitrag von den angebotenen Handelsmarken abhängig. Einen Einflussfaktor darauf, ob Handelsmarken sich am Markt behaupten können, stellt die Qualität der Handelsmarken dar. Da Handelsunternehmen mit einem höheren Anteil gelisteter Handelsmarken stärker darauf angewiesen sind, dass ihre Handelsmarken die Qualitätsanforderungen der Konsumenten erfüllen und nachgefragt werden, als Handelsunternehmen mit einem geringen Anteil gelisteter Handelsmarken, stellt sich die Frage, ob sich dies in der Qualität der jeweiligen Handelsmarken widerspiegelt.

Diese Frage wurde im Rahmen einer Diplomarbeit am Lehrstuhl für Betriebswirtschaftslehre, insbesondere Marketing, der FernUniversität in Hagen untersucht.[149] Dabei wurde der Blick u. a. auf Testergebnisse von Produkten aus dem Lebensmittelbereich gerichtet, die von der ‚Stiftung Warentest' und von ‚Ökotest' in den Jahren 2003 bis 2006 veröffentlicht wurden. Konkret wurde auf Basis der von der ‚Stiftung Warentest' und von ‚Ökotest' vergebenen Noten analysiert, ob Handelsmarken in einer der untersuchten Betriebsformen (Discounter und Supermarkt) tendenziell besser oder schlechter ‚abgeschnitten' haben. Die ermittelten relativen Häufigkeiten deuten darauf hin, dass zumindest mit Blick auf die ‚schlechteren Noten' eine Tendenz in Richtung der Betriebsform Supermarkt erkennbar zu sein scheint. Die untersuchte Stichprobe legt mit Blick auf die ‚besseren Noten' hingegen eher eine Tendenz in Richtung der Betriebsform Discounter nahe.[150]

Auch wenn diese ‚Tendenzen' lediglich in Ansätzen erkennbar sind, so entsprechen sie zumindest tendenziell dem oben genannten, potenziellen Zusammenhang zwischen Betriebsform und Qualität von Handelsmarken. Gleichwohl darf einschränkend mit Blick auf die Untersuchungsergebnisse nicht außer Acht gelassen werden, dass ‚Qualität' vereinfacht anhand der von den Testinstituten vergebenen Noten gemessen wurde. Welche Kriterien jeweils konkret hinter der Notenvergabe standen, wurde in der Arbeit nicht offengelegt. Zudem liegt den Ergebnissen lediglich eine Stichprobe zugrunde, so dass die Gefahr einer Verzerrung der Ergebnisse nicht ausgeschlossen werden kann. Mit Blick auf die zitierten Untersuchungsergebnisse ist in diesem Zusammenhang zu beachten, dass die Fallzahl der untersuchten Handelsmarken aus

[148] Vgl. z. B. OLBRICH 2001c, S. 11; STEENKAMP/GEYSKENS/GIELENS/KOLL 2004, S. 57; COMPETITION COMMISSION (UK) 2007, S. 2 sowie COMPETITION COMMISSION (UK) 2008, S. A9(10)-1.

[149] Vgl. BLINZLER 2006.

[150] Vgl. BLINZLER 2006, S. 53 ff.

der Betriebsform Discounter mit Blick auf die Ergebnisse beider Testinstitute mehr als doppelt so hoch war wie die aus der Betriebsform Supermarkt und somit zu verzerrten Ergebnissen geführt haben kann.

Zusammenfassend kann somit festgehalten werden, dass ein pauschales Urteil dahingehend, wie sich das gesamte Qualitätsniveau im Zuge der zunehmenden Verbreitung von Handelsmarken entwickelt hat und auch dahingehend, wie die Qualität von Handelsmarken im Vergleich zu jener von Herstellermarken und die Qualität von Handelsmarken im Vergleich zwischen den Betriebsformen einzuschätzen ist, nicht möglich ist.

Gleichwohl kann davon ausgegangen werden, dass der starke Preiswettbewerb im Konsumgüterhandel zumindest die Gefahr mit sich bringt, dass die Qualität der Artikel sinkt. Letztlich hilft es einer Herstellermarke allerdings auch nicht, wenn sie von den Konsumenten tatsächlich als qualitativ hochwertiger angesehen wird, diese aufgrund eines niedrigeren Preises aber doch eine Handelsmarke vorziehen, da sie mit deren Qualität zufrieden sind.

Die Markenartikelindustrie steht letztlich vor dem Dilemma, einerseits eine hohe Qualität ihrer Herstellermarken anbieten zu wollen, andererseits aber auch mit Blick auf den Preis ‚konkurrenzfähig' bleiben zu wollen. Diesem Ziel nicht unbedingt ‚zuträglich' ist der starke Preiswettbewerb im Konsumgüterhandel. Insbesondere, wenn die Konsumenten die Qualität von Herstellermarken nicht zu ‚würdigen' wissen und niedrigpreisigere Handelsmarken, deren Qualität sie als akzeptabel einstufen, bevorzugen, kann sich dies existenzgefährdend für die Hersteller betroffener Herstellermarken auswirken. Mit Blick auf die Qualität von Herstellermarken ist es dann denkbar, dass sie sinkt, da die Hersteller sich aufgrund des Preisdrucks am Markt und u. U. bestehender Existenzgefährdung gezwungen sehen, z. B. kostengünstigere, aber damit auch u. U. minderwertigere Inhaltsstoffe zu verwenden.

Mit Blick auf den Handel bzw. die von ihm angebotenen Handelsmarken wird sich in den nächsten Jahren zeigen, ob sie langfristig eine mit Herstellermarken vergleichbare Qualität aufweisen. Zurzeit deuten Produkttests verschiedener Testinstitute (noch) darauf hin, dass die Qualität von Handelsmarken zumindest nicht zwingend minderwertiger als die von Herstellermarken ist. Es ist allerdings nicht auszuschließen, dass der starke Preiswettbewerb im Konsumgüterhandel langfristig zu einer Verminderung des Qualitätsniveaus im Markt führen kann.

Sofern die zunehmende Verbreitung von Handelsmarken mit einer durchschnittlichen Qualitätsabnahme im Markt verbunden ist, ist dies aus Sicht der Konsumenten negativ zu beurteilen, obwohl sich zumindest in einer kurzfristigen Perspektive bei gemeinsamer Betrachtung mit einem ebenfalls gesunkenen Preis durchaus Vorteile für einzelne Konsumenten ergeben könnten.

3.3.5. Herstellerzahl und -situation

Die Konkurrenz der Handelsmarken wirkt sich – so die Literatur – nicht nur auf die Marken der Industrie aus, sondern auch auf die Herstellerunternehmen selbst. Deren Verhandlungsposition gegenüber den Handelsunternehmen verschlechtere sich im Zuge dieses Prozesses zusehends und könne im Endeffekt sogar eine Existenzgefährdung kleinerer Hersteller mit sich bringen: Dadurch, dass sie sich immer mehr auf ihre starken Handelsmarken stützen könnten, stiege die Verhandlungsmacht der Händler gegenüber den Herstellern an, wodurch letztere zunehmend in eine Position der Abhängigkeit gedrängt würden.[151] Dabei wird besonders auf die durch Handelsmarken gesteigerte Geschäftsstättentreue im Unterschied zur Markentreue verwiesen, die jede einzelne Herstellermarke für den Handel weniger wichtig mache.[152] Die Auslistung von Zweit- und Drittmarken zugunsten von Handelsmarken bedroht damit die Existenz besonders kleinerer Hersteller, die nicht über starke Marken verfügen.

Unter dem Stichwort ‚Erhöhung der Effizienz der Angebotskette' wird eine Verringerung der Anzahl selbstständiger Hersteller umgekehrt aber auch positiv gesehen.[153]

Darüber hinaus wird die gestiegene Nachfrage nach Unternehmen, die im Auftrag des Handels Handelsmarken herstellen, auch als Chance für neue Hersteller eingeschätzt, die auf diese Weise mit einem geringeren Risiko in den Markt eintreten können: Hersteller, die neu in den Markt eintreten möchten, könnten zunächst über die Produktion von Handelsmarken Erfahrung und Wissen sammeln und später für die Einführung einer eigenen Herstellermarke nutzen.[154] Gleichzeitig wäre der für den Markteintritt notwendige Kapitalbedarf geringer, da bei Auftragsproduktion Marketing- und Vertriebskosten kaum auftreten würden.[155]

---

[151] Vgl. DOBSON 1998, S. 7 und KÖHLER 2003, S. 8, Rn. 1.

[152] Vgl. KRISHNAN/SONI 1997, S. 53.

[153] Vgl. etwa DOBSON 1998, S. 26 sowie WIESER/AIGINGER/WÜGER 1999, S. 2 und S. 65.

[154] Vgl. DOBSON 1998, S. 24 ff.

[155] Vgl. dazu ähnlich WIESER/AIGINGER/WÜGER 1999, S. 2 und S. 65 f.

Zu der Chance, die die Zunahme von Handelsmarken für neu in den Markt eintretende Industrieunternehmen bieten soll, ist Folgendes anzumerken: Gerade neu in den Markt eintretende Unternehmen, die sich noch nicht mit einer eigenen Marke oder festen Geschäftsbeziehungen mit mehreren Partnern eine stabile Basis aufbauen konnten, dürften nur durch eher restriktive Verträge mit den Handelsunternehmen zu Produzenten von Handelsmarken werden. Jeder Hersteller, der sich eng an ein Handelsunternehmen gebunden hat, muss zudem befürchten, kurzfristig gegen einen anderen Hersteller ausgetauscht zu werden. Aufgrund dieser schlechten Verhandlungsposition dürften die Gewinne solcher ‚Nur-Produzenten' eher gering ausfallen, was als solches den Markteintritt neuer Unternehmen dieser Art wieder unwahrscheinlicher macht.

Zusammenfassend kann also gesagt werden, dass es aus Sicht der Industrie durchaus unwahrscheinlich ist, dass neue Unternehmen ohne weiteres in den Markt eintreten können. Für neue Unternehmen ist es sehr fraglich, ob sie sich überhaupt etablieren könnten. Aus Sicht des Handels verspräche der Markteintritt derartiger neuer Unternehmen auch nicht die Gelegenheit zu günstigerer Produktion und stabilen Geschäftsbeziehungen, da diese neuen Unternehmen über keine Erfahrung in der Produktion verfügen würden.

Dass die Anzahl der Markenartikelhersteller aufgrund der starken Konkurrenz durch Handelsmarken eher abnehmen wird, wird in der Literatur nicht bestritten. Diese Tendenz kann allerdings unterschiedlich gewertet werden.

Aus Sicht der Konsumenten ist diese Entwicklung wohl eher negativ zu beurteilen, da auf diese Weise im Extremfall nur noch die Auftragsproduzenten der Handelsunternehmen und einige Markenartikelhersteller übrig bleiben werden. Für den horizontalen Wettbewerb zwischen Industrieunternehmen ist diese Entwicklung ebenfalls eher negativ zu beurteilen, da viele Hersteller entweder nur noch für bestimmte Handelsunternehmen produzieren werden, was aus Sicht des Wettbewerbs fast einer vertikalen Integration gleich kommt, oder die verbliebenen Markenartikelhersteller sich nicht mehr der Konkurrenz anderer Markenartikelhersteller in ihren Produktbereichen zu erwehren haben. Insgesamt würde der horizontale Wettbewerbsdruck als Folge der Verringerung der Herstellerzahl also nachlassen.

Aus Sicht des Handels ist die Beurteilung auf den ersten Blick nicht ganz eindeutig: Einerseits ist es für den Handel von Vorteil, es nur noch mit einer geringeren Anzahl größerer Hersteller zu tun zu haben, da Verhandlungs- und Abstimmungskosten gesenkt werden könnten. Zudem können größere Hersteller aufgrund von Größeneffekten u. U. kostengünstiger produzieren, was dem Handel bei entsprechend erfolgreichen Verhandlungen zusätzliches Gewinnpotenzial verspricht.

Wenn die Anzahl der Hersteller allerdings zu gering wird, könnte sich dies als Nachteil für den Handel erweisen. Bezieht ein Handelsunternehmen einen erheblichen Anteil seiner Produkte von nur einem Hersteller, dann befindet es sich auch in einer gewissen Abhängigkeit von diesem Hersteller und ein problemloser Wechsel zu einem anderen Hersteller ist nicht mehr möglich.

Aus der Gesamtsicht der Industrie ist die Bedrohung der einzelnen Unternehmen also zunächst einmal negativ zu bewerten. Aus Sicht der einzelnen Unternehmen kann es aber ab einer bestimmten (kleinen) Anzahl verbliebener Unternehmen aufgrund des damit verbundenen Machtzuwachses kurzfristig betrachtet von Vorteil sein, zu dieser Gruppe zu gehören. Mittel- bis langfristig wird allerdings jeder sich zuspitzende Konzentrationsprozess auf der Herstellerstufe die Position der verbliebenen Hersteller aufgrund der Sortimentsflexibilität des Handels sehr gefährden.

3.3.6. Markenwert

In der Literatur besteht weitgehend Einigkeit darüber, dass mehrere der mit der stärkeren Verbreitung von Handelsmarken verbundenen Praktiken des Handels den Wert von industriellen Marken schmälern. KÖHLER 2003 und HEIL/LÜTJE/SCHUNK 2003 verweisen auf den Schaden, den der Wert einer Marke nehmen kann, wenn Artikel häufig Gegenstand von Sonderangebots- und Niedrigpreisaktionen sind (‚Preisverhau‘).[156] Auch der umgekehrte Fall von zu hohen Preisen für Herstellermarken, die gesetzt werden, um für preisgünstigere Handelsmarken einen Preisschirm, d. h. einen möglichst großen Preisabstand, zu demonstrieren, kann Herstellermarken schaden (‚Umbrella Pricing‘).[157]

Mit Blick auf den Indikator ‚Markenwert‘ fällt die Gesamtbewertung also negativ aus: Aus Sicht des Handels ist eine derartige Entwicklung auf den ersten Blick sogar zu begrüßen, weil sie zunächst dazu beiträgt, die Loyalität der Konsumenten eher an die Verkaufsstätte als an bestimmte Marken zu binden.[158] Aus Sicht der Industrie ist diese

[156] Vgl. KÖHLER 2003, S. 8, Rn. 1 und HEIL/LÜTJE/SCHUNK 2003, S. 11 sowie ausführlich zu dieser Diskussion bereits AHLERT 1986.

[157] Vgl. OLBRICH 2004. Auch BODENBACH 1996, S. 50, spricht von überhöhten Preisabständen zwischen Handelsmarken und Herstellermarken als Auslöser von Markenerosion, erwähnt aber den Umstand nicht, dass für die meisten Konsumgüter allein der Handel aufgrund seiner Preishoheit Auslöser einer solchen Entwicklung sein kann.

[158] Vgl. zum Einfluss von Handelsmarken auf die Einkaufsstättentreue auch AILAWADI/PAUWELS/STEENKAMP 2007; TEMPELAERE 2007, S. 49; WINDBERGS 2007, S. 172 ff.

Tendenz hingegen eindeutig negativ zu bewerten,[159] denn der Markenwert ist für Markenartikelhersteller ein Vermögensgegenstand von großer Bedeutung. Die von der Zunahme der Handelsmarken ausgehende Tendenz zur Senkung des Werts industrieller Marken stellt für die Industrieunternehmen damit eine direkte Bedrohung des Unternehmenskapitals dar.

Aus Sicht der Konsumenten ist die Verringerung von Markenwerten ebenfalls negativ zu beurteilen, da Anreize falsch gesetzt werden: Die Investitionen, die zum Aufbau des Markenwerts beitragen und gleichzeitig wichtige Auswirkungen, z. B. auf die Qualität von Produkten haben, werden in zunehmendem Maße unterbleiben, wenn erzielte Steigerungen des Markenwerts durch bestimmte Praktiken des Handels rasch wieder zerstört werden können.

3.3.7. Händlerzahl und -situation

Auch auf der Händlerseite fördert (z. B. nach Ansicht von DOBSON) die Zunahme von Handelsmarken die Marktbereinigung durch Verschwinden kleinerer und schwächerer Händler: Als negativ wird vor allem die Verringerung der Händleranzahl und damit die stärkere Konzentration des Handels angesehen.[160] Insbesondere die Praxis großer Händler, Schlüsselmarken mit gar keinem oder nur sehr geringem Gewinn (oder sogar mit Stückverlust) zu verkaufen, könne Wettbewerber mit kleineren Sortimenten zum Aufgeben zwingen, da diese bei solchen Angeboten aufgrund ihrer kleineren Sortimente nicht mit Hilfe einer sortimentsinternen Mischkalkulation mitziehen könnten.[161]

Wenn also diese Tendenz vorhanden ist, stellt sich noch die Frage der Bewertung: Aus Sicht der Konsumenten ist die Handelskonzentration als solche negativ zu beurteilen, weil sie ihre Wahlfreiheit einschränkt. Mit dem Verschwinden kleinerer Verkaufsstellen ist die Auswahl in vielen Regionen im Umkreis mehrerer Kilometer vielfach schon auf nur noch zwei oder drei Anbieter beschränkt. Setzt sich diese Tendenz fort, wäre auch der Verweis auf eventuelle Vorteile, die die Konsumenten kurzfristig aus niedrigeren Preisen ziehen könnten, auf lange Sicht wohl nicht haltbar: Bei einer der-

[159] Vgl. zu einer empirischen Untersuchung von Markenerosion als Folge der zunehmenden Verbreitung von Handelsmarken SCHÄFER 2009.

[160] Vgl. etwa DOBSON 1998, S. 3 und S. 33 sowie einschränkend OLBRICH 1998a.

[161] Vgl. DOBSON/CLARKE/DAVIES/WATERSON 2001, S. 275.

artig eingeschränkten Auswahl an Geschäftsstätten bliebe den Konsumenten nach potenziellen Preiserhöhungen kaum eine Ausweichmöglichkeit.

Aus wettbewerbspolitischer Sicht ist die Handelskonzentration ebenfalls problematisch und zwar insbesondere dann, wenn man das Phänomen der Handelsmarken im Blick behält. So ist der Zusammenhang zwischen Konzentrationsgrad und Stärke des Wettbewerbs nicht im Sinne einer bestimmten Wirkungsrichtung zu prognostizieren. Zur Interpretation einer konkreten Situation müssen weitere Indikatoren herangezogen werden.[162] So scheint die Handelskonzentration zunächst sogar von Vorteil für den Wettbewerb zu sein, solange es nicht zu einer ‚Verkrustung' der Spitzengruppe der umsatzstärksten Handelsunternehmen kommt, diese also weiterhin – z. B. über einen Preiswettbewerb – um Marktanteile konkurrieren.[163] Ein solcher Wettbewerb kann aber nur stattfinden, solange sich die Sortimente der Handelsunternehmen zu einem großen Teil überschneiden. Nur dann sind die Angebote direkt vergleichbar und geringe Preisunterschiede können bereits große Käuferbewegungen zwischen den Anbietern hervorrufen.

Wenn nun aber die Sortimente weniger verbliebener Handelsunternehmen zum Großteil aus Handelsmarken bestehen, dann ist diese Vergleichbarkeit nicht mehr gegeben, da jedes Unternehmen seine eigenen Handelsmarken führt: Der Wettbewerb ist weitgehend abgeschottet.[164] Aus Sicht der Handelsunternehmen, die durch ihre Handelsmarkenprogramme (und auch unabhängig von diesen) weiter zur Konzentration beitragen, ist die Verringerung der Händlerzahl wohl eines der vorrangig verfolgten Ziele. Aus Sicht der Industrie ist es umgekehrt: Je geringer die Anzahl der Handelsunternehmen ist, denen sich ein Hersteller gegenüber sieht, desto wichtiger wird jedes einzelne als Nachfrager und desto schwächer wird die Verhandlungsposition des Herstellers gegenüber den verbleibenden Handelsunternehmen.

---

[162] Vgl. OLBRICH 1997. In diesem Zusammenhang untersucht OLBRICH ferner, ob Verschiebungen innerhalb der Ranglisten der umsatzstärksten Unternehmen aufgetreten sind.

[163] Vgl. OLBRICH/BUHR 2005a.

[164] Vgl. OLBRICH 2004. Die COMPETITION COMMISSION (UK) vertritt hingegen den Standpunkt, dass ein Vergleich von Sortimenten verschiedener Handelsunternehmen auch auf Basis eines Vergleichs der angebotenen Handelsmarken möglich sei. Vgl. COMPETITION COMMISSION (UK) 2007, S. 15 sowie COMPETITION COMMISSION (UK) 2008, S. 172.

3.3.8. Innovation

Sehr häufig wird die Gefahr für die Innovationskraft der produzierenden Industrie betont, die von einer zunehmenden Verbreitung von Handelsmarken ausgehe.[165] Als Folge des stärkeren Wettbewerbs mit niedrigpreisigen Handelsmarken geraten die Erlöse von Herstellern ‚unter Druck'. Aus diesem Grunde könnten Hersteller Investitionen in Forschung und Entwicklung unterlassen.[166] Die Innovationstätigkeit leide u. a. auch aufgrund der immer schnelleren Imitation neuer Produkte durch Handelsmarken.[167] Dagegen werden positive Auswirkungen von Handelsmarken auf Innovationen bestenfalls als theoretisch möglich erachtet.[168]

Insgesamt erscheint es als sehr wahrscheinlich, dass die meisten Handelsmarken nur wenig innovativ sein werden: Es liegt nahe, dass ein Handelsunternehmen, das es mit einer beinahe unüberschaubar großen Anzahl an Artikeln zu tun hat, bei einem ganz konkreten Artikel in einer bestimmten Warengruppe weniger innovativ sein wird als ein Industrieunternehmen, das sich möglicherweise seit Jahren auf Produkte dieser Warengruppe spezialisiert hat und auch entsprechende Forschungsarbeit durchführt.

So herrscht bei den im Handel zu beobachtenden Handelsmarken tatsächlich in erster Linie die Imitation bekannter Herstellermarken vor. Hinsichtlich der Produktionsverfahren erfolgt ähnlich wohl überwiegend eine Imitation, vor allem dann, wenn die Handelsmarken von Unternehmen hergestellt werden, die selbst früher Markenartikelhersteller waren bzw. dies parallel sogar immer noch sind.

Eine andere Frage ist die nach den Auswirkungen des Zuwachses von Handelsmarken auf die Innovationsfähigkeit von Industrieunternehmen. Ähnlich wie oben für die Möglichkeit einer Qualitätsabnahme im Handel argumentiert wurde, ist hier zu erwarten, dass der starke Preiswettbewerb die Unternehmen zu Einsparungen zwingt, um selber günstiger anbieten zu können, und dass solche Einsparungen möglicherweise schon früh die Ressourcen für Forschung und Entwicklung betreffen könnten. Diese Bereiche werden in manchen Unternehmen wohl relativ früh zu Kürzungen

---

165 Vgl. z. B. VOGEL 1998, S. 1166 und COMPETITION COMMISSION (UK) 2003, S. 10.

166 Vgl. u. a. DOBSON CONSULTING 1999, S. 190; DOBSON/CLARKE/DAVIES/WATERSON 2001, S. 276; HEIL/LÜTJE/SCHUNK 2003, S. 12.

167 Vgl. DOBSON 1998, S. 3 und S. 28 f. sowie WIESER/AIGINGER/WÜGER 1999, S. 65 f.

168 Vgl. HOCH/BANERJI 1993, S. 66, die in Handelsmarken potenzielle Innovatoren sehen. Einen anderen Aspekt betonen DUBOIS/JULLIEN 2005. Danach soll derjenige Akteur innerhalb eines vertikalen Systems über Art und Aussehen der anzubietenden Produkte entscheiden, der am meisten über die Nachfrage wisse. Dies sei heute häufig nicht der Hersteller, sondern der Händler. Für die meisten Produkte erscheint dies aufgrund der Sortimentsvielfalt aber fraglich.

herangezogen, da sie nicht unmittelbar mit der aktuellen Produktion in Zusammenhang stehen: Hier bietet sich also die Gelegenheit, Kosten einzusparen ohne die Qualität der aktuellen Produkte zu beeinträchtigen.

Umgekehrt könnte es aber auch Unternehmen geben, die Kosteneinsparungen durch bessere Produktionsverfahren zu erreichen suchen und die das Risiko eingehen, Mittel in die Entwicklung solcher Verfahren zu investieren, ohne zu wissen, ob die später tatsächlich erreichten Einsparungen die Investitionen übersteigen werden. Da der zuletzt beschriebene Weg kurzfristig ein höheres Risiko mit sich bringt, ist davon auszugehen, dass er in vielen Unternehmen nicht beschritten wird, obwohl er langfristig vielleicht die einzige Möglichkeit darstellt, im Markt zu verbleiben. So ist in der Summe sehr wahrscheinlich, dass mehr Unternehmen die Investitionen in Forschung und Entwicklung verringern als erhöhen werden.

Ein weiterer Grund für eine geringere Innovationstätigkeit der Industrie ist in der schnellen Imitation neuer Produkte durch Handelsmarken zu sehen. Durch die zeitweilige ‚Monopolstellung', die ein Unternehmen einnimmt, sobald es ein neues Produkt auf den Markt bringt, kann es bei einem Erfolg des Produktes zumindest einen Teil des Gewinns erzielen, den es benötigt, um die Investitionen auszugleichen, die zur Entwicklung des Produktes getätigt wurden. Je schneller nun die ersten Imitationen am Markt sind, desto kürzer wird diese zeitweilige Monopolstellung und desto risikoreicher werden Investitionen in neue Produkte, weil es unwahrscheinlicher wird, dass sich solche Investitionen lohnen.

Zusammenfassend ergibt sich damit folgende Bewertung: Auf die Industrie übt die Konkurrenz mit einer zunehmenden Zahl von Handelsmarken eine investitionshemmende und z. T. sicherlich auch entmutigende Wirkung aus. Insgesamt dürfte damit die Einschätzung abnehmender Innovationen aufgrund der Zunahme von Handelsmarken realistisch sein. Für die Konsumenten ist diese Entwicklung eher negativ als positiv zu beurteilen, da weniger neue Wettbewerbsfelder erschlossen werden. Für den Handel bringt diese Entwicklung kurzfristig betrachtet keine Nachteile, während die Industrie in die Gefahr gedrängt wird, ihre eigenen Zukunftschancen zu untergraben: Je länger die Innovationstätigkeit vernachlässigt wird, desto stärker steigt der Aufwand, der betrieben werden müsste, um wieder fortschrittsfähig zu werden.

3.3.9. Zusammenfassende Bewertung aus Sicht des Handels, der Markenartikelhersteller und der Konsumenten

Insgesamt ist festzustellen, dass im wissenschaftlichen Schrifttum mit der zunehmenden Verbreitung von Handelsmarken sowohl positive als auch negative Entwicklungen der betrachteten Indikatoren aus Sicht des Handels, der Markenartikelhersteller und der Konsumenten in Verbindung gebracht werden.[169]

So erwähnen etwa DOBSON/CLARKE/DAVIES/WATERSON 2001 sowie WIESER/AIGINGER/WÜGER 1999 die Gefahr einer Verringerung des Wettbewerbs zwischen Handelsmarken und Herstellermarken auf der Ebene der Geschäftsstätten durch zunehmende Auslistungen von Herstellermarken.[170] Aus Sicht der Konsumenten kann dies letztlich eine verringerte Produktauswahl bedeuten. KÖHLER 2003 sieht die Industrie zum Erfüllungsgehilfen des Handels herabsinken.[171]

DOBSON 1998 und HOCH/BANERJI 1993 halten es allerdings auch für denkbar, dass Markenartikelhersteller durch den Konkurrenzdruck, der durch Handelsmarken ausgelöst wird, zu mehr Innovationen getrieben werden. Dies führe u. U. zu steigender Artikelvielfalt und -qualität.[172] WIESER/AIGINGER/WÜGER 1999 verweisen sogar auf das Argument, die gestiegene Gesamtanzahl von Herstellermarken und Handelsmarken führe zu einer Zunahme der Wettbewerbsintensität.[173] Dieses Argument, das die Unterschiede zwischen Herstellermarken und Handelsmarken verdeckt, greift aber zu kurz. Wenn sich jeder einzelne Konsument einem verringerten Angebot an Geschäftsstätten gegenüber sieht, dann kann auch eine insgesamt größere Anzahl von Handelsmarken und Herstellermarken nicht als Indikator für stärkeren Wettbewerb angesehen werden. Wie in Abschnitt 3.3.1. näher ausgeführt wurde, bedroht die zunehmende Verbreitung von Handelsmarken die Existenz vieler Herstellermarken, so dass langfristig auch die gleichzeitige Präsenz von Herstellermarken und Handelsmarken in den Regalen abnehmen wird und somit langfristig eine rückläufige Artikelvielfalt zu erwarten ist.

---

169 Vgl. zu den nachfolgenden Ausführungen auch OLBRICH/BUHR/GREWE/SCHÄFER 2005, S. 90 ff.

170 Vgl. DOBSON/CLARKE/DAVIES/WATERSON 2001, S. 276 und WIESER/AIGINGER/WÜGER 1999, S. 2 und S. 67.

171 Vgl. KÖHLER 2003, S. 8, Rn. 1.

172 Vgl. DOBSON 1998, S. 20 und S. 25; HOCH/BANERJI 1993, S. 57.

173 Vgl. WIESER/AIGINGER/WÜGER 1999, S. 2.

Nach höherem Gewinn strebenden Handelsunternehmen kann ein grundsätzliches Interesse daran unterstellt werden, mehr Handelsmarken und weniger Herstellermarken abzusetzen. Gründe hierfür liegen z. B. in höheren Spannen von Handelsmarken[174] und u. U. in der Aussicht auf eine stärkere Bindung der Nachfrager an die eigenen Verkaufsstellen. Daher ist davon auszugehen, dass Handelsunternehmen nicht daran interessiert sind, den Wettbewerb zwischen Handelsmarken und Herstellermarken in ihren Einkaufsstätten zu steigern. So lässt sich erklären, dass auf die Auslistung erster Herstellermarken zugunsten von Handelsmarken häufig die Auslistung weiterer Zweit- und Drittmarken der Industrie folgt.

Hinsichtlich der Entwicklung der Absätze und Umsätze im Zuge der zunehmenden Verbreitung von Handelsmarken lassen die Ergebnisse der Literaturauswertungen lediglich aus der Sicht des Handels eine positive Bewertung zu. Die Produzenten von Herstellermarken müssen diesbezüglich hingegen – sofern noch nicht geschehen – mit Einbußen rechnen, die letztlich auch zu einer Gefährdung der Existenz am Markt führen können.

Mit Blick auf die Wettbewerbssituation im Handel ist Folgendes zu beachten: Handelsmarken sind nur in den Verkaufsstätten *eines* Handelsunternehmens erhältlich. Dieses Handelsunternehmen steht also mit Blick auf diese Artikel und die durch sie repräsentierten Produktbereiche nicht mehr in unmittelbarem Wettbewerb mit konkurrierenden Handelsunternehmen, was hingegen bezüglich der Herstellermarken i. d. R. der Fall ist. Handelsmarken können somit zu einer Beeinträchtigung des Wettbewerbs zwischen den Handelsunternehmen führen, da sie die Vergleichbarkeit ihrer Sortimente erschweren.[175]

Mit Blick auf die Auswirkungen der zunehmenden Verbreitung von Handelsmarken auf den Markenwert gehen die Einschätzungen in der Literatur in die gleiche Richtung: Handelsmarken werden übereinstimmend als Gefahr für die Markenwerte der Herstellermarken eingestuft. Betrachtet man diese Einschätzung aus den unter-

---

174 Von dieser Annahme gehen SHORE/RANGACHARI/SCOTT 2003, S. 39, aus. Sie ergänzen jedoch, dass es für die absolute Höhe des Gewinns nicht nur auf die Spannen ankommt, sondern auch auf den Gesamtumsatz und dieser sei bei Handelsmarken aufgrund niedrigerer Preise zunächst niedriger. Hierbei wird jedoch die Umschlagsgeschwindigkeit vernachlässigt. Vgl. mit Blick auf weitere Quellen, in denen Handelsmarken höhere Handelsspannen zugeschrieben werden als Herstellermarken u. a. HOCH/BANERJI 1993, S. 57; LAAKSONEN 1994, S. 37; HOCH 1996, S. 89; NARASIMHAN/WILCOX 1998, S. 591; AHLERT/KENNING/SCHNEIDER 2001, S. 255; JENKINS 2007, S. 32.

175 Vgl. kritisch zu dieser Sichtweise COMPETITION COMMISSION (UK) 2007, S. 15 sowie COMPETITION COMMISSION (UK) 2008, S. 172.

schiedlichen Perspektiven der Marktteilnehmer, so gehen die Bewertungen jedoch auseinander: Aus der Sicht des Handels ist eine Erosion der Markenwerte von Herstellermarken u. U. sogar positiv zu bewerten, da der Handel eher an einer Bindung der Konsumenten an seine Einkaufsstätten interessiert ist. Aus der Perspektive der Markenartikelhersteller sind erodierende Markenwerte negativ zu bewerten, da die Gefahr besteht, dass sich Investitionen in die Marke letztlich nicht ‚auszahlen'. Dies wirkt sich dann letztlich auch negativ für die Konsumenten aus, da zu befürchten ist, dass Investitionen von Seiten der Markenartikelhersteller ausbleiben und sich dies negativ auf die Qualität der Artikel auswirkt und u. U. Weiterentwicklungen und Neuentwicklungen von Produkten ausbleiben.

Angesichts der Gefahr, möglicherweise zugunsten von Handelsmarken aus den Sortimenten des Handels verdrängt zu werden, kann gleichwohl durchaus ein schärferer Wettbewerb zwischen denjenigen Herstellermarken erwartet werden, die eine Chance haben, als A-Marken auch weiterhin in den Regalen zu verbleiben. Wenn nur noch Platz für einen oder zwei Markenartikel ist, wird der Verdrängungswettbewerb zwischen den verschiedenen Markenartikelherstellern gefördert, was auf der Stufe der Industrie mittelfristig zu Konzentrationsprozessen beitragen kann.

Aufgrund der Preishoheit des Handels müssen mit dem schärferen Wettbewerb zwischen den Herstellerunternehmen darüber hinaus nicht unbedingt niedrigere Preise für die Konsumenten einhergehen. Im Gegenteil: Gelingt es mehreren Handelsunternehmen, mit Hilfe einer Verdrängung schwächerer Handelsunternehmen die Ausweichmöglichkeiten ihrer Kunden zu verringern, dann wäre auch der Wettbewerb für Herstellermarken stark beeinträchtigt. Der Handel könnte dann die Preise sowohl für die Handelsmarken als auch für die Herstellermarken erhöhen, ohne eine starke Kundenabwanderung befürchten zu müssen.

Für die Konsumenten ergibt sich mit Blick auf das mit der Stärke des Wettbewerbs zusammenhängende Preisniveau nur kurzfristig ein Vorteil, langfristig muss er hingegen mit der Gefahr höherer Preise rechnen. Wenn aber ein kurzfristig (also bei Ausblendung aller möglichen späteren Folgen) positiver Umstand notwendige und hinreichende Bedingung für spätere, größere Nachteile ist, dann kann dieser Umstand insgesamt nicht als positiv bewertet werden.

Der hochkonzentrierte Handel profitiert sowohl kurz- als auch langfristig. Andernfalls würde er die betrachteten Prozesse vermutlich auch nicht selbst so stark beschleunigen.

Die Industrie hingegen gerät unter Druck und wird aufgrund ihrer schwächer werdenden Position gegenüber dem Handel in eine stärkere innere Auseinandersetzung getrieben, die auf eine fortschreitende Konzentration innerhalb dieses Sektors hinwirkt.

Insgesamt kann mit Blick auf die Literaturauswertungen festgestellt werden, dass insbesondere in einer langfristigen Betrachtung zu erwarten ist, dass Handelsmarken aus Sicht der Markenartikelhersteller und der Konsumenten überwiegend negative Auswirkungen mit sich bringen, während die im Markt verbliebenen Handelsunternehmen vermutlich die einzigen Marktteilnehmer sind, die von bzw. mit Hilfe von Handelsmarken profitieren.

3.4. Analyse der Dependenzen zwischen einzelnen Indikatoren

Im Rahmen dieses Abschnitts werden abschließend die in der Literatur diskutierten Abhängigkeiten zwischen der Artikelvielfalt und dem Marktvolumen sowie zwischen den Preisen und dem Marktvolumen dargelegt. Dies geschieht vor dem Hintergrund der in Abschnitt 4.6. dargelegten empirischen Untersuchung, in der die Frage im Mittelpunkt steht, wie sich die vom Handel mit Blick auf Handels- und Herstellermarken eingesetzten sortiments- und preispolitischen Maßnahmen auf das Marktvolumen bzw. die Marktdurchdringung ausgewirkt haben. Anlass zu dieser Untersuchung gab das in Europa geltende Verbot der vertikalen Preisbindung und die damit verbundenen Vorteile für den Handel.[176]

3.4.1. Artikelvielfalt und Marktvolumen

Mit Blick auf die im wissenschaftlichen Schrifttum zu findenden Untersuchungen zum Einfluss der Artikelvielfalt im Sortiment von Handelsunternehmen auf das anhand von Absätzen und/oder Umsätzen operationalisierte Marktvolumen ist zu konstatieren, dass eine Unterscheidung nach Markentypen bisher vernachlässigt wurde.

Insbesondere die Frage, welche Rolle die Anzahl gelisteter Herstellermarken im Zuge der zunehmenden Verbreitung von Handelsmarken mit Blick auf die Absätze und Umsätze spielt, wurde vergleichsweise selten untersucht. Der Frage nach dem Einfluss der

---

[176] Vgl. tiefgehend dazu Abschnitt 2.2.

Anzahl gelisteter Herstellermarken auf die Umsätze sind – zumindest indirekt – LINGENFELDER/LAUER 2005 nachgegangen. Die Autoren haben die Entwicklung des Umsatzes nach der Auslistung von Herstellermarken in einem deutschen Handelsunternehmen der Betriebsform Discounter untersucht. Der Untersuchungszeitraum betrug ein Jahr. Es zeigte sich ein deutlicher Rückgang des Umsatzes nach der Auslistung von Herstellermarken.[177] Diese Ergebnisse sprechen somit für einen positiven Zusammenhang zwischen der Anzahl gelisteter Herstellermarken und den Umsätzen.

Demgegenüber hat die Zahl der Quellen, in denen lediglich der Einfluss von Handelsmarken auf Absätze und/oder Umsätze untersucht wurde, seit der im Konsumgüterhandel zu konstatierenden wachsenden Verbreitung von Handelsmarken stark zugenommen. Zu den Ergebnissen der Auswertung einer Vielzahl von Literaturquellen sei an dieser Stelle auf Abschnitt 3.3.3. verwiesen. Zusammenfassend ist mit Blick auf die ausgewerteten Quellen zu konstatieren, dass in der Literatur überwiegend von einem positiven Zusammenhang zwischen der zunehmenden Verbreitung von Handelsmarken und dem Marktvolumen ausgegangen wird.

Insgesamt deuten diese Ergebnisse darauf hin, dass eine höhere Anzahl gelisteter Artikel – unabhängig vom Markentyp – mit höheren Absätzen und Umsätzen und somit mit einem höheren Marktvolumen einhergeht. Zu entsprechenden Ergebnissen kommt auch MÜLLER-HAGEDORN 2005, der mit Verweis auf empirische Ergebnisse ausführt, dass der Absatz mit größer werdender Sortimentstiefe ansteige.[178]

3.4.2. Preise und Marktvolumen

Auch mit Blick auf die in der Literatur existierenden empirischen Untersuchungen zum Zusammenhang zwischen dem Preisniveau und dem anhand von Absätzen und/oder Umsätzen gemessenen Marktvolumen ist insofern eine Forschungslücke zu konstatieren, dass der Markentyp nicht berücksichtigt wird. D. h. es wird im Allgemeinen keine Unterscheidung zwischen den Preisen von Herstellermarken und jenen von Handelsmarken vorgenommen. Trotz dieses Defizits können die zur Wirkung preispolitischer Maßnahmen auf Absätze und/oder Umsätze durchgeführten empirischen Untersuchungen einen Eindruck hinsichtlich des Zusammenhangs zwischen dem Preisniveau und dem Marktvolumen vermitteln.

---

[177] Vgl. LINGENFELDER/LAUER 2005, S. 1182 f.

[178] Vgl. MÜLLER-HAGEDORN 2005, S. 246 f.

Die Wirkung preispolitischer Maßnahmen kann mit Hilfe unterschiedlicher Methoden untersucht werden: Es kann grundsätzlich danach unterscheiden werden, ob reale Kaufsituationen beobachtet werden (‚Marktbeobachtung'), ob experimentelle Kaufsituationen untersucht werden (‚Experiment') oder ob anhand von Befragungen versucht wird, Preis-Absatz- oder Preis-Umsatz-Beziehungen zu ermitteln (‚Befragung').[179]

Abbildung 7 gibt einen Überblick über bisherige im wissenschaftlichen Schrifttum zu findende empirische Untersuchungen zur Wirkung preispolitischer Maßnahmen auf Absätze und/oder Umsätze.

Autoren, Jahr	**Art der Untersuchung**	**Land**	**Untersuchungszeitraum**	**Betrachtete Artikelgruppen**	**Betrachtete Artikel**	**Betrachtete Betriebsformen**	**Unterscheidung nach HM und HeM**	**Zusammenhang zwischen Preisen und ..**	
								.. Absätzen	.. Umsätzen
FOG 1960	Befragung	DK	1951-1955				nein	negativ	
ABRAMS 1964	Experiment	USA			3		nein	ab best. Schwellenwert negativ	
BARCLAY 1969	Experiment	USA	3 KW		2	1 (SM)	nein		neutral/ negativ (Gewinn)
PALDA 1971	Experiment	USA	12 KW (1954)	1	1	1 (SM)	nein	negativ	
BENNETT/ WILKINSON 1974	Experiment	USA	6 KW		5	1 (Dis)	nein	negativ	
HUPPERT 1974	Experiment	D	8 KW		4		nein	negativ	
NEVIN 1974	Experiment	USA		2	6		nein	negativ	
KUCHER 1985	Beobachtung (Handelspanel)	D, USA	38 KW, 24 KW	1, 1	15, 13	1 (SM)	nicht explizit	negativ	
WIED-NEBBELING 1985	Unternehmerbefragung	D	1983				nein	negativ	
MOTES 1987	Experiment	USA	9 KW	1	3		nein	negativ	

KW = Kalenderwoche HM = Handelsmarken HeM = Herstellermarken
Dis = Discounter SM = Supermärkte VM = Verbrauchermärkte SBW = SB-Warenhäuser
Anmerkung: Es wurden jeweils die genauestmöglichen Angaben aus den Quellen übernommen.

Abb. 7: Literaturübersicht zum Zusammenhang zwischen Preisen und Absätzen bzw. Umsätzen

[179] Vgl. SCHMALEN 1995, S. 32; DILLER 2008, S. 175.

Autoren, Jahr	Art der Untersuchung	Land	Untersuchungszeitraum	Betrachtete Artikelgruppen	Betrachtete Artikel	Betrachtete Betriebsformen	Unterscheidung nach HM und HeM	Zusammenhang zwischen Preisen und ..	
								.. Absätzen	.. Umsätzen
HEIDEL 1990	Beobachtung (Handelspanel)	D	14 KW (1987)	1	6		nein	überwiegend negativ	
KALWANI/ YIM/RINNE/ SUGITA 1990	Beobachtung (Handelspanel)	USA	65 KW (1979-1980)	1		1 (SM)	nein	negativ	
HOCH/KIM/ MONTGOMERY/ROSSI 1995	Beobachtung (Handelspanel)	USA		18		1 (SM)	nein	negativ	
SCHMALEN/ PECHTL 1995	Beobachtung (Handelspanel)	D	59 KW (1990-1991)	1	24	1 (VM)	nein	negativ	leicht negativ
SCHMALEN/ PECHTL/ SCHWEITZER 1996	Beobachtung (Handelspanel)	D	59 KW (1990-1991)	20		1 (VM)	nein	negativ	leicht negativ
SCHÄFER 1997	Beobachtung (Handelspanel)	D	49 KW (1994-1995)	1	ca. 430	1 (SBW)	nein	negativ	
ABE 1998	Beobachtung (Haushaltspanel)	USA	≤ 78 KW (1979 u. 1983)	4			z. T.	negativ	
GAUL/LÖFFLER 1999	Beobachtung (Handelspanel)	D	96 KW		4		nein	negativ	
HRUSCHKA 1999	Beobachtung (Handelspanel)	D		3	11		nein	negativ	
ZELLEKENS/ DELLBRÜGGE 2000	Beobachtung (Handelspanel)	D	13 KW (1997)		14	2 (SM, VM)	nein	überwiegend negativ	überwiegend negativ
NIJS/DEKIMPE/STEENKAMP/ HANSSENS 2001	Beobachtung (Handelspanel)	NL	208 KW	13	560	1 (SM)	nein	negativ	
HERRMANN/ MÖSER/WERNER 2001	Beobachtung (Handelspanel)	D	144 KW (1996- 1999)	1	15	3 (Dis, SM, VM)	nein	negativ (mit einer Ausnahme)	negativ (mit einer Ausnahme)
HERRMANN/ MÖSER/WERNER 2002	Beobachtung (Handelspanel)	D	144 KW (1996- 1999)	1	15	3 (Dis, SM, VM)	nein	negativ	negativ
MÖSER 2002	Beobachtung (Handelspanel)	D	144 KW (1996- 1999)	1	20	3 (Dis, SM, VM)	nein	negativ	negativ

KW = Kalenderwoche HM = Handelsmarken HeM = Herstellermarken
Dis = Discounter SM = Supermärkte VM = Verbrauchermärkte SBW = SB-Warenhäuser
Anmerkung: Es wurden jeweils die genauestmöglichen Angaben aus den Quellen übernommen.

Abb. 7: Literaturübersicht zum Zusammenhang zwischen Preisen und Absätzen bzw. Umsätzen (Fortsetzung)

Autoren, Jahr	Art der Unter-suchung	Land	Unter-suchungs-zeitraum	Betrach-tete Artikel-gruppen	Be-trach-tete Artikel	Betrach-tete Be-triebs-formen	Unter-scheidung nach HM und HeM	Zusammenhang zwi-schen Preisen und ..	
								.. Absätzen	.. Umsätzen
PESEN-DORFER 2002	Beobach-tung (Han-dels- und Haushalts-panel)	USA	156 KW (1986-1988)	1		1 (SM)	nein	negativ	
HOMBURG/ JENSEN/ SCHUPPAR 2004	Beobach-tung	D	102 KW (2002-2003)	1	1		nein		negativ
HANSEN 2006	Beobach-tung (Han-delspanel)	D	104 KW (2000-2001)	1	12		nein		negativ
RICHARDS 2006	Beobach-tung (Han-delspanel)	USA		1		1 (SM)	nein	negativ	
MURTHI/HA-RUVY/ZHANG 2007	Beobach-tung (Han-delspanel)	USA	1985-1988	1	3		nein	negativ	

KW = Kalenderwoche HM = Handelsmarken HeM = Herstellermarken
Dis = Discounter SM = Supermärkte VM = Verbrauchermärkte SBW = SB-Warenhäuser
Anmerkung: Es wurden jeweils die genauestmöglichen Angaben aus den Quellen übernommen.

Abb. 7: Literaturübersicht zum Zusammenhang zwischen Preisen und Absätzen bzw. Umsätzen (Fortsetzung)

Insgesamt ist mit Blick auf die bisherigen Untersuchungen zu konstatieren, dass zwar eine Vielzahl von Untersuchungen zu Wirkungen von Preisvariationen existiert, jedoch noch keine Untersuchung, die ähnliche Inhalte und eine vergleichbare Datenbasis wie die vorliegende Untersuchung hat.

Der Abbildung ist zu entnehmen, dass Untersuchungen über einen längeren Zeitraum hinweg erst seit einigen Jahren verstärkt durchgeführt wurden. Dies lässt sich vermutlich auf die wachsende Verbreitung von Scanningsystemen im Handel zurückführen, die die Verarbeitung großer Datenmengen im Rahmen von Handels- und Haushaltspanels stark vereinfacht und somit langfristige Marktbeobachtungen erleichtert haben. Die i. d. R. auf kürzere Zeiträume beschränkten Experimente wurden in den letzten Jahren demzufolge kaum noch durchgeführt. Trotz der offensichtlichen Tendenz zu längerfristigen Untersuchungen kann keine der bisherigen Studien einen ähnlich langen Untersuchungszeitraum vorweisen wie die vorliegende Untersuchung (312 Kalenderwochen).

Auch hinsichtlich der Anzahl der untersuchten Betriebsformen beziehen lediglich HERMANN/MÖSER/WERNER 2001 und HERMANN/MÖSER/WERNER 2002 sowie MÖ-

SER 2002 ebenfalls drei Betriebsformen in ihre Untersuchung ein. Die meisten Autoren untersuchen hingegen lediglich eine bzw. in Ausnahmefällen zwei Betriebsform(en).

Hinsichtlich der Repräsentativität ist festzustellen, dass in den bisherigen Untersuchungen in erster Linie die Auswirkungen von Preisvariationen einzelner Artikel auf die jeweiligen Absätze und/oder Umsätze (dieser Artikel) untersucht wurden. In der vorliegenden Untersuchung wird hingegen eine artikelübergreifende Perspektive eingenommen, d. h. es werden Preisniveaus von Herstellermarken und Handelsmarken und deren Auswirkungen auf Gesamtabsätze und -umsätze in einer Artikelgruppe betrachtet. Dies hat den Vorteil, dass die Ergebnisse eine größere Verallgemeinerungsfähigkeit aufweisen.

Im Hinblick auf den Untersuchungsgegenstand ist zu konstatieren, dass in vielen Quellen die Effekte von Sonderangeboten auf Absätze und/oder Umsätze untersucht wurden.[180] Teilweise wurde auch der Frage nachgegangen, ob sogenannte ‚Preisspielräume' existieren, innerhalb derer Preisvariationen nahezu keine Auswirkungen auf die Absätze haben. Diese Frage nach der empirischen Bewährung der doppelt geknickten Preisabsatzfunktion von GUTENBERG wurde i. d. R. bejaht.[181]

Mit Blick auf die angewandte Methodik zur Ermittlung der Wirkung von Preisvariationen wurden sehr häufig Preiselastizitäten berechnet.[182] Teilweise wurde der Zusammenhang zwischen Preisen und Absätzen bzw. Umsätzen jedoch auch anhand von Korrelations- oder Regressionskoeffizienten abgebildet.[183]

In der überwiegenden Zahl der Studien zur Wirkung preispolitischer Maßnahmen wurden lediglich Herstellermarken in die Untersuchung einbezogen. Handelsmarken wurden bisher ebenso vernachlässigt wie eine vergleichende Betrachtung von Herstellermarken und Handelsmarken. Die Beschreibung der Datenbasis von KUCHER 1985 lässt zwar darauf schließen, dass zumindest in einer seiner beiden Datenbasen auch Handelsmarken enthalten sind, allerdings wird im Zuge der Ergebnispräsentation keine explizite Unterscheidung zwischen Herstellermarken und Handelsmarken vor-

---

180 Vgl. u. a. SCHMALEN/PECHTL/SCHWEITZER 1996; ZELLEKENS/DELLBRÜGGE 2000; NIJS/DEKIMPE/STEENKAMP/HANSSENS 2001; PESENDORFER 2002; RICHARDS 2006. Einen Überblick über weitere empirische Untersuchungen zu Sonderangebotseffekten geben SIMON 1992, S. 531 und MÜLLER-HAGEDORN 2005, S. 313.

181 Vgl. u. a. WIED-NEBBELING 1985; GAUL/LÖFFLER 1999.

182 Vgl. u. a. NEVIN 1974; HOCH/KIM/MONTGOMERY/ROSSI 1995; MÖSER 2002; MURTHI/HARUVY/ZHANG 2007. Vgl. zu weiteren Übersichten über empirische Untersuchungen zur Preiselastizität KUCHER 1985, S. 193; SIMON 1992, S. 139 und MÜLLER-HAGEDORN 2005, S. 269.

183 Vgl. u. a. KUCHER 1985; HERRMANN/MÖSER/WERNER 2002.

genommen.[184] In der vorliegenden Arbeit wird hingegen explizit zwischen Preisen von Herstellermarken und Handelsmarken differenziert und deren unterschiedliche Wirkung auf Absätze und Umsätze untersucht.

Obwohl sich die bisherigen Untersuchungen zum Zusammenhang zwischen Preisen und Absätzen und/oder Umsätzen hinsichtlich der Art der Untersuchung, Untersuchungszeitraum, konkretem Untersuchungsgegenstand und Vorgehensweise größtenteils unterscheiden, kommen alle zu dem Ergebnis, dass der Zusammenhang zwischen Preisen und Absätzen sowie zwischen Preisen und Umsätzen meist negativ ist. Das heißt, dass steigende Preise i. d. R. sinkende Absätze und Umsätze zur Folge haben und umgekehrt. Offen bleibt hingegen die Frage, ob der Markentyp in diesem Zusammenhang auch eine Rolle spielt, d. h. ob diese Zusammenhänge gleichermaßen für Herstellermarken und Handelsmarken gelten.

184 Vgl. KUCHER 1985, S. 31 und S. 44.

4. Empirische Untersuchungen zu ausgewählten Auswirkungen der zunehmenden Verbreitung von Handelsmarken

4.1. Datenbasis, Stichprobe und Art der Datenanalyse

Den empirischen Untersuchungen liegen POS-Scanningdaten aus dem deutschen Lebensmitteleinzelhandel zugrunde, die über einen Zeitraum von sechs Jahren in unterschiedlichen Betriebsformen erhoben wurden. Die Daten wurden der Verfasserin im Rahmen des vom Bundesministerium für Bildung und Forschung finanziell geförderten Forschungsprojekts ‚SCAFO' vom Marktforschungsunternehmen ‚Information Resources GmbH' (‚IRI') zur Verfügung gestellt. Die Datenbasis umfasst insgesamt knapp sieben Millionen Datensätze. Ein Datensatz setzt sich jeweils aus den folgenden Datenfeldern zusammen: Internationale (ehemals ‚Europäische') Artikelnummer (EAN), Kalenderwoche, Verkaufsstelle, Betriebsform, Markentyp, Packungsgröße, Preis, Absatz und Umsatz. Die folgende Abbildung zeigt einen exemplarischen Auszug aus der Datenbasis (mit fiktiven Attributwerten).

EAN	Kalenderwoche	Verkaufsstelle	Betriebsform	Markentyp	Packungsgröße in Gramm	Preis pro Stück in Euro	Absatz in Stück	Umsatz in Euro
43011159606842	01/2000	1	Discounter	Herstellermarke	800	2,25	66	148,50
90010266800130	01/2000	2	Supermarkt	Herstellermarke	500	2,25	30	67,50
43018884001178	01/2000	3	Verbrauchermarkt	Handelsmarke	700	2,10	78	163,80

Abb. 8: Exemplarischer Auszug aus der Datenbasis

Als Untersuchungsobjekt wurde eine Artikelgruppe aus dem Bereich Fertiggerichte ausgewählt. Es handelt sich bei den untersuchten Fertiggerichten um Nassfertiggerichte, die hauptsächlich aus Fleisch bestehen. Die untersuchte Artikelgruppe ist somit der übergeordneten Warengruppe ‚Fleisch' zuzuordnen.

Die ausgewählte Artikelgruppe aus dem Bereich Fertiggerichte ist vor dem Hintergrund des Ziels der Studie, Folgen der zunehmenden Verbreitung von Handelsmarken zu untersuchen, aus folgendem Grund besonders geeignet: Sie ist beispielhaft für

Artikelgruppen, die früher im Wesentlichen von Herstellermarken besetzt wurden, heutzutage jedoch in zunehmendem Maße von Handelsmarken ‚erobert' werden.[185] Hier offenbart sich folglich die Strategie des Handels, Herstellermarken durch Handelsmarken zu substituieren, als erstes.

Um ggf. Veränderungen im Zeitablauf aufdecken zu können, wurde eine Längsschnittanalyse durchgeführt. Den Untersuchungszeitraum bildeten die 312 aufeinander folgenden Kalenderwochen der Jahre 2000 bis 2005. Für die Untersuchungen wurden ausschließlich Verkaufsstellen selektiert, für die in allen Kalenderwochen des Untersuchungszeitraums Abverkaufsdaten vorlagen. Vor diesem Hintergrund lagen den Untersuchungen letztlich Scanningdaten aus 24 Verkaufsstellen der Betriebsform Discounter, 24 Verkaufsstellen der Betriebsform Supermarkt (unter 800 Quadratmeter Verkaufsfläche) und 24 Verkaufsstellen der Betriebsform Verbrauchermarkt (über 800 Quadratmeter Verkaufsfläche) zugrunde.

Mit der vorliegenden Untersuchung liegt erstmals eine Längsschnittanalyse vor, die einen so langen Zeitraum (sechs Jahre) und mehrere Betriebsformen (Discounter, Supermärkte und Verbrauchermärkte) umfasst. Bisherige Untersuchungen waren überwiegend statisch oder lediglich kurzfristig ausgelegt und beinhalteten meist nur eine Betriebsform.

Ein Nachteil kurzfristiger Untersuchungen besteht darin, dass lediglich zeitweilige ‚Sprünge' nach oben oder unten ablesbar sind. Den langfristigen Entwicklungspfad sieht man dort jedoch nicht. Infolgedessen ist die Gefahr von Fehlinterpretationen bei kurzfristigen Untersuchungen deutlich höher als bei langfristigen Untersuchungen. Diese Gefahr wird im Rahmen der vorliegenden Untersuchung demnach vermieden.

---

185 Vgl. SMITH/YOUNG/GIBSON 1999, S. 1110.

Um den Einfluss unterschiedlicher Betriebsformen offen zu legen, wurden neben betriebsformenübergreifenden Untersuchungen zusätzlich betriebsformenspezifische Untersuchungen durchgeführt. Dies geschah u. a. vor dem Hintergrund, dass den Betriebsformen im wissenschaftlichen Schrifttum unterschiedliche Verbreitungsgrade von Handelsmarken und auch unterschiedliche Verdrängungspotenziale im Zuge der Handelskonzentration in der Konsumgüterbranche zugeschrieben werden.[186]

4.2. Besonderheiten der untersuchten Artikelgruppe und des Untersuchungszeitraums

Mit Blick auf die Übertragbarkeit der empirischen Ergebnisse auf andere Warengruppen ist hinsichtlich der untersuchten Artikelgruppe Folgendes zu beachten: Die untersuchten Nassfertiggerichte bestehen hauptsächlich aus Fleisch und sind deswegen der übergeordneten Warengruppe Fleisch zuzuordnen. Fleisch wird von vielen Konsumenten als Warengruppe mit hohen Risiken wahrgenommen.[187] Da es sich hierbei hauptsächlich um gesundheitliche Risiken handelt, die im Falle eines Lebensmittelskandals sogar lebensbedrohlich sein können, ist davon auszugehen, dass sie von den Konsumenten nicht als unbedeutend eingestuft werden. Die Risikowahrnehmung auf Seiten der Konsumenten wurde vermutlich noch dadurch verstärkt, dass es in der Warengruppe Fleisch in den vergangenen Jahren mehrfach Lebensmittelskandale gegeben hat. Im Jahr 2000 ist in Deutschland der erste Fall von Boviner Spongiformer Enzephalopathie (BSE) und im Jahr 2001 der erste Fall von Maul- und Klauenseuche (MKS) aufgetreten. Seitdem reißen Meldungen von neuen Lebensmittelskandalen, in den letzten Jahren insbesondere auch ‚Gammelfleischskandalen', nicht ab. Ein Beispiel aus der jüngeren Vergangenheit stellt das – im Dezember 2008 unter dem

[186] Vgl. tiefergehend zu Verdrängungspotenzialen innovativer Betriebsformen und zu Ablösemechanismen unter den Betriebsformen im Konsumgüterhandel Abschnitt 2.1. sowie die dort genannten Literaturquellen. Mit Blick auf unterschiedliche Verbreitungsgrade von Handelsmarken wird in der Literatur häufig die These geäußert, dass insbesondere Discounter die zunehmende Verbreitung von Handelsmarken vorantrieben. Vgl. z. B. OLBRICH 2001c, S. 11; STEENKAMP/GEYSKENS/GIELENS/KOLL 2004, S. 57; COMPETITION COMMISSION (UK) 2007, S. 2; COMPETITION COMMISSION (UK) 2008, S. A9(10)-1 sowie HERBERT 2009, S. 10. Mit Blick auf Großbritannien sieht die COMPETITION COMMISSION hingegen in den großen Lebensmittelhändlern die ‚treibende Kraft' für die Zunahme von Handelsmarken, da Discounter dort weniger stark verbreitet seien als in den anderen westeuropäischen Ländern.

[187] Vgl. VON ALVENSLEBEN 1998, S. 31; SMITH/YOUNG/GIBSON 1999, S. 1107; KENNING 2008, S. 467.

Stichwort ‚Dioxinskandal' bekannt gewordene – mit Dioxin belastete Fleisch aus Irland dar, das in bis zu 25 Länder geliefert wurde.

Es ist nicht auszuschließen, dass zwischen dem wahrgenommenen Risiko und der Nachfrage nach Handelsmarken bzw. Herstellermarken ein Zusammenhang besteht. So ist z. B. denkbar, dass Konsumenten Herstellermarken und Handelsmarken – vorausgesetzt sie sind in der Lage, diese zu unterscheiden[188] – unterschiedliche Qualitätsstufen zutrauen. Ihre Nachfrage werden sie dann vermutlich danach ausrichten, welchem Markentyp sie eine bessere Qualität – und damit auch eine höhere Sicherheit vor Lebensmittelskandalen – zutrauen. Sofern die Konsumenten also z. B. bekannten Herstellermarken eine bessere Qualität zutrauen als Handelsmarken, ist das von ihnen empfundene Risiko bei bekannten Herstellermarken vermutlich niedriger als bei Handelsmarken. Mit Blick auf die Nachfrage würde sich das dann vermutlich in der Weise auswirken, dass die Nachfrage nach Herstellermarken höher ist als die nach Handelsmarken. Für den Fall, dass Handelsmarken eine bessere Qualität zugetraut wird, gelten diese Zusammenhänge analog.

Gleichwohl ist es auch möglich, dass sich das Qualitäts- bzw. Sicherheitsempfinden der Konsumenten in Bezug auf Herstellermarken und Handelsmarken nicht auf deren Nachfrageverhalten auswirkt. Dies könnte z. B. dann der Fall sein, wenn finanzielle Restriktionen sie zwingen, den Artikel mit dem niedrigsten Preis zu kaufen.

Dennoch sollte mit Blick auf die untersuchte Artikelgruppe nicht außer Acht gelassen werden, dass die Lebensmittelsicherheit und damit das wahrgenommene Risiko der Konsumenten im Zuge der Beurteilung unterschiedlicher Artikel u. U. nicht unbedeutend sind und demzufolge das Nachfrageverhalten beeinflussen können.

Mit Blick auf den Untersuchungszeitraum ist zu beachten, dass am 01.01.2002 in den Teilnehmerländern der Europäischen Währungsunion der Euro – nachdem bereits am 01.01.1999 die allgemeine Umstellung auf den Euro als gesetzliches Zahlungsmittel erfolgt war – auch als Bargeld eingeführt wurde. Es ist somit denkbar, dass diese Bargeldumstellung Auswirkungen auf die Preise und damit letztlich auch auf die Absätze und Umsätze hatte. Dies gilt es im Rahmen der empirischen Untersuchungen im Auge zu behalten.

---

188 Vgl. zur Identifizierbarkeit von Handelsmarken tiefgehend OLBRICH/BUHR 2005a; OLBRICH/BUHR 2005b sowie OLBRICH/BUHR/GREWE/SCHÄFER 2005, S. 26 ff.

4.3. Die Verbreitung von Handelsmarken in der untersuchten Artikelgruppe

4.3.1. Listungsanteile

Die seit einigen Jahren im europäischen Konsumgüterhandel zu konstatierende zunehmende Verbreitung von Handelsmarken spiegelt sich auch in den hier untersuchten POS-Scanningdaten wider. Abbildung 9 zeigt die Anteile gelisteter Hersteller- und Handelsmarken je Betriebsform in der untersuchten Artikelgruppe aus dem Bereich Fertiggerichte für die Jahre 2000 bis 2005. Eine Säule gibt jeweils den Anteil gelisteter Hersteller- und Handelsmarken in allen untersuchten Verkaufsstellen in einer Kalenderwoche wieder.

Der Abbildung ist zu entnehmen, dass die Anteile gelisteter Handelsmarken in der Betriebsform Discounter von 0 % zu Beginn des Jahres 2000 auf über 20 % im Jahr 2005 angestiegen sind. In den Betriebsformen Supermarkt und Verbrauchermarkt sind die Anteile gelisteter Handelsmarken von unter 10 % im Jahr 2000 auf ebenfalls über 20 % im Jahr 2005 gestiegen.

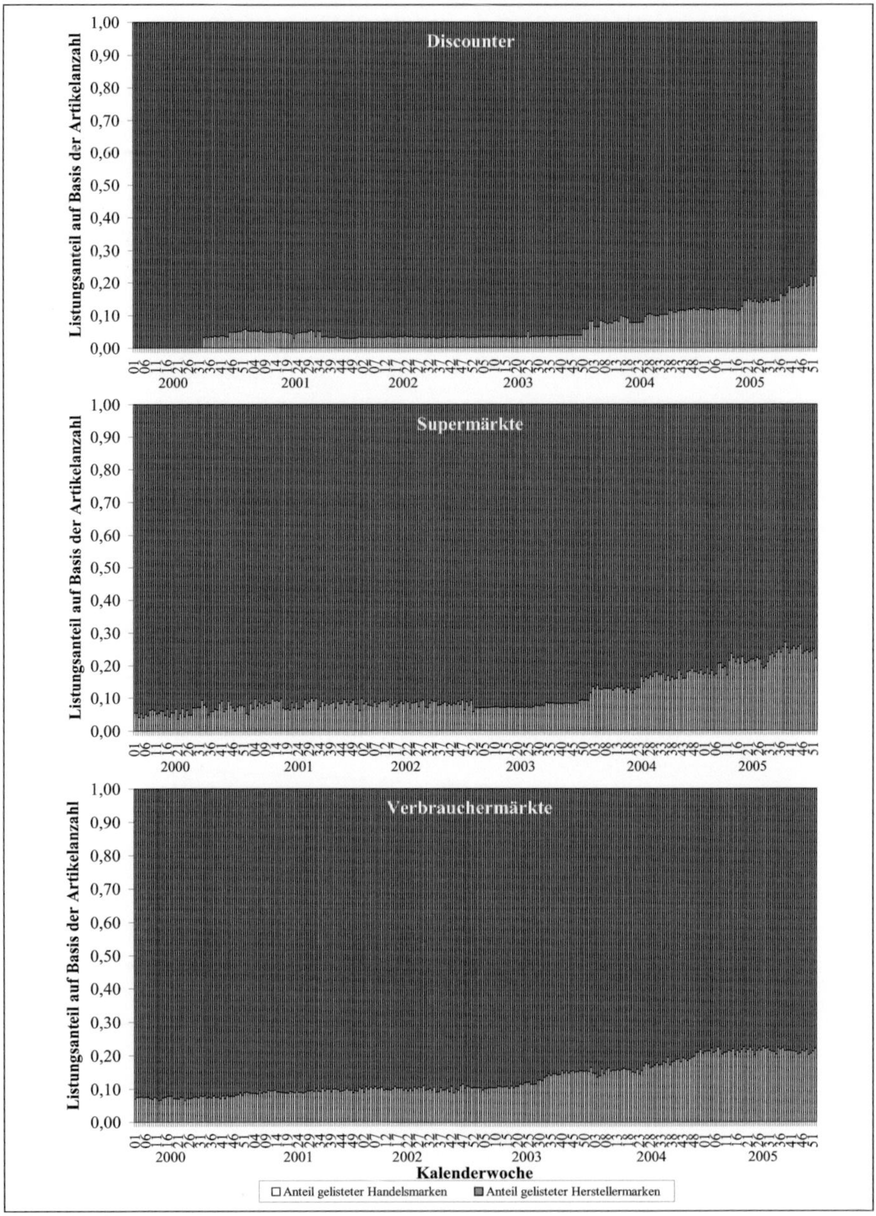

Abb. 9: Anteile gelisteter Hersteller- und Handelsmarken je Kalenderwoche und Betriebsform

Diese Entwicklung verdeutlicht auch noch einmal Abbildung 10, aus der ersichtlich ist, dass sich der Anteil gelisteter Handelsmarken auch bei betriebsformenübergreifender Betrachtung von unter 10 % im Jahr 2000 auf etwa 20 % im Jahr 2005 erhöht hat.

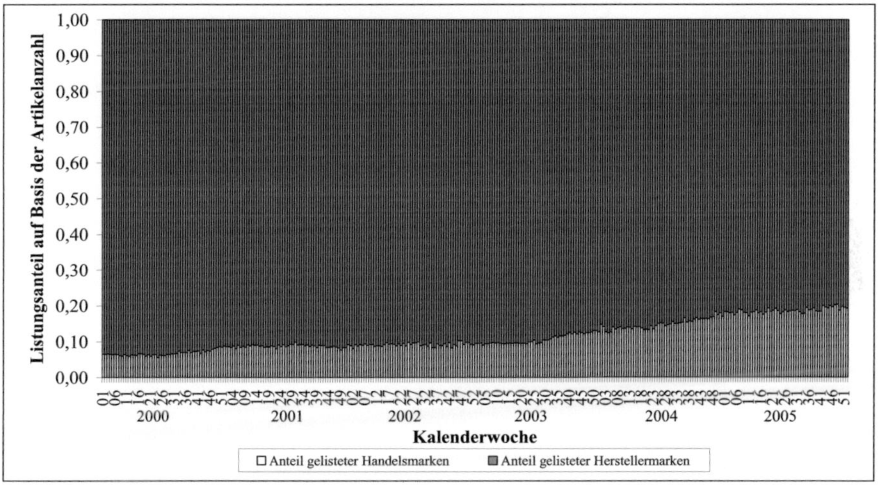

Abb. 10: Anteile gelisteter Hersteller- und Handelsmarken je Kalenderwoche bei betriebsformenübergreifender Betrachtung

4.3.2. Absatzanteile

Abbildung 11 zeigt die Absatzanteile von Hersteller- und Handelsmarken auf Basis der abgesetzten Artikelanzahl je Betriebsform in der untersuchten Artikelgruppe.

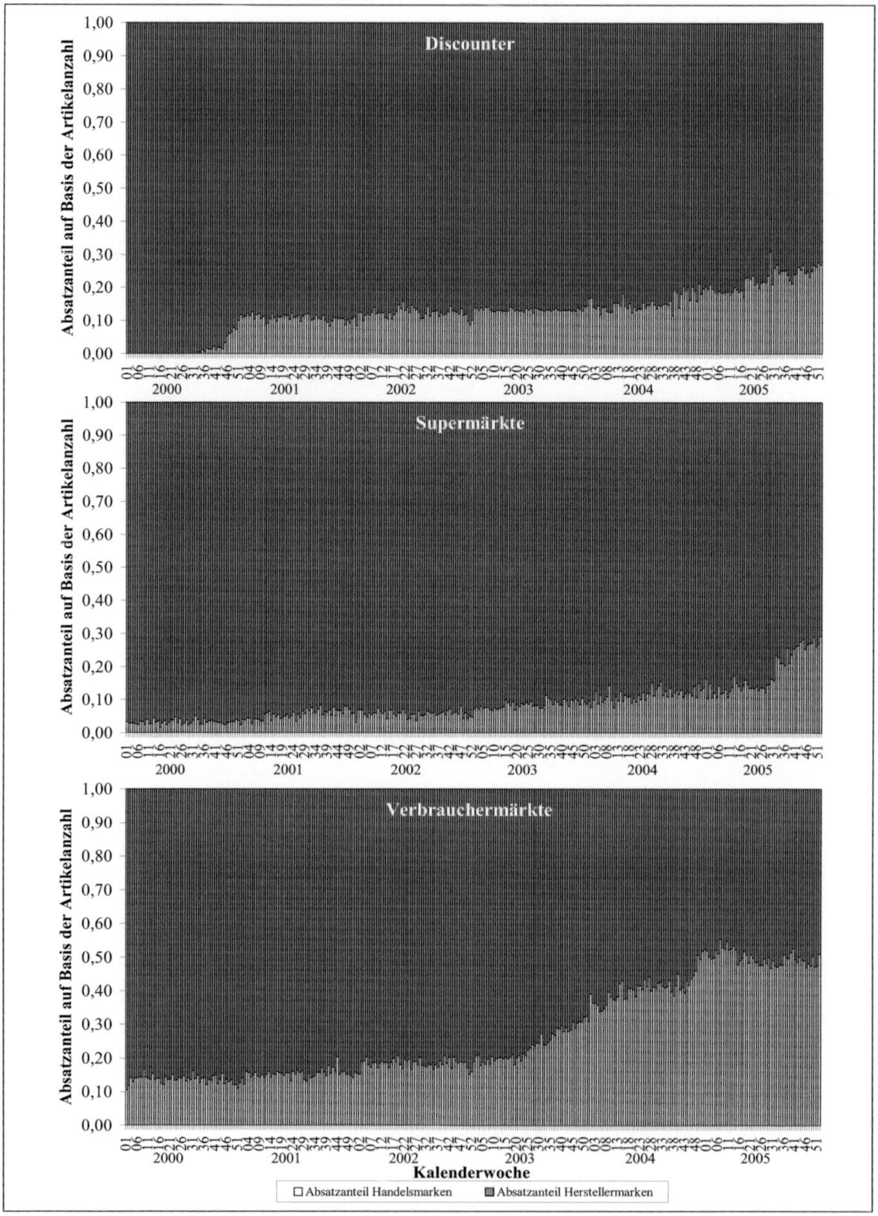

Abb. 11: Absatzanteile von Hersteller- und Handelsmarken auf Basis der Artikelanzahl je Kalenderwoche und Betriebsform

Aus der Abbildung ist ersichtlich, dass die Absatzanteile der Handelsmarken in den Discountern und in den Supermärkten weitgehend den jeweiligen Listungsanteilen entsprechen. In den Verbrauchermärkten übersteigen die Absatzanteile der Handelsmarken deren Listungsanteile ab dem Jahr 2004 hingegen recht deutlich.

Abbildung 12 zeigt die Absatzanteile von Hersteller- und Handelsmarken auf Basis der abgesetzten Menge in kg je Betriebsform. Der Abbildung ist zu entnehmen, dass die auf Basis der abgesetzten Menge in kg gemessenen Absatzanteile der Handelsmarken in allen drei Betriebsformen zum Ende des Untersuchungszeitraums hin höher waren als die auf Basis der abgesetzten Artikelanzahl gemessenen Absatzanteile der Handelsmarken. Dies deutet auf eine Erhöhung der Packungsgrößen bei den Handelsmarken oder auf eine Verringerung der Packungsgrößen bei den Herstellermarken hin.

Auch bei betriebsformenübergreifender Betrachtung zeigen sich diese Unterschiede zwischen den Absatzanteilen auf Basis der abgesetzten Artikelanzahl und den Absatzanteilen auf Basis der abgesetzten Menge in kg, wie die Abbildungen 13 und 14 verdeutlichen.

Unabhängig von diesen unterschiedlichen Ergebnissen mit Blick auf die Höhe der verschiedenartig gemessenen Absatzanteile bleibt ein grundsätzliches Ergebnis davon unberührt: In allen Betriebsformen steigen die Absatzanteile der Handelsmarken im Zeitablauf an. Somit lässt sich zusammenfassend festhalten, dass sich die zunehmende Verbreitung von Handelsmarken in der untersuchten Artikelgruppe – neben wachsenden Listungsanteilen – auch in ansteigenden Absatzanteilen widerspiegelt.

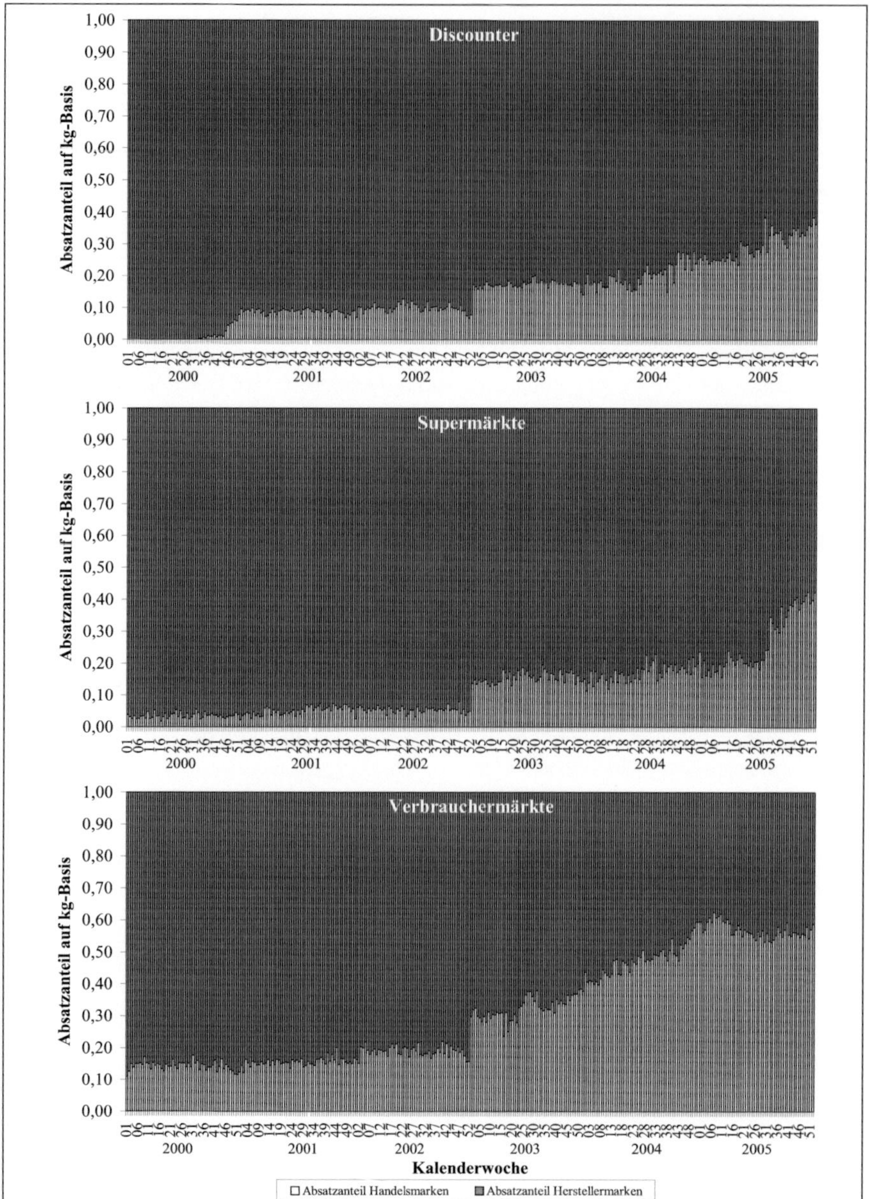

Abb. 12: Absatzanteile von Hersteller- und Handelsmarken auf kg-Basis je Kalenderwoche und Betriebsform

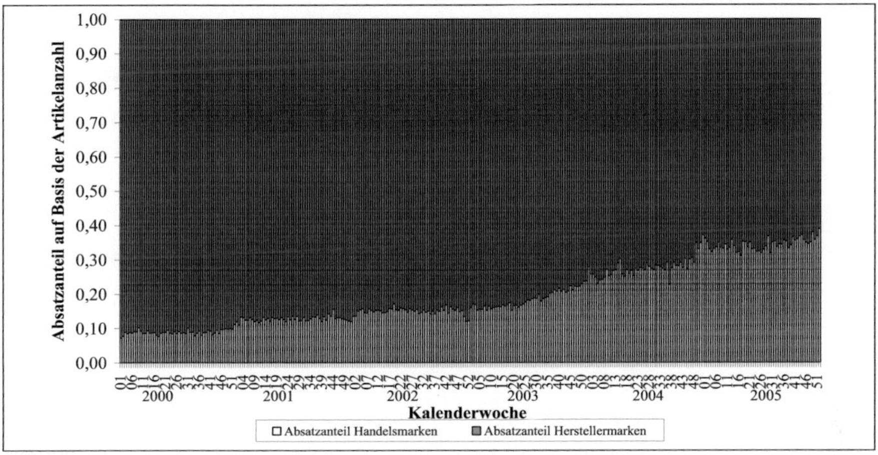

Abb. 13: Absatzanteile auf Basis der abgesetzten Artikelanzahl je Markentyp und je Kalenderwoche bei betriebsformenübergreifender Betrachtung

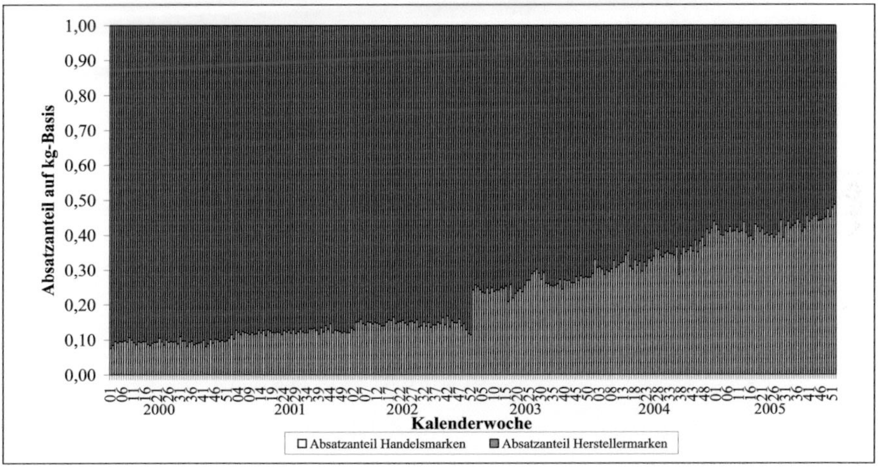

Abb. 14: Absatzanteile auf Basis der abgesetzten Menge in kg je Markentyp und je Kalenderwoche bei betriebsformenübergreifender Betrachtung

4.3.3. Umsatzanteile

Abbildung 15 zeigt für jede Betriebsform die Umsatzanteile von Hersteller- und Handelsmarken in der untersuchten Artikelgruppe je Kalenderwoche.

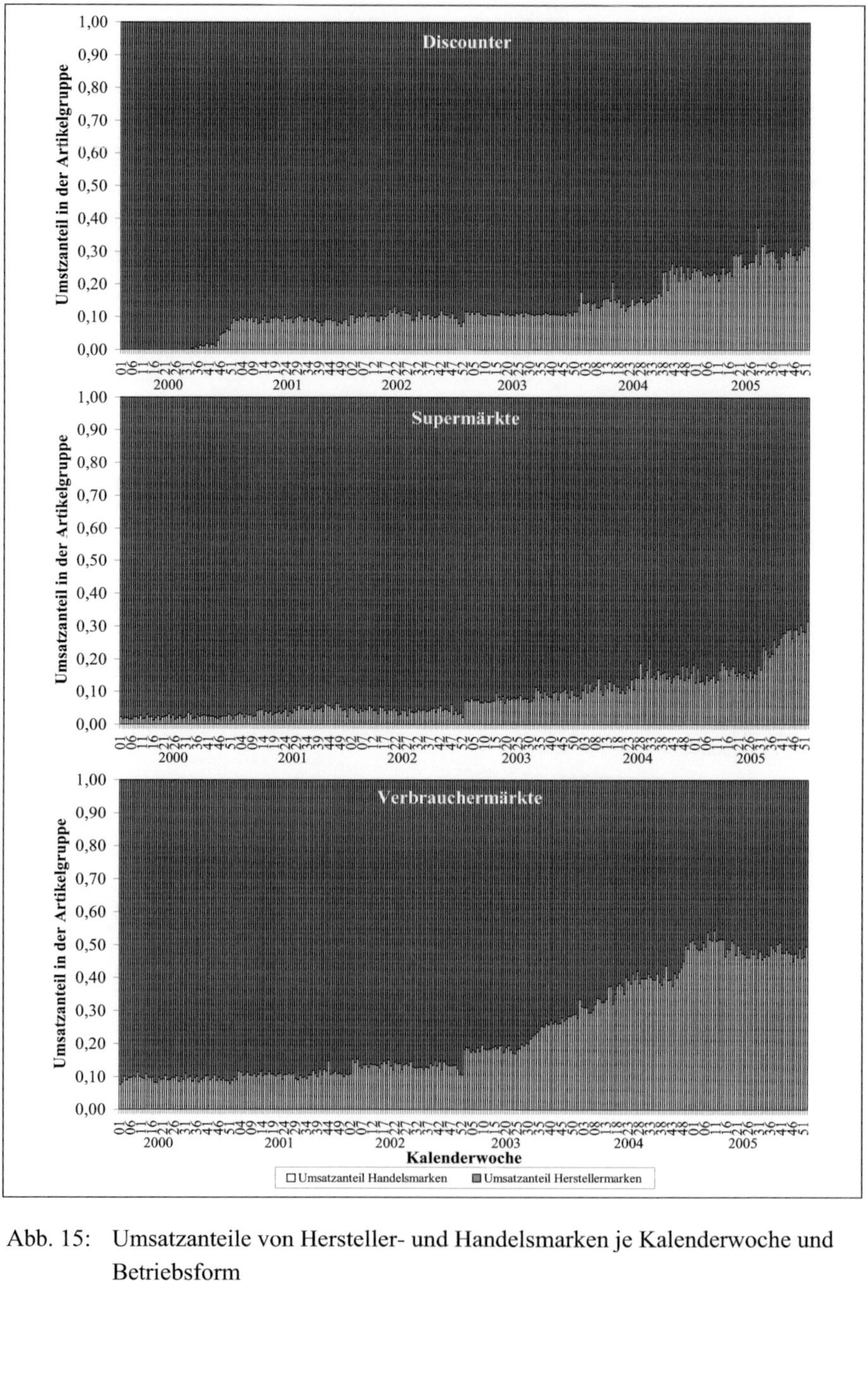

Abb. 15: Umsatzanteile von Hersteller- und Handelsmarken je Kalenderwoche und Betriebsform

Aus der Abbildung ist ersichtlich, dass auch die Umsatzanteile der Handelsmarken in allen Betriebsformen quasi parallel zu den Listungsanteilen (vgl. nochmals Abbildung 9) – allerdings in deutlich stärkerem Maße (vor allem in den Verbrauchermärkten) – im Zeitablauf ansteigen.

Auch bei betriebsformenübergreifender Betrachtung steigen die Umsatzanteile der Handelsmarken im Zeitablauf deutlich an, wie Abbildung 16 verdeutlicht. Ähnlich wie bei alleiniger Betrachtung der Verbrauchermärkte ist der Anstieg auch bei betriebsformenübergreifender Betrachtung deutlich stärker ausgeprägt als der Anstieg der Listungsanteile der Handelsmarken.

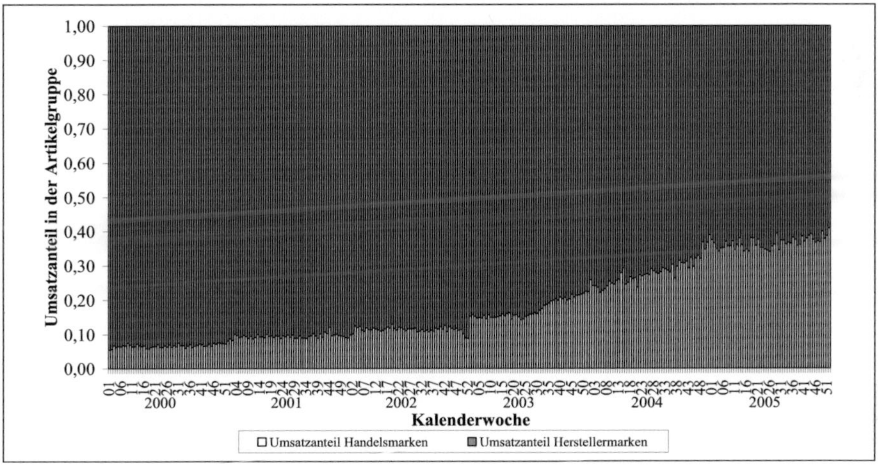

Abb. 16: Umsatzanteile von Hersteller- und Handelsmarken je Kalenderwoche bei betriebsformenübergreifender Betrachtung

4.4. Sortimentsgestaltung durch Herstellermarken oder Handelsmarken – zu den betriebswirtschaftlichen Grenzen der zunehmenden Verbreitung von Handelsmarken

4.4.1. Problemstellung und Ziele der Untersuchung

Aus betriebswirtschaftlicher Sicht ist davon auszugehen, dass mit der zunehmenden Verbreitung von Handelsmarken in den Sortimenten des Handels letztlich der Deckungsbeitrag gesteigert werden soll. Ungeklärt ist in diesem Zusammenhang bisher die Frage, ob der zunehmenden Verbreitung von Handelsmarken aus betriebswirtschaftlicher Sicht Grenzen gesetzt sind und wenn ja, wo diese liegen. Dieser Frage soll in der nachfolgenden empirischen Untersuchung nachgegangen werden.

Die Höhe des Deckungsbeitrags variiert in Abhängigkeit von den Absätzen und den Deckungsbeiträgen pro Stück der im Sortiment gelisteten Artikel. Es ist zu vermuten, dass die Absätze unter anderem davon beeinflusst werden, wie hoch die Anteile gelisteter Handelsmarken sind. Hintergrund dieser Vermutung ist die Überlegung, dass der Anteil gelisteter Handelsmarken Einfluss auf die Attraktivität des Sortiments aus Sicht der Konsumenten hat und diese sich letztlich auf den Absatz auswirkt. Je nachdem, ob Konsumenten eher Handelsmarken oder Herstellermarken präferieren, empfinden sie ein Sortiment mit unterschiedlichen Anteilen gelisteter Handelsmarken als mehr oder weniger attraktiv. Dabei kann es durchaus sein, dass Konsumenten, die zwar bevorzugt einen Markentyp kaufen, von einem Sortiment trotzdem auch eine bestimmte Auswahl an Artikeln des anderen Markentyps erwarten. Wird ihnen die erwartete Auswahl an Hersteller- und Handelsmarken nicht geboten, empfinden sie das Sortiment als nicht attraktiv.[189]

Auch die Preise und die variablen Stückkosten variieren i. d. R. zwischen einzelnen Artikeln und insbesondere zwischen Hersteller- und Handelsmarken. Das bedeutet, dass auch die Deckungsbeiträge pro Stück unterschiedlich hoch sind. Unterschiedliche Anteile gelisteter Handelsmarken sind demnach i. d. R. mit unterschiedlich hohen Deckungsbeiträgen pro Stück verbunden.

Zu der Frage, wie stark sich die Deckungsbeiträge von Hersteller- und Handelsmarken unterscheiden, sind in der Literatur differierende Meinungen zu finden. Meist wird davon ausgegangen, dass der Deckungsbeitrag von Handelsmarken höher ist als der

[189] Vgl. auch OLBRICH/GREWE/BATTENFELD 2006, S. 334.

von Herstellermarken. Konkrete Angaben dazu, um wie viel Prozent sich die Deckungsbeiträge unterscheiden, werden jedoch nur selten zu gemacht.[190] HOCH und BANERJI sprechen von 20 % bis 30 % höheren Deckungsbeiträgen von Handelsmarken im Vergleich zu Herstellermarken.[191] LAAKSONEN kommt in seinen Untersuchungen zu dem Ergebnis, dass die Deckungsbeiträge von Handelsmarken zwischen 5 % und 20 % höher sein können als die von Herstellermarken.[192] NARASIMHAN und WILCOX verweisen auf empirische Studien, nach denen Handelsmarken durchschnittlich 25 % höhere Deckungsbeiträge als Herstellermarken haben.[193] AHLERT, KENNING und SCHNEIDER haben in einer empirischen Erhebung Kalkulationsvorsprünge von Handelsmarken zwischen 3 % und 30 % ermittelt.[194]

Allerdings sind in der Literatur stellenweise auch empirische Untersuchungen zu finden, wonach Handelsmarken im Vergleich zu Herstellermarken weniger profitabel sind.[195] Insofern kann nicht generell davon ausgegangen werden, dass die Deckungsbeiträge von Handelsmarken höher sind als die von Herstellermarken. Jedes Handelsunternehmen sollte daher die in seinem Unternehmen geltenden Deckungsbeiträge von Hersteller- und Handelsmarken im Rahmen von Sortimentsentscheidungen heranziehen.

Wie in Abschnitt 4.1. dargelegt, enthalten die vorliegenden POS-Scanningdaten u. a. Preise, Absätze und Umsätze der Artikel. Angaben zu den variablen Kosten von Hersteller- und Handelsmarken sind hingegen nicht enthalten. Um ein Verfahren an realen Scanningdaten zu demonstrieren, das Handelsunternehmen in der Entscheidung, wie hoch der Anteil gelisteter Hersteller- und Handelsmarken im Sortiment sein sollte, unterstützen kann, soll hier exemplarisch als ‚Zielgröße' der Umsatz verwendet werden, der letztlich die wertmäßige Marktdurchdringung widerspiegelt. Vor dem Hintergrund, dass der Anteil gelisteter Handelsmarken vermutlich einen Einfluss auf die Beurteilung der Attraktivität des Sortiments aus Sicht der Konsumenten hat, ist anzunehmen, dass die Ausprägung der Marktdurchdringung u. a. vom Anteil gelisteter Handelsmarken abhängt.

---

[190] Vgl. z. B. RICHARDSON/JAIN/DICK 1996, S. 181; AHLERT/KENNING/SCHNEIDER 2000, S. 44; AILAWADI/HARLAM 2004, S. 147 f.

[191] Vgl. HOCH/BANERJI 1993, S. 57 sowie HOCH 1996, S. 89.

[192] Vgl. LAAKSONEN 1994, S. 37.

[193] Vgl. NARASIMHAN/WILCOX 1998, S. 591.

[194] Vgl. AHLERT/KENNING/SCHNEIDER 2001, S. 255.

[195] Vgl. GLÉMET/GONZÁLEZ-ANDIÓN/LEITAO/RIBEIRO 1995, S. 174; CORSTJENS/CORSTJENS 1997; CORSTJENS/LAL 2000, S. 282 f.

Da zu vermuten ist, dass sich die Handelsspannen von Hersteller- und Handelsmarken unterscheiden, sollten Handelsunternehmen jedoch stets auf den Deckungsbeitrag als zweite Zielgröße zurückgreifen, da die Höhe der Umsätze bei unterschiedlichen Handelsspannen keine Rückschlüsse auf die Höhe der Deckungsbeiträge zulässt. In der Praxis kann das Verfahren allerdings problemlos um Deckungsbeiträge ergänzt werden.

4.4.2. Ableitung potenzieller Szenarios

Mit Blick auf die Ausprägung des Zusammenhangs zwischen dem Anteil gelisteter Handelsmarken und dem Gesamtumsatz in der Artikelgruppe sind folgende Szenarios denkbar:

Szenario 1:

Die Richtung des Zusammenhangs zwischen dem Anteil gelisteter Handelsmarken und dem Umsatz verändert sich in Abhängigkeit von der Höhe des Anteils gelisteter Handelsmarken.

Bis zu einem bestimmten Anteil gelisteter Handelsmarken besteht ein positiver Zusammenhang zwischen dem Anteil gelisteter Handelsmarken und dem Umsatz. Je höher der Anteil gelisteter Handelsmarken ist, umso höher ist in diesem Bereich der Umsatz.

Ab einem bestimmten Anteil gelisteter Handelsmarken besteht ein negativer Zusammenhang zwischen dem Anteil gelisteter Handelsmarken und dem Umsatz. Je höher der Anteil gelisteter Handelsmarken ist, umso niedriger ist in diesem Bereich der Umsatz.

Ein positiver Zusammenhang zwischen dem Anteil gelisteter Handelsmarken und dem Umsatz ist zu erwarten, wenn mit dem Angebot von Handelsmarken im Sortiment neue Käufergruppen angesprochen werden können, die aufgrund der angebotenen Handelsmarken die Einkaufsstätte aufsuchen und Handelsmarken kaufen. Handelsmarken generieren somit in diesem Falle Umsatz, der nicht erzielt werden könnte, wenn ausschließlich Herstellermarken im Sortiment geführt würden.

Ein negativer Zusammenhang zwischen dem Anteil gelisteter Handelsmarken und dem Umsatz ist hingegen zu erwarten, wenn einige Käufergruppen das Sortiment aufgrund eines aus ihrer Sicht zu hohen Anteils von Handelsmarken als nicht attraktiv empfinden und daher in anderen Einkaufsstätten (mit geringeren Anteilen gelisteter Handelsmarken) einkaufen. Dies spiegelt sich letztlich bei einem steigenden Anteil gelisteter Handelsmarken in einem zurückgehenden Umsatz wider.

Steigende Anteile gelisteter Handelsmarken können ferner zu einem rückläufigen Umsatz führen, wenn eine Verlagerung des Absatzes zugunsten von Handelsmarken ausgelöst wird. Bei niedrigeren Preisen von Handelsmarken gegenüber Herstellermarken führt dies zu einem Rückgang des Umsatzes.

In diesem Zusammenhang ist allerdings zu beachten, dass ein Rückgang des Umsatzes betriebswirtschaftlich nur dann als ‚negativ' zu werten ist, wenn damit auch eine Verminderung des Deckungsbeitrags verbunden ist. Dies lässt sich in der Praxis durch eine Ergänzung des Verfahrens um Deckungsbeiträge jedoch leicht feststellen.

Szenario 2:

Der Zusammenhang zwischen dem Anteil gelisteter Handelsmarken und dem Umsatz ist negativ.

In diesem Szenario ist der Umsatz von Beginn an, d. h. bereits bei sehr geringen Anteilen gelisteter Handelsmarken, umso niedriger, je höher der Anteil gelisteter Handelsmarken ist.

Ein von Beginn an negativer Zusammenhang zwischen dem Anteil gelisteter Handelsmarken und dem Umsatz ist dann zu erwarten, wenn der überwiegende Teil der Konsumenten Herstellermarken präferiert. Die Konsumenten empfinden in diesem Fall bereits ein Sortiment mit sehr niedrigen Anteilen gelisteter Handelsmarken als nicht attraktiv. Schon sehr geringe Anteile gelisteter Handelsmarken können demzufolge für rückläufige Umsätze sorgen. Diese Entwicklung steht naturgemäß in einem engen Zusammenhang mit dem ‚Auslisten' von Herstellermarken, die für die Handelsmarken den notwendigen Platz im Regal machen mussten.

Szenario 3:

Der Zusammenhang zwischen dem Anteil gelisteter Handelsmarken und dem Umsatz ist positiv.

Ein von Beginn an positiver Zusammenhang zwischen dem Anteil gelisteter Handelsmarken und dem Umsatz ist hingegen dann zu erwarten, wenn der überwiegende Teil der Konsumenten Handelsmarken präferiert. In diesem Fall stufen die Konsumenten ein Sortiment mit sehr hohen Anteilen gelisteter Handelsmarken als attraktiv ein. Höhere Anteile gelisteter Handelsmarken haben folglich steigende Umsätze zur Folge.

Potenziell niedrigere Preise von Handelsmarken würden dann vermutlich durch höhere Absätze überkompensiert.

Abbildung 17 verdeutlicht die Szenarios noch einmal grafisch.

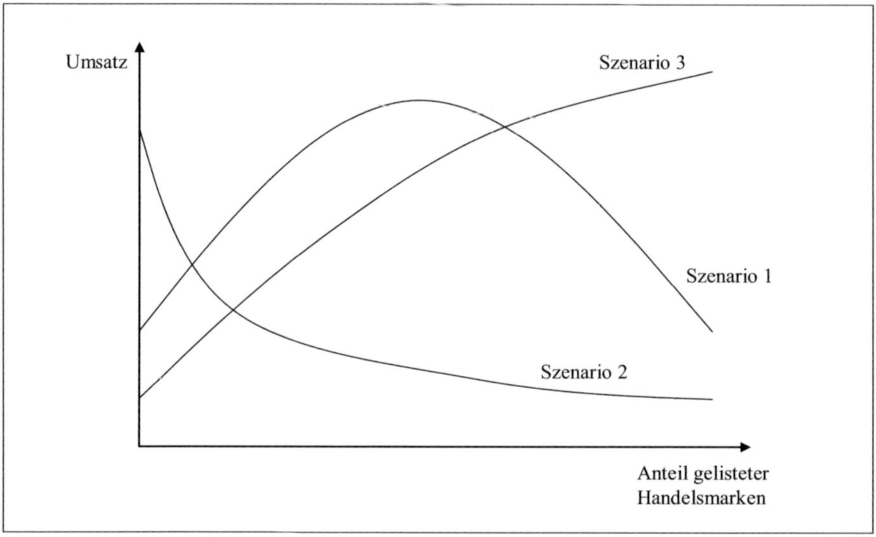

Abb. 17: Szenarios möglicher Zusammenhänge zwischen dem Anteil gelisteter Handelsmarken und dem Umsatz

Die dargestellten Umsatzkurven haben lediglich einen beispielhaften Charakter. Folglich können die Steigungen und die Niveaus der Kurven (Szenario 1, 2 und 3) in der Realität differieren. Darüber hinaus kann das Maximum (Szenario 1) in der Realität an einer anderen Stelle liegen.

4.4.3. Aggregationsniveau der Daten

Im Rahmen dieser Untersuchung werden die vorliegenden Scanningdaten (vgl. nochmals Abschnitt 4.1.) verkaufsstellen- und wochengenau analysiert. D. h. die jeweiligen Kennzahlen werden für jede der insgesamt 72 Verkaufsstellen jeweils pro Kalenderwoche betrachtet.

Die Scanningdaten werden getrennt nach Betriebsformen ausgewertet, um potenzielle Unterschiede zwischen den Betriebsformen aufzudecken.[196]

Die Daten werden nicht getrennt nach Kalenderjahren ausgewertet, da mehrere Untersuchungen, in denen die Daten getrennt nach Kalenderjahren ausgewertet wurden, gezeigt haben, dass sich die Ergebnisse der einzelnen Kalenderjahre nicht signifikant unterscheiden. Durch eine Fusionierung der Daten kann aufgrund der höheren Zahl betrachteter Fälle innerhalb einer Auswertung eine höhere Repräsentativität erreicht werden.

4.4.4. Empirische Ergebnisse

4.4.4.1. Deskriptive Datenauswertung

Abbildung 18 zeigt die Gesamtumsätze in der Artikelgruppe (oberer Teil) sowie die Anzahl der gelisteten Herstellermarken und Handelsmarken (unterer Teil) pro Verkaufsstelle der Betriebsform Discounter je Kalenderwoche. Der obere Teil der Abbildung enthält somit 7488 Datenpunkte (ein Datenpunkt pro Verkaufsstelle und Woche), der untere Teil 14976 Datenpunkte (zwei Datenpunkte pro Verkaufsstellc und Woche, da für jede Verkaufsstelle sowohl die Anzahl gelisteter Herstellermarken als auch die Anzahl gelisteter Handelsmarken angegeben sind).[197] Die auf den ersten Blick sehr gering erscheinende Anzahl an Datenpunkten kommt deshalb zustande, weil aufgrund identischer Werte sehr viele Punkte der einzelnen Verkaufsstellen übereinander liegen.

Dem oberen Teil der Abbildung 18 ist zu entnehmen, dass in den Verkaufsstellen mit einem Anteil gelisteter Handelsmarken bis ca. 15 % die höchsten Umsätze erzielt werden konnten. Hingegen wurden in den Verkaufsstellen, in denen der Anteil gelisteter Handelsmarken über 15 % beträgt, mit steigendem Anteil gelisteter Handelsmarken geringere Umsätze erzielt.

---

[196] Vgl. tiefergehend zu den Hintergründen nochmals Abschnitt 4.1.

[197] Dies gilt analog für die Betriebsformen Supermarkt und Verbrauchermarkt (vgl. Abbildung 19 und Abbildung 20).

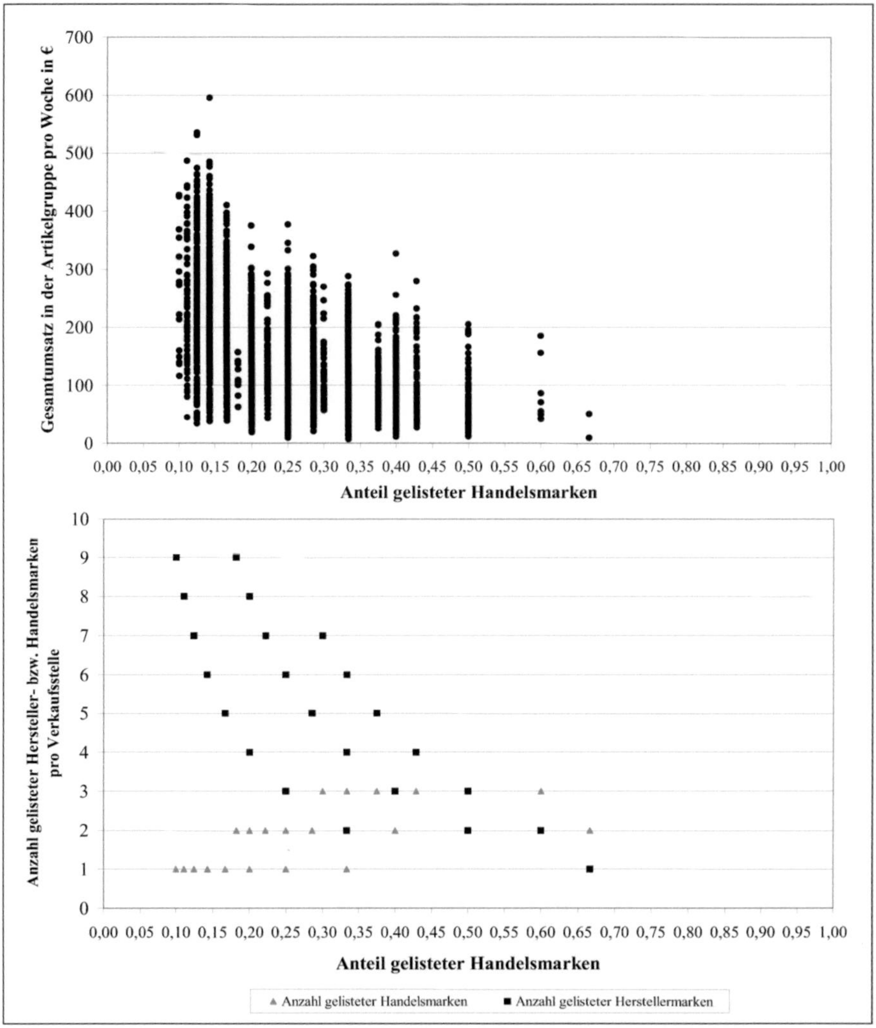

Abb. 18: Gesamtumsätze und Anzahl gelisteter Hersteller- bzw. Handelsmarken in der Betriebsform Discounter

Die hohen Umsätze in den Verkaufsstellen mit Anteilen gelisteter Handelsmarken von knapp 15 % kommen vermutlich dadurch zustande, dass die Anzahl gelisteter Herstellermarken trotz der Einführung von Handelsmarken immer noch ähnlich hoch ist wie in den Verkaufsstellen mit geringeren Anteilen gelisteter Handelsmarken (vgl. unterer Teil der Abbildung 18). Dies führt zu der Vermutung, dass in diesen Verkaufsstellen im Zuge der Einführung von Handelsmarken keine oder kaum Auslistungen von Herstellermarken vorgenommen wurden.

Demgegenüber ist die Anzahl gelisteter Herstellermarken in den Verkaufsstellen mit Anteilen gelisteter Handelsmarken über 15 % zunehmend rückläufig (vgl. unterer Teil der Abbildung 18). In diesen Verkaufsstellen wurden somit vermutlich Herstellermarken zugunsten von Handelsmarken ausgelistet. Allerdings scheint dies vielfach negative Auswirkungen auf die Umsätze gehabt zu haben, da die Umsätze in diesen Verkaufsstellen niedriger sind (vgl. oberer Teil der Abbildung 18). Hier müsste in der Praxis überprüft werden, ob trotz der niedrigeren Umsätze höhere Deckungsbeiträge aufgrund höherer Handelsspannen von Handelsmarken erzielt werden. Ist dies nicht der Fall, sollten Handelsunternehmen zur Erzielung eines höheren Deckungsbeitrags den Anteil gelisteter Handelsmarken durch (Wieder-)Einführung von Herstellermarken reduzieren.

Abbildung 19 zeigt die Gesamtumsätze in der Artikelgruppe (oberer Teil) sowie die Anzahl der gelisteten Herstellermarken und Handelsmarken (unterer Teil) pro Verkaufsstelle der Betriebsform Supermarkt je Kalenderwoche. Der Abbildung ist zu entnehmen, dass die Umsätze in den meisten untersuchten Verkaufsstellen mit steigendem Anteil gelisteter Handelsmarken tendenziell zurückgehen. Eine Ausnahme bilden manche Verkaufsstellen mit Anteilen gelisteter Handelsmarken zwischen 15 % und 40 %. In diesen Verkaufsstellen sind vergleichsweise hohe Umsätze zu konstatieren.

Betrachtet man zusätzlich den unteren Teil der Abbildung 19, so liegt die Vermutung nahe, dass die Entwicklung der Umsätze in den Supermärkten – ebenso wie in den Discountern – davon abhängt, ob mit der Einführung von Handelsmarken Auslistungen von Herstellermarken verbunden sind oder nicht. In denjenigen Verkaufsstellen, in denen mit der Erhöhung der Anzahl gelisteter Handelsmarken augenscheinlich eine Verringerung der Anzahl gelisteter Herstellermarken einherging, sind die Umsätze stark rückläufig. Demgegenüber sind die Umsätze in denjenigen Verkaufsstellen, in denen eine Erhöhung der Anzahl gelisteter Handelsmarken offenbar keine oder nur wenige Auslistungen von Herstellermarken zur Folge hatte (vgl. Verkaufsstellen mit Anteilen gelisteter Handelsmarken zwischen 15 % und 40 %), vergleichsweise hoch.

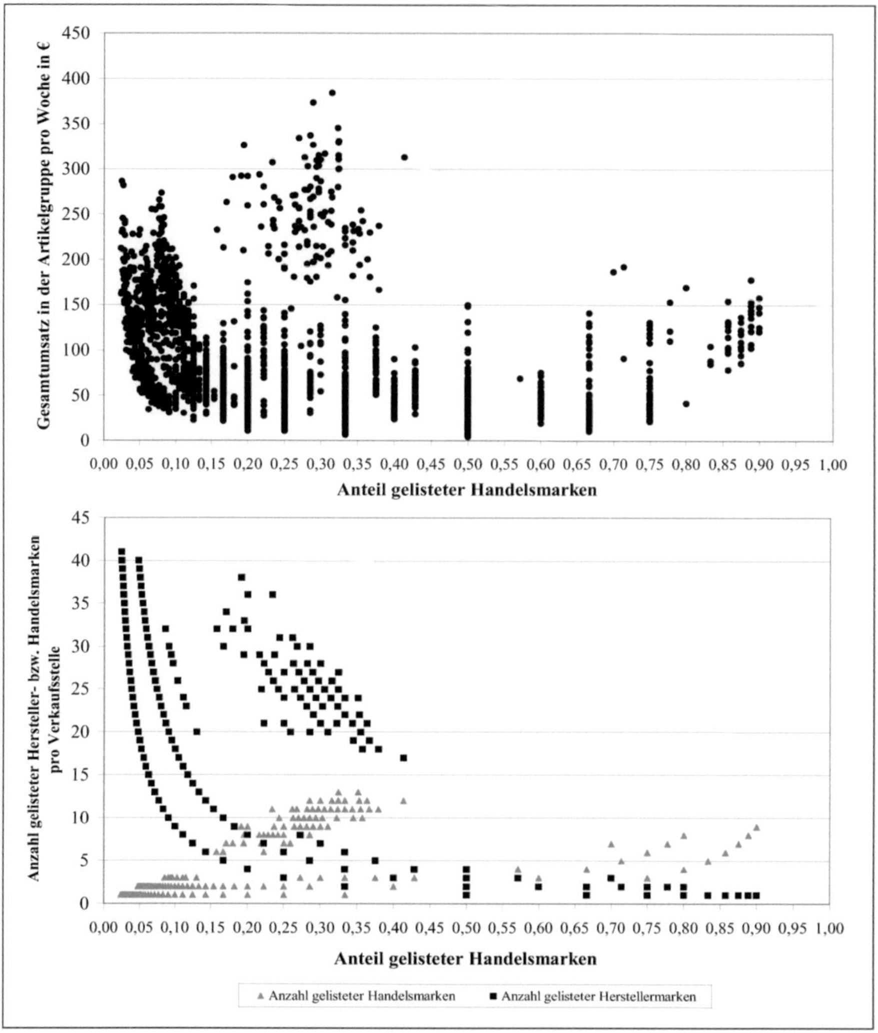

Abb. 19: Gesamtumsätze und Anzahl gelisteter Hersteller- bzw. Handelsmarken in der Betriebsform Supermarkt

Vor diesem Hintergrund sollten die hier untersuchten Handelsunternehmen zur Erzielung eines möglichst hohen Umsatzes offenbar entweder den Anteil gelisteter Handelsmarken möglichst gering halten oder im Zuge der Erhöhung des Anteils gelisteter Handelsmarken zumindest auf eine Auslistung von Herstellermarken weitgehend verzichten.

Abbildung 20 zeigt die Gesamtumsätze in der Artikelgruppe (oberer Teil) sowie die Anzahl der gelisteten Herstellermarken und Handelsmarken (unterer Teil) pro Verkaufsstelle der Betriebsform Verbrauchermarkt je Kalenderwoche.

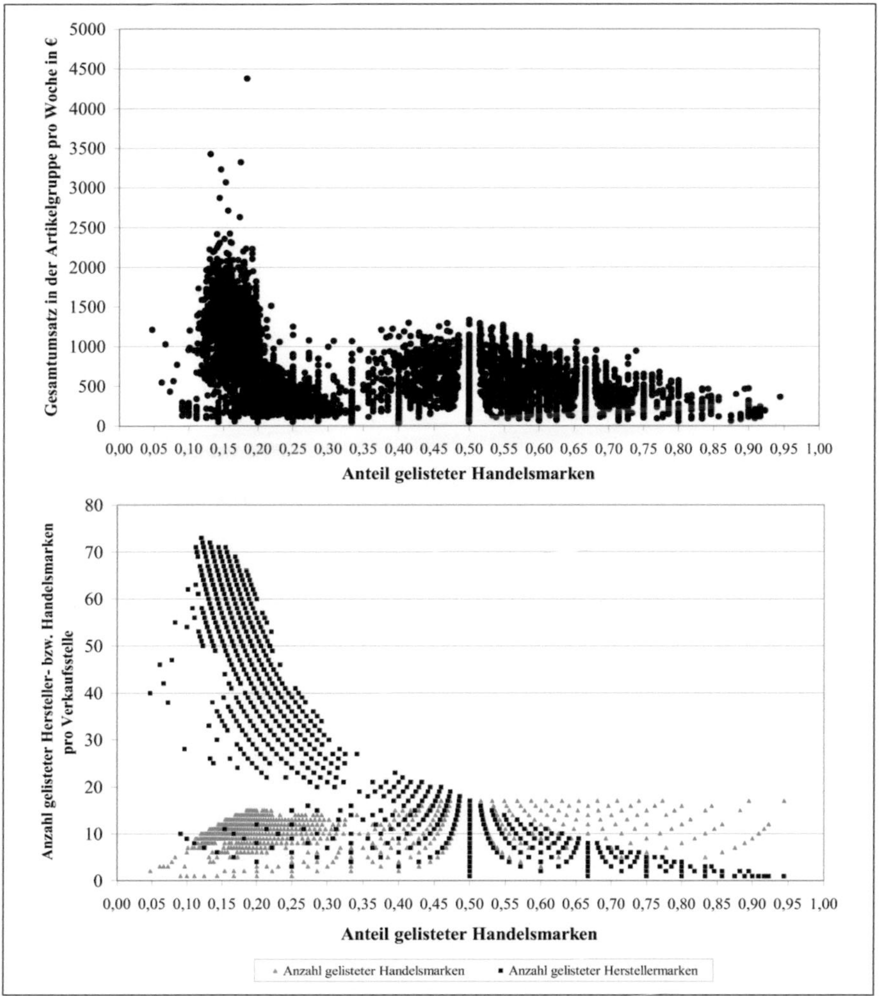

Abb. 20: Gesamtumsätze und Anzahl gelisteter Hersteller- bzw. Handelsmarken in der Betriebsform Verbrauchermarkt

Der Abbildung ist zu entnehmen, dass die Umsätze bis zu einem Anteil gelisteter Handelsmarken von etwa 20 % tendenziell zunehmen, wobei sie in den Verkaufsstellen mit Anteilen gelisteter Handelsmarken zwischen 10 % und ca. 20 % am höchsten sind. In den Verkaufsstellen mit Anteilen gelisteter Handelsmarken über 20 % sind die Umsätze hingegen deutlich niedriger. Insbesondere ab Anteilen von 50 % kristallisiert sich eine klar rückläufige Tendenz heraus.

Der untere Teil der Abbildung 20 verdeutlicht, dass in den Verkaufsstellen mit einem Anteil gelisteter Handelsmarken zwischen 10 % und 20 % Erhöhungen der Anzahl gelisteter Handelsmarken augenscheinlich nur selten zu Auslistungen von Herstellermarken geführt haben, denn die Anzahl gelisteter Herstellermarken ist hier gleichbleibend hoch. Demgegenüber nimmt die Anzahl gelisteter Herstellermarken in den Verkaufsstellen mit Anteilen gelisteter Handelsmarken über 20 % deutlich ab. Hier waren mit der Einführung bzw. Zunahme von Handelsmarken also offenbar vermehrt Auslistungen von Herstellermarken verbunden.

Insgesamt zeigt sich demnach auch in den Verbrauchermärkten, dass eine Auslistung von Herstellermarken zugunsten von Handelsmarken offenbar negative Auswirkungen auf die Umsätze hatte. Mit Blick auf die Umsätze sollten die hier untersuchten Handelsunternehmen daher im Zuge der Einführung von Handelsmarken auf eine Auslistung von Herstellermarken verzichten. Letztlich muss diese Entscheidung in der Praxis jedoch auch auf der Basis verfügbarer Verkaufsflächen und Deckungsbeiträge getroffen werden.

Vergleicht man nun noch einmal die Ergebnisse der drei untersuchten Betriebsformen mit den zuvor dargelegten Szenarios, so hat es den Anschein, dass sich die in den ersten beiden Szenarios vermuteten Zusammenhänge zwischen dem Anteil gelisteter Handelsmarken und dem Umsatz in den Ergebnissen zum großen Teil wiederfinden lassen.

Der im ersten Szenario vermutete anfangs positive und hinterher negative Zusammenhang scheint sich insbesondere in den Ergebnissen der Betriebsformen Discounter und Verbrauchermarkt zu zeigen. In den Discountern sind bis zu einem Anteil gelisteter Handelsmarken von ca. 15 % steigende Umsätze und ab einem Anteil von ca. 15 % rückläufige Umsätze zu konstatieren (vgl. noch einmal Abbildung 18). In den Verbrauchermärkten liegt diese Grenze bei etwa 20 % (vgl. noch einmal Abbildung 20).

Die Ergebnisse der Betriebsform Supermarkt scheinen weitgehend den im zweiten Szenario vermuteten Zusammenhang zwischen dem Anteil gelisteter Handelsmarken und dem Umsatz widerzuspiegeln: Die Umsätze gehen mit zunehmendem Anteil gelisteter Handelsmarken zurück (vgl. noch einmal Abbildung 19). Die einzige Ausnahme bilden diejenigen Verkaufsstellen, die trotz eines relativ hohen Anteils gelisteter Handelsmarken noch relativ viele Herstellermarken gelistet haben (Verkaufsstellen mit Anteilen gelisteter Handelsmarken zwischen 15 % und 40 %). Somit scheint in dieser Betriebsform ein negativer Zusammenhang zwischen den Variablen vorzuliegen, der jedoch im Bereich der ‚Ausreißergruppe' vergleichsweise schwach ausfallen dürfte.

4.4.4.2. Regressionsanalytische Überprüfung

Zur tiefergehenden Überprüfung der in der untersuchten Artikelgruppe existierenden Zusammenhänge zwischen dem Anteil gelisteter Handelsmarken und dem Gesamtumsatz in der Artikelgruppe wurden für die verschiedenen Betriebsformen standardisierte Regressionskoeffizienten berechnet. Die betriebsformenspezifischen Ergebnisse der linearen Einfachregressionen mit dem Anteil gelisteter Handelsmarken als unabhängiger Variable und den jeweiligen Gesamtumsätzen in der Artikelgruppe als abhängigen Variablen sind in Abbildung 21 aufgeführt.

Betriebsform	Standardisierter Regressionskoeffizient	t-Wert	Signifikanz	R^2
Discounter	- 0,575	- 51,786	0,000	0,330
Supermärkte	- 0,420	- 26,804	0,000	0,177
Verbrauchermärkte	- 0,442	- 40,424	0,000	0,195

Abb. 21: Ergebnisse der Regressionsanalysen mit den jeweiligen Listungsanteilen von Handelsmarken als unabhängigen und den jeweiligen Umsätzen als abhängigen Variablen

Anhand der standardisierten Regressionskoeffizienten (vgl. Abbildung 21) ist erkennbar, dass der Zusammenhang zwischen dem Anteil gelisteter Handelsmarken und den jeweiligen Gesamtumsätzen in der Artikelgruppe in allen Betriebsformen negativ ist. Die t-Werte zeigen darüber hinaus, dass die Ergebnisse hochsignifikant sind. Allerdings zeigen die – insbesondere in den Supermärkten und Verbrauchermärkten – recht geringen Werte der Bestimmtheitsmaße, dass der Anteil der erklärten Streuung an der Gesamtstreuung recht niedrig ist. Sofern der Zusammenhang bis zu einem bestimmten Anteil gelisteter Handelsmarken positiv und erst ab einem bestimmten Anteil gelisteter

Handelsmarken negativ sein sollte, wäre das aus diesen Regressionskoeffizienten nicht ersichtlich.

Um ggf. erkennen zu können, ab welchem Anteil gelisteter Handelsmarken in den verschiedenen Betriebsformen deutlich negative Auswirkungen auf den Umsatz zu konstatieren sind, wurden die standardisierten Regressionskoeffizienten jeweils für Intervalle der Anteile gelisteter Handelsmarken berechnet. Abbildung 22 zeigt die betriebsformenspezifischen Ergebnisse der linearen Einfachregressionen mit den jeweiligen Intervallen der Listungsanteile von Handelsmarken als unabhängigen und den jeweiligen Umsätzen als abhängigen Variablen im Überblick.

Anteil gelisteter Handelsmarken	Discounter	Supermärkte	Verbrauchermärkte	Anteil gelisteter Handelsmarken	Discounter	Supermärkte	Verbrauchermärkte
≤ 0,05	keine Fälle	- 0,592**	a	> 0,05	- 0,575**	- 0,370**	- 0,442**
≤ 0,10	a	- 0,051	- 0,741**	> 0,10	- 0,573**	- 0,202**	- 0,449**
≤ 0,15	- 0,164**	- 0,436**	+ 0,310**	> 0,15	- 0,462**	- 0,128**	- 0,409**
≤ 0,20	- 0,459**	- 0,584**	- 0,190**	> 0,20	- 0,323**	- 0,119**	- 0,024
≤ 0,25	- 0,475**	- 0,583**	- 0,478**	> 0,25	- 0,300**	- 0,120**	- 0,143**
≤ 0,30	- 0,460**	- 0,350**	- 0,529**	> 0,30	- 0,215**	+ 0,070**	- 0,282**
≤ 0,35	- 0,524**	- 0,434**	- 0,538**	> 0,35	- 0,090**	+ 0,259**	- 0,380**
≤ 0,40	- 0,577**	- 0,418**	- 0,506**	> 0,40	- 0,243**	+ 0,537**	- 0,456**
≤ 0,45	- 0,574**	- 0,411**	- 0,414**	> 0,45	- 0,001	+ 0,652**	- 0,470**
≤ 0,50	- 0,576**	- 0,524**	- 0,364**	> 0,50	- 0,485	+ 0,655**	- 0,521**

** Signifikanz auf dem 0,01-Niveau.

a Ein Regressionskoeffizient kann nicht berechnet werden, da die unabhängige Variable (Anteil gelisteter Handelsmarken) konstant ist.

Abb. 22: Ergebnisse der intervallbezogenen Regressionsanalysen

In die Berechnung der standardisierten Regressionskoeffizienten in den Spalten zwei bis vier sind die Anteile gelisteter Handelsmarken und die Umsätze derjenigen Fälle eingegangen, in denen der Anteil gelisteter Handelsmarken die jeweils in der ersten

Spalte angegebenen Grenzwerte nicht überschritten hat.[198] In die Berechnung der standardisierten Regressionskoeffizienten in den Spalten sechs bis acht sind die Anteile gelisteter Handelsmarken und die Umsätze derjenigen Fälle eingegangen, in denen der Anteil gelisteter Handelsmarken die jeweils in der fünften Spalte angegebenen Grenzwerte überschritten hat.

Der Abbildung ist zu entnehmen, dass – ebenso wie die deskriptiven Ergebnisse im vorangegangenen Abschnitt – auch die standardisierten Regressionskoeffizienten darauf hindeuten, dass in den untersuchten Discountern und Verbrauchermärkten der im Rahmen von Szenario 1 und in den untersuchten Supermärkten der im Rahmen von Szenario 2 abgeleitete Zusammenhang zwischen dem Anteil gelisteter Handelsmarken und dem Gesamtumsatz in der Artikelgruppe besteht. D. h. mit Blick auf die Discounter und Verbrauchermärkte, dass bis zu einem bestimmten Anteil gelisteter Handelsmarken ein positiver und ab einem bestimmten Anteil gelisteter Handelsmarken ein negativer Zusammenhang besteht. Mit Blick auf die Supermärkte bedeutet das hingegen, dass der Zusammenhang zwischen dem Anteil gelisteter Handelsmarken und dem Umsatz negativ ist.

Es sind lediglich zwei kleinere Ausnahmen zu konstatieren. In den Discountern ist der standardisierte Regressionskoeffizient in dem Intervall bis einschließlich 15 % wider Erwarten schwach negativ. Dies liegt aber vermutlich daran, dass die Zahl der Fälle mit hohen Gesamtumsätzen in diesem Bercich zu gering ist, um sich entsprechend in dem Regressionskoeffizienten niederzuschlagen.

Die zweite Ausnahme ergibt sich mit Blick auf diejenigen standardisierten Regressionskoeffizienten in den Supermärkten, bei denen in die Berechnung Fälle mit Anteilen gelisteter Handelsmarken über 30 %, 35 %, 40 %, 45 % und 50 % eingeflossen sind. Hier sind die standardisierten Regressionskoeffizienten wider Erwarten positiv. Dies lässt sich damit erklären, dass im Zuge der Berechnungen dieser Regressionskoeffizienten nicht berücksichtigt ist, dass die Umsätze (als jeweilige abhängige Variable) in diesen Bereichen im Vergleich zu Bereichen mit niedrigeren Anteilen gelisteter Handelsmarken auf einem deutlich niedrigeren Niveau sind. Im Rahmen der Berechnung standardisierter Regressionskoeffizienten wird nämlich lediglich die Stärke und Richtung des Zusammenhangs zwischen abhängiger und unabhängiger Variable ermittelt. Das Niveau der abhängigen Variablen bleibt hingegen unberücksichtigt.

198 Unter einem ‚Fall' wird hier jeweils eine untersuchte Verkaufsstelle in einer Kalenderwoche verstanden.

Insgesamt verdeutlichen somit neben den Streudiagrammen auch die standardisierten Regressionskoeffizienten, dass der Zusammenhang zwischen dem Anteil gelisteter Handelsmarken und dem Umsatz offenbar immer dann positiv ist, wenn im Zuge der Erhöhung der Anzahl gelisteter Handelsmarken augenscheinlich keine oder nur wenige Herstellermarken ausgelistet wurden.

Darüber hinaus zeigen die standardisierten Regressionskoeffizienten, dass der Zusammenhang zwischen dem Anteil gelisteter Handelsmarken und dem Umsatz anscheinend immer dann negativ ist, wenn die Anzahl gelisteter Herstellermarken mit zunehmendem Anteil gelisteter Handelsmarken abnimmt, eine Erhöhung der Anzahl gelisteter Handelsmarken also offenbar mit Auslistungen von Herstellermarken verbunden war (vgl. neben der Abbildung 22 noch einmal die Abbildungen 18, 19 und 20).

4.4.5. Fazit

Die empirischen Ergebnisse haben verdeutlicht, dass mit steigenden Anteilen gelisteter Handelsmarken sowohl Steigerungen als auch Verminderungen der Umsätze in der Artikelgruppe verbunden sein können. Eine nicht unwesentliche Rolle scheint dabei die Frage zu spielen, ob im Zuge der Verbreitung von Handelsmarken Auslistungen von Herstellermarken vorgenommen wurden. In allen drei untersuchten Betriebsformen hat sich gezeigt, dass die Umsätze mit steigendem Anteil gelisteter Handelsmarken nur dann gestiegen bzw. zumindest nicht zurückgegangen sind, wenn gleichzeitig auf eine starke Verminderung der Anzahl gelisteter Herstellermarken verzichtet wurde. Die Ergebnisse deuten somit darauf hin, dass einer Ausweitung des Anteils gelisteter Handelsmarken aus betriebswirtschaftlicher Sicht zumindest dann Grenzen gesetzt sind, wenn damit eine Steigerung des Umsatzes – was in einem gesättigten Markt letztlich gleichbedeutend mit einer Steigerung der wertmäßigen Marktdurchdringung ist – angestrebt wird.

Zum Zwecke der Erzielung eines möglichst hohen Umsatzes wäre den hier untersuchten Handelsunternehmen demnach zu empfehlen, im Rahmen der Einführung von Handelsmarken auf eine Auslistung von Herstellermarken zu verzichten. Allerdings sollten die Handelsunternehmen in diesem Zusammenhang den Deckungsbeitrag als weitere Zielgröße beachten. Denn es ist durchaus möglich, dass mit höheren Anteilen gelisteter Handelsmarken zwar niedrigere Umsätze, aber aufgrund höherer Handelsspannen von Handelsmarken höhere Deckungsbeiträge erzielt werden. Insofern kann es sich teilweise anbieten, auf höhere Umsätze zugunsten höherer Deckungsbeiträge zu verzichten. Die hier vorgefundenen Ergebnisse sind allerdings so deutlich, dass kaum von einem spürbar großen Spielraum in diese Richtung ausgegangen werden kann.

4.5. Zur Ausprägung ausgewählter ökonomischer Indikatoren im Zuge der zunehmenden Verbreitung von Handelsmarken

4.5.1. Ziele der Untersuchung

Wie im dritten Kapitel ausführlich dargelegt wurde, werden der zunehmenden Verbreitung von Handelsmarken in der Literatur differierende Auswirkungen zugeschrieben. Der Widerspruch in den Ergebnissen ist auf unterschiedlich lange Zeiträume und auch unterschiedliche Objekte (Markentypen, Betriebsformen) der Untersuchungen zurückzuführen. Vor diesem Hintergrund ist es ein Ziel der vorliegenden Untersuchung, die Entwicklung der Indikatoren Artikelvielfalt, Preise sowie Absätze und Umsätze (als Indikatoren für die Marktdurchdringung bzw. das Marktvolumen) im Zuge der zunehmenden Verbreitung von Handelsmarken exemplarisch anhand der ausgewählten Artikelgruppe zu analysieren. Der Grund für die Auswahl insbesondere dieser Indikatoren liegt darin, dass sie im Zuge der zunehmenden Verbreitung von Handelsmarken eine Sonderstellung einnehmen: kurzfristig sind zunächst positive Effekte in Form steigender Artikelvielfalt, sinkender Preise und eines steigenden Marktvolumens zu erwarten. Auf lange Sicht sind hingegen eher negative Effekte zu erwarten.[199] Sie spielen demzufolge mit Blick auf den Verdrängungswettbewerb des Konsumgüterhandels eine zentrale Rolle.

In diesem Zusammenhang soll die empirische Untersuchung zur Preisentwicklung auch zu einer Einschätzung dahingehend genutzt werden, welcher Marktform der Lebensmitteleinzelhandel zuzuordnen ist. Sofern deutlich steigende Preise konstatiert werden, könnte das u. U. ein erstes Anzeichen für eine Oligopolisierung des Marktes sein.

[199] Vgl. zu den Hintergründen OLBRICH/BUHR/GREWE/SCHÄFER 2005, S. 96.

4.5.2. Ableitung von Hypothesen auf Basis der Literaturauswertung

Mit Blick auf die Ergebnisse der Literaturauswertung (vgl. nochmals Kapitel 3.) ist zunächst darauf hinzuweisen, dass in einigen Quellen Kausalitäten zwischen der Verbreitung von Handelsmarken und unterschiedlichen Indikatoren unterstellt werden. In der vorliegenden Untersuchung wird kein Nachweis von Kausalbeziehungen angestrebt. Die Ergebnisse liefern jedoch – wie jegliche Form der Regression – Anhaltspunkte für mögliche Kausalitäten. Die eigentlichen Wirkungsverläufe (kausale Beziehungen) müssen auf der Ebene der Logik nachvollziehbar und widerspruchsfrei sein.

Mit Blick auf den Indikator Artikelvielfalt wird in der Literatur überwiegend davon ausgegangen, dass Herstellermarken im Zuge der wachsenden Verbreitung von Handelsmarken im Konsumgüterhandel zunehmend ausgelistet werden und letztlich die insgesamt angebotene Anzahl an Artikeln abnimmt.[200]

Vor diesem Hintergrund werden hinsichtlich der Entwicklung der Artikelvielfalt im Konsumgüterhandel im Zeitablauf folgende Hypothesen zugrunde gelegt:

Hypothese 1:

Je weiter die Zeit voranschreitet, desto höher ist die Anzahl gelisteter Handelsmarken.

Hypothese 2:

Je weiter die Zeit voranschreitet, desto niedriger ist die Anzahl gelisteter Herstellermarken.

Hypothese 3:

Je weiter die Zeit voranschreitet, desto niedriger ist die gesamte Anzahl gelisteter Artikel.

Mit Blick auf die Entwicklung des Preisniveaus im Zuge der zunehmenden Verbreitung von Handelsmarken im Konsumgüterhandel wird in der Literatur mehrheitlich ein steigendes Preisniveau sowohl bei Handelsmarken als auch bei Herstellermarken und somit auch insgesamt erwartet.[201]

Vor diesem Hintergrund werden mit Blick auf die Entwicklung des Preisniveaus im Konsumgüterhandel im Zeitablauf folgende Hypothesen zugrunde gelegt:

---

[200] Vgl. tiefgehend zu diesen Ergebnissen Abschnitt 3.3.1.

[201] Vgl. tiefgehend zu diesen Ergebnissen Abschnitt 3.3.2.

Hypothese 4:

Je weiter die Zeit voranschreitet, desto höher sind die durchschnittlichen Preise von Handelsmarken.

Hypothese 5:

Je weiter die Zeit voranschreitet, desto höher sind die durchschnittlichen Preise von Herstellermarken.

Hypothese 6:

Je weiter die Zeit voranschreitet, desto höher sind die durchschnittlichen Preise aller Artikel.

In diesem Zusammenhang ist anzumerken, dass die dritte Hypothese nicht falsifizierbar ist, sofern die ersten beiden Hypothesen als bewährte Aussagen zu bezeichnen sind.

Hinsichtlich der Entwicklung des Marktvolumens im Zuge der zunehmenden Verbreitung von Handelsmarken wird in der Literatur von differierenden Entwicklungen mit Blick auf die verschiedenen Markentypen ausgegangen: Während in Bezug auf die Absätze und Umsätze von Handelsmarken positive Entwicklungen erwartet werden, wird mit Blick auf die Absätze und Umsätze von Herstellermarken eher von negativen Entwicklungen ausgegangen. Hinsichtlich der gesamten Absätze und Umsätze werden überwiegend positive Entwicklungen erwartet.[202]

Vor diesem Hintergrund werden mit Blick auf die Entwicklung des Marktvolumens im Konsumgüterhandel im Zeitablauf folgende Hypothesen zugrunde gelegt:

Hypothese 7:

Je weiter die Zeit voranschreitet, desto höher sind die Absätze und Umsätze von Handelsmarken.

Hypothese 8:

Je weiter die Zeit voranschreitet, desto geringer sind die Absätze und Umsätze von Herstellermarken.

Hypothese 9:

Je weiter die Zeit voranschreitet, desto höher sind die gesamten Absätze und Umsätze.

---

202 Vgl. tiefgehend zu diesen Ergebnissen Abschnitt 3.3.3.

In diesem Zusammenhang ist darauf hinzuweisen, dass die im Rahmen der vorliegenden Untersuchung anhand der Absätze und Umsätze operationalisierte Kennzahl nicht das ‚Marktvolumen' darstellt, sondern die von den betrachteten Handelsunternehmen erzielte ‚Marktdurchdringung'. Diese begriffliche Differenzierung ist erforderlich, weil in der vorliegenden Untersuchung nicht alle am Markt existierenden Unternehmen, sondern eine Stichprobe betrachtet wird. Vor dem Hintergrund der umfangreichen Datenbasis ist allerdings davon auszugehen, dass die Ergebnisse dieser Untersuchung für den untersuchten Markt repräsentativ sind, so dass eine analoge Entwicklung des Marktvolumens zu erwarten ist.

4.5.3. Aggregationsniveau der Daten

Während die im Rahmen von Abschnitt 4.4. dargelegte Untersuchung verkaufsstellenspezifisch durchgeführt wurde, werden die vorliegenden Scanningdaten im Rahmen dieser Untersuchung verkaufsstellenübergreifend untersucht.

Um einerseits Unterschiede zwischen den verschiedenen Betriebsformen aufdecken zu können und zusätzlich aber auch eine betriebsformenübergreifende Bewertung vornehmen zu können, wird sowohl eine betriebsformenspezifische als auch eine betriebsformenübergreifende Betrachtung vorgenommen.

Mit Blick auf die zeitliche Aggregation der Daten wird die Untersuchung ebenso wie jene in Abschnitt 4.4. kalenderwochenspezifisch durchgeführt.

4.5.4. Empirische Ergebnisse

4.5.4.1. Sinkende Artikelvielfalt

4.5.4.1.1. Deskriptive Datenauswertung

Abbildung 23 zeigt zunächst die in jeweils 24 Verkaufsstellen jeder Betriebsform angebotene Anzahl unterschiedlicher Hersteller- und Handelsmarken sowie jene aller Artikel (‚gesamt') in den Jahren 2000 bis 2005.

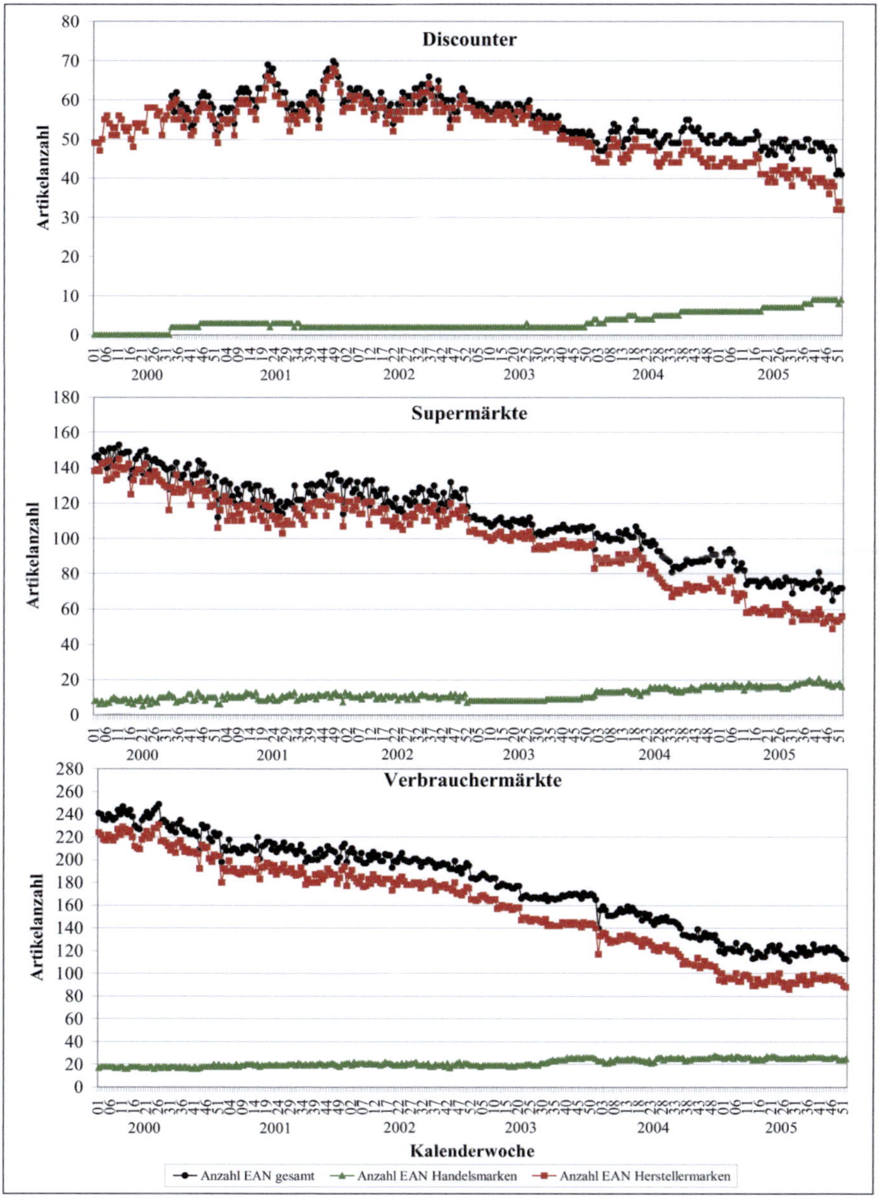

Abb. 23: Anzahl unterschiedlicher Artikel je Kalenderwoche und Betriebsform

Der Abbildung ist zu entnehmen, dass die Anzahl gelisteter Herstellermarken in allen drei Betriebsformen im Zeitablauf deutlich rückläufig ist, während die Anzahl gelisteter Handelsmarken zunimmt. Dabei wird der starke Rückgang gelisteter Herstellermarken nicht durch neu hinzukommende Handelsmarken ausgeglichen.

Die absolute Anzahl unterschiedlicher Artikel in der Artikelgruppe verringert sich demzufolge insgesamt, weil die Verdrängung von Herstellermarken durch Handelsmarken in einem unausgeglichenen Verhältnis erfolgt. Am deutlichsten lassen sich diese Entwicklungen in den Super- und Verbrauchermärkten erkennen, in denen sich die Artikelanzahl im Untersuchungszeitraum in etwa halbiert. Die Artikelvielfalt nimmt in der betrachteten Artikelgruppe somit ‚auf Kosten' der Herstellermarken deutlich ab.

Dies verdeutlicht auch noch einmal die folgende Abbildung 24, aus der ersichtlich ist, dass die Artikelanzahl – bei kumulierter Betrachtung aller Betriebsformen – im Zeitablauf stark zurückgeht. Die Auswahlmöglichkeiten für die Konsumenten werden demzufolge immer geringer.

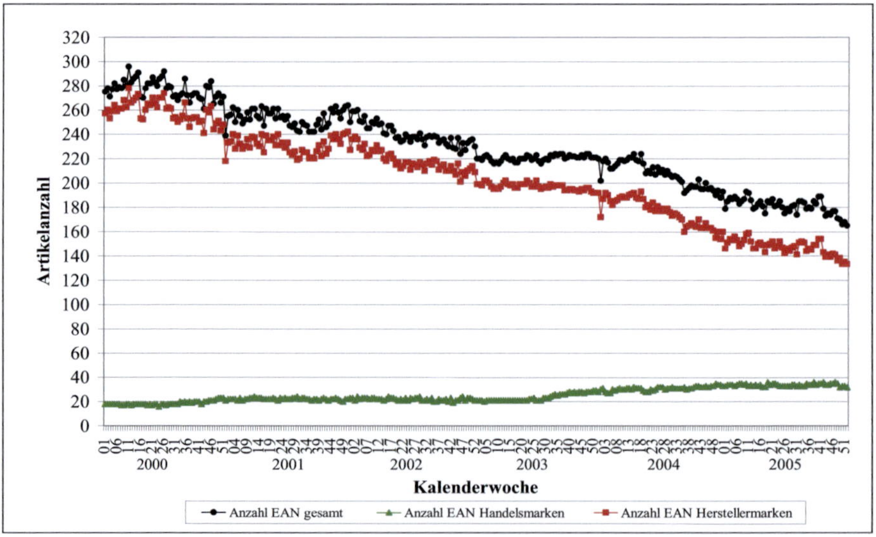

Abb. 24: Über alle Betriebsformen kumulierte Anzahl unterschiedlicher Artikel je Kalenderwoche

4.5.4.1.2. Regressionsanalytische Überprüfung

Die deskriptiven Ergebnisse deuten bereits auf eine Bewährung der zuvor abgeleiteten Hypothesen hin. Diese sollen nun mit Hilfe von linearen Einfachregressionen überprüft werden. Dabei stellt die Zeit (in Wochen) die unabhängige Variable und die jeweilige Anzahl gelisteter Artikel die abhängige Variable dar.

Abbildung 25 zeigt die Ergebnisse der linearen Einfachregressionen für die jeweiligen Betriebsformen im Überblick. Der ersten Spalte ist die Betriebsform zu entnehmen. In der zweiten Spalte sind die jeweiligen abhängigen Variablen aufgeführt. Spalte drei zeigt für jeden Regressionskoeffizienten das erwartete Vorzeichen mit der zugehörigen Hypothesennummer. In der vierten Spalte stehen die ermittelten standardisierten Regressionskoeffizienten. Die jeweiligen t-Werte, Signifikanzniveaus und Bestimmtheitsmaße sind aus den Spalten fünf bis sieben ersichtlich. Schließlich sind die aufgrund der Regressionsergebnisse abgeleiteten Schlussfolgerungen hinsichtlich der aufgestellten Hypothesen (Spalte acht) wiedergegeben.

Betriebsform	Abhängige Variable	Erwartetes Vorzeichen	Standardisierter Regressionskoeffizient	t-Wert	Signifikanz	R^2	Bewährung
Discounter	Anzahl Artikel Handelsmarken	+ (H 1)	+ 0,842	27,482	0,000	0,709	ja
	Anzahl Artikel Herstellermarken	- (H 2)	- 0,746	- 19,753	0,000	0,557	ja
	gesamte Anzahl Artikel	- (H 3)	- 0,615	- 13,733	0,000	0,378	ja
Supermärkte	Anzahl Artikel Handelsmarken	+ (H 1)	+ 0,749	19,891	0,000	0,561	ja
	Anzahl Artikel Herstellermarken	- (H 2)	- 0,958	- 58,520	0,000	0,917	ja
	gesamte Anzahl Artikel	- (H 3)	- 0,957	- 57,991	0,000	0,916	ja
Verbrauchermärkte	Anzahl Artikel Handelsmarken	+ (H 1)	+ 0,880	32,644	0,000	0,775	ja
	Anzahl Artikel Herstellermarken	- (H 2)	- 0,983	- 92,988	0,000	0,965	ja
	gesamte Anzahl Artikel	- (H 3)	- 0,982	- 90,839	0,000	0,964	ja

Abb. 25: Ergebnisse der Regressionsanalysen mit der jeweiligen Anzahl gelisteter Artikel als Regressanden bei betriebsformenspezifischer Betrachtung

Der Abbildung ist zu entnehmen, dass alle standardisierten Regressionskoeffizienten das erwartete Vorzeichen aufweisen. Die t-Werte zeigen darüber hinaus, dass die Ergebnisse hochsignifikant sind. Auch die Bestimmtheitsmaße weisen durchweg gute bis sehr gute Werte auf. Eine Hypothese gilt als bewährt, wenn das Vorzeichen des Regressionskoeffizienten in die erwartete Richtung zeigt und zudem der Wert des Signifikanzniveaus weniger als 1 % beträgt. Somit kann festgehalten werden, dass die zuvor aufgestellten Hypothesen hinsichtlich des Zusammenhangs zwischen der Zeit und der Anzahl gelisteter Artikel im Sortiment als bewährte Aussagen zu bezeichnen sind.

Abbildung 26 zeigt die Ergebnisse der linearen Einfachregressionen mit der Zeit (in Wochen) als unabhängiger Variable und der jeweiligen Anzahl gelisteter Artikel als abhängigen Variablen bei betriebsformenübergreifender Betrachtung im Überblick.

Abhängige Variable	Erwartetes Vorzeichen	Standardisierter Regressions-koeffizient	t-Wert	Signifikanz	R^2	Bewährung
Anzahl Artikel Handelsmarken	+ (H 1)	+ 0,910	38,728	0,000	0,829	ja
Anzahl Artikel Herstellermarken	- (H 2)	- 0,981	- 88,806	0,000	0,962	ja
gesamte Anzahl Artikel	- (H 3)	- 0,976	- 78,300	0,000	0,952	ja

Abb. 26: Ergebnisse der Regressionsanalysen mit der jeweiligen Anzahl gelisteter Artikel als Regressanden bei betriebsformenübergreifender Betrachtung

Aus der Abbildung ist ersichtlich, dass alle standardisierten Regressionskoeffizienten das erwartete Vorzeichen aufweisen. Die t-Werte zeigen darüber hinaus, dass die Ergebnisse hochsignifikant sind. Die Hypothesen sind folglich auch bei betriebsformenübergreifender Betrachtung als bewährte Aussagen zu bezeichnen.

4.5.4.1.3. Zusammenfassung der Ergebnisse

Insgesamt kann somit festgehalten werden, dass im Untersuchungszeitraum ein deutlicher Anstieg gelisteter Handelsmarken bei gleichzeitigem Rückgang gelisteter Herstellermarken zu konstatieren ist. Dabei war der Rückgang gelisteter Herstellermarken deutlich stärker als der Anstieg gelisteter Handelsmarken, so dass sich auch die gesamte Anzahl gelisteter Artikel deutlich verringert hat. Die zunehmende Verbreitung von Handelsmarken ging somit offenbar mit einer Verringerung der Artikelvielfalt einher. Die zuvor abgeleiteten Hypothesen sind demzufolge vor dem Hintergrund der vorliegenden empirischen Ergebnisse als bewährte Aussagen zu bezeichnen.

In diesem Zusammenhang ist zu beachten, dass eine eingeschränkte Artikelvielfalt[203] nicht per se als negativ einzuschätzen ist. So kann eine sehr ausgeprägte Artikelvielfalt die Komplexität der Kaufentscheidung von Konsumenten erheblich erhöhen, da sie sich zwischen einer Vielzahl von gleichartigen Artikeln entscheiden müssen. Dies kann letztlich dazu führen, dass sich die Konsumenten ‚überfordert' fühlen.[204] Konsumenten haben allerdings die Möglichkeit, eine Einkaufsstätte aufzusuchen, die diesbezüglich ihren Präferenzen am besten entspricht. So ist die Artikelvielfalt in Discountern i. d. R. geringer als die Artikelvielfalt in Supermärkten und diese ist i. d. R. geringer als in Verbrauchermärkten.[205]

Wenn die Artikelvielfalt jedoch – wie in der vorliegenden empirischen Untersuchung – in *allen* Betriebsformen immer weiter abnimmt, so bedeutet dies für die Konsumenten letztlich immer kleiner werdende Auswahlmöglichkeiten.

Aus der Perspektive des Handels ist der Rückgang gelisteter Herstellermarken – wie bereits geschildert – u. U. mit einer Verminderung der Anzahl von Lieferanten verbunden, so dass sich u. U. Potenziale zur Kostensenkung ergeben (z. B. in Bezug auf Verhandlungen, Abstimmung, Logistik).

Aus der Sicht der Hersteller wäre mit einem Rückgang der Lieferantenzahl hingegen die Gefahr verbunden, ausgelistet zu werden. Sollten sie nicht ausgelistet werden, könnte zumindest die fortwährende Gefahr einer Auslistung dafür sorgen, dass der Handel die Lieferanten zu Zugeständnissen – z. B. in Bezug auf die Konditionen – zwingt.

---

203 Da es sich hier um die Artikelvielfalt *innerhalb einer Artikelgruppe* handelt, kann synonym auch von ‚Sortimentstiefe' gesprochen werden.

204 Dieser Aspekt wird in der Literatur u. a. unter den Begriffen ‚Consumer Confusion' und ‚Konsumentenverwirrtheit' diskutiert. Vgl. z. B. OTNES/LOWREY/SHRUM 1997; RUDOLPH/SCHWEIZER 2004; WALSH 2004 und KOTOUC/RUDOLPH 2006. Vgl. allgemein zu Effekten der Größe von Sortimenten OPPEWAL/KOELEMEIJER 2005.

205 Vgl. zur Ausprägung der Sortimentstiefe in den verschiedenen Betriebsformen des Handels z. B. LIEBMANN/ZENTES 2001, S. 477 ff.

4.5.4.2. Steigende Preise

4.5.4.2.1. Deskriptive Datenauswertung

Abbildung 27 zeigt zunächst für jede Betriebsform die durchschnittlichen Preise pro gelistetem Artikel getrennt nach Hersteller- und Handelsmarken und jene aller Artikel (‚gesamt').[206]

Der Abbildung ist zu entnehmen, dass die durchschnittlichen Preise pro gelistetem Artikel im Zeitablauf in allen drei Betriebsformen ansteigen. Anfangs liegen die durchschnittlichen Preise der Handelsmarken noch deutlich unter denen der Herstellermarken. In den Discountern und Supermärkten steigen sie im Zeitablauf jedoch so stark an, dass sie im Jahr 2003 in etwa auf einem Niveau mit den durchschnittlichen Preisen der Herstellermarken und in den Jahren 2004 und 2005 schließlich sogar darüber liegen. In den Verbrauchermärkten steigen die durchschnittlichen Preise der Herstellermarken insgesamt vergleichsweise schwach, die der Handelsmarken hingegen recht stark. Gleichwohl bleiben die durchschnittlichen Preise der Handelsmarken hier durchgehend unter denen der Herstellermarken. Es ist aber eine deutliche ‚Annäherung' der Preise festzustellen.

Zusammenfassend zeigt diese Abbildung, dass die Endpreise, die die Konsumenten pro Artikel zahlen, im Untersuchungszeitraum angestiegen sind und dass dies bei den Handelsmarken stärker der Fall war als bei den Herstellermarken. In den Discountern und Supermärkten lagen die durchschnittlichen Preise der Handelsmarken Ende 2005 sogar über denen der Herstellermarken.

Diese starken Preissteigerungen bei Handelsmarken werden besonders deutlich, wenn man die Preissteigerungsraten von Handelsmarken mit der Inflationsrate vergleicht. Die Inflationsrate für Fleisch und Fleischwaren betrug im Untersuchungszeitraum 6,4 %.[207] Die in dieser Studie konstatierten Preiserhöhungen von Handelsmarken betrugen demgegenüber in den Discountern 100 %, in den Supermärkten 74,83 % und in den Verbrauchermärkten 39,73 %. Somit überstiegen die Preiserhöhungen bei Handelsmarken die Inflationsrate um 93,60 Prozentpunkte in den Discountern, um 68,43 Prozentpunkte in den Supermärkten und um 33,33 Prozentpunkte in den Verbrauchermärkten.

---

[206] Die Kurve für die durchschnittlichen Artikelpreise der Handelsmarken in Discountern setzt erst in KW 33/2000 ein, weil Handelsmarken erst ab dieser Woche gelistet werden.

[207] Vgl. STATISTISCHES BUNDESAMT 2006, S. 506.

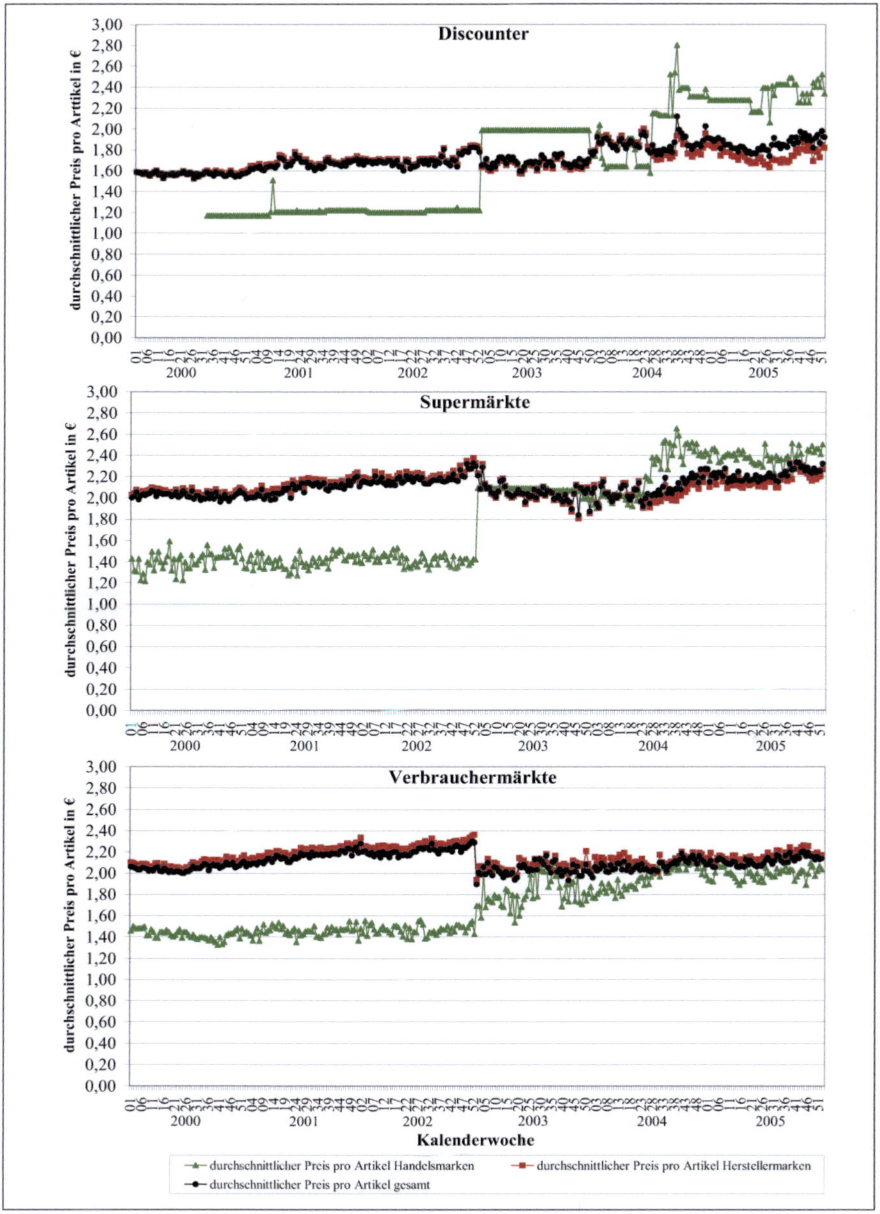

Abb. 27: Durchschnittliche Preise pro gelistetem Artikel und Kalenderwoche je Betriebsform

In diesem Zusammenhang ist allerdings zu beachten, dass bei der Betrachtung dieser Preisentwicklungen die Packungsgrößen der Artikel unberücksichtigt bleiben. Das heißt, die festgestellten Preisanstiege pro Artikel könnten möglicherweise auf gestiegene Packungsgrößen zurückzuführen sein. Konkrete Preisvergleiche sollten folglich unter Berücksichtigung der Packungsgrößen erfolgen. Den Konsumenten wird diesbezüglich durch die Preisangabenverordnung Hilfestellung geleistet, in deren § 2 Anbieter dazu verpflichtet werden, „... neben dem Endpreis auch den Preis je Mengeneinheit einschließlich sonstiger Preisbestandteile (Grundpreis) in unmittelbarer Nähe des Endpreises ... anzugeben“. Dadurch werden den Konsumenten Preisvergleiche zwischen verschiedenen Artikeln erleichtert.

Abbildung 28 zeigt vor diesem Hintergrund für jede Betriebsform die durchschnittlichen Preise pro kg von Hersteller- und Handelsmarken sowie jene aller Artikel (‚gesamt‘).

Aus der Abbildung ist ersichtlich, dass in allen drei Betriebsformen insbesondere ab dem Jahr 2003 z. T. deutliche Erhöhungen der durchschnittlichen Preise pro kg sowohl von Hersteller- als auch von Handelsmarken stattgefunden haben. Am stärksten sind in allen Betriebsformen die durchschnittlichen kg-Preise der Herstellermarken erhöht worden, wobei die Erhöhung in den Discountern nicht so deutlich ausfällt wie in den Super- und Verbrauchermärkten.

Selbst die Erhöhungen der kg-Preise von Handelsmarken liegen noch deutlich über der Inflationsrate für Fleisch und Fleischwaren von 6,4 %. In den Discountern stiegen die durchschnittlichen kg-Preise von Handelsmarken in den Jahren 2000 bis 2005 um 18,72 %, in den Supermärkten um 63,60 % und in den Verbrauchermärkten um 47,92 %. Somit überstiegen die Preiserhöhungen bei Handelsmarken die Inflationsrate um 12,32 Prozentpunkte in den Discountern, um 57,20 Prozentpunkte in den Supermärkten und um 41,52 Prozentpunkte in den Verbrauchermärkten.

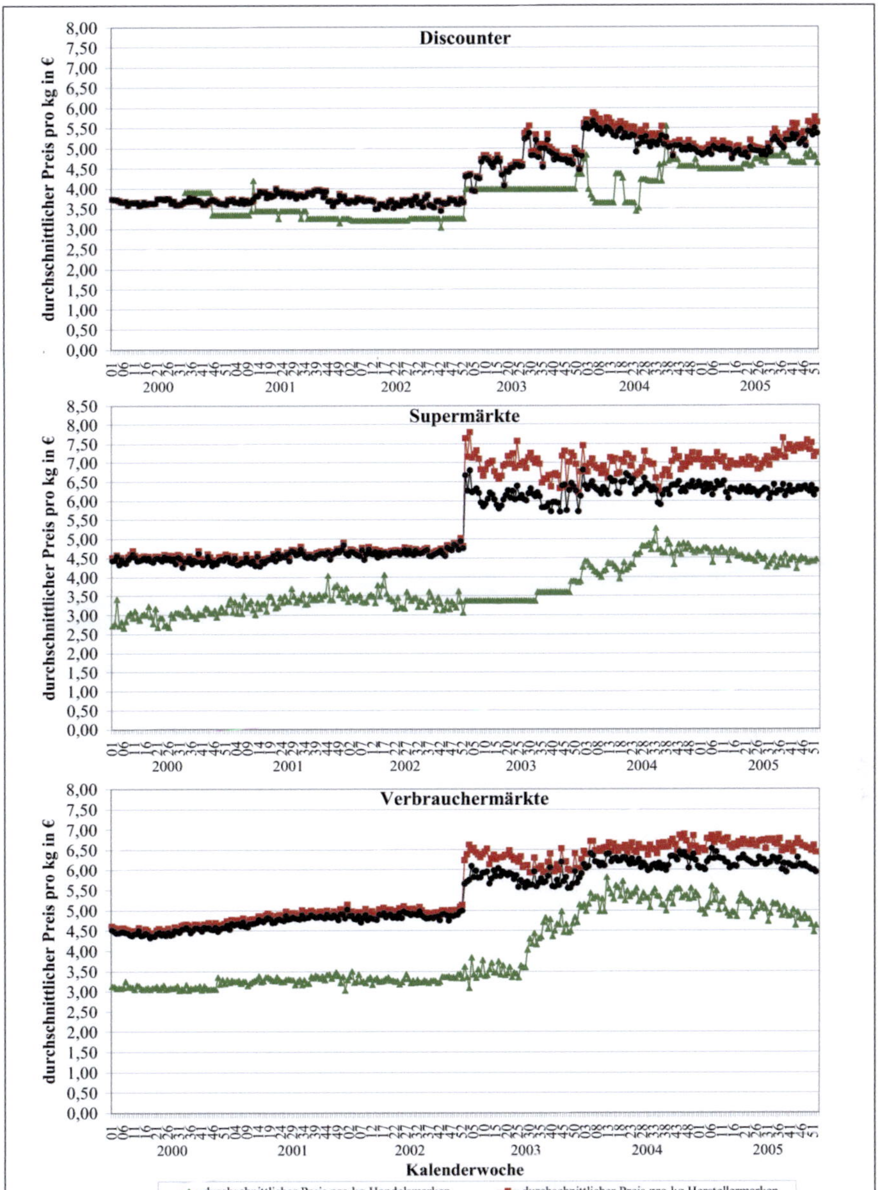

Abb. 28: Durchschnittliche Preise pro kg und Kalenderwoche je Betriebsform

Abbildung 29 zeigt die Entwicklung der durchschnittlichen Preise pro Artikel im Zeitablauf bei betriebsformenübergreifender Betrachtung.

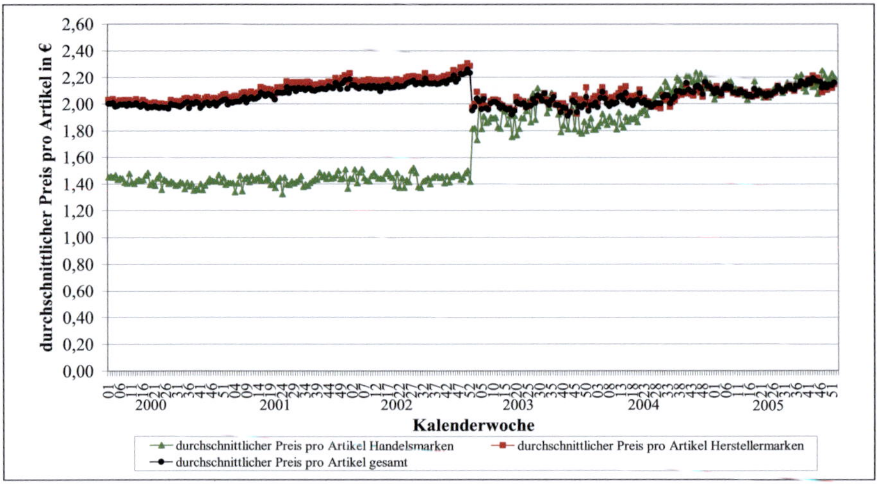

Abb. 29: Durchschnittliche Preise pro Artikel und Kalenderwoche bei betriebsformenübergreifender Betrachtung

Der Abbildung ist zu entnehmen, dass sowohl die durchschnittlichen Preise der Handelsmarken als auch die der Herstellermarken im Zeitablauf steigen. Dabei ist der Anstieg der Preise der Handelsmarken deutlich stärker ausgeprägt als der der Herstellermarken. Letztlich haben die starken Anstiege der Preise von Handelsmarken zur Folge, dass die durchschnittlichen Artikelpreise von Hersteller- und Handelsmarken in den Jahren 2004 und 2005 in etwa auf einem Niveau lagen.

Auch bei dieser betriebsformenübergreifenden Betrachtung liegen die Preissteigerungsraten von Handelsmarken somit deutlich über der Inflationsrate für Fleisch und Fleischwaren von 6,4 % im Untersuchungszeitraum. Die Erhöhung der Preise von Handelsmarken betrug demgegenüber 51,72 % und überstieg die Inflationsrate somit um 45,32 Prozentpunkte.

Um auch hier ausschließen zu können, dass die Preisanstiege auf erhöhte Packungsgrößen zurückgehen, zeigt Abbildung 30 die Entwicklung der durchschnittlichen Preise pro kg im Zeitablauf bei betriebsformenübergreifender Betrachtung.

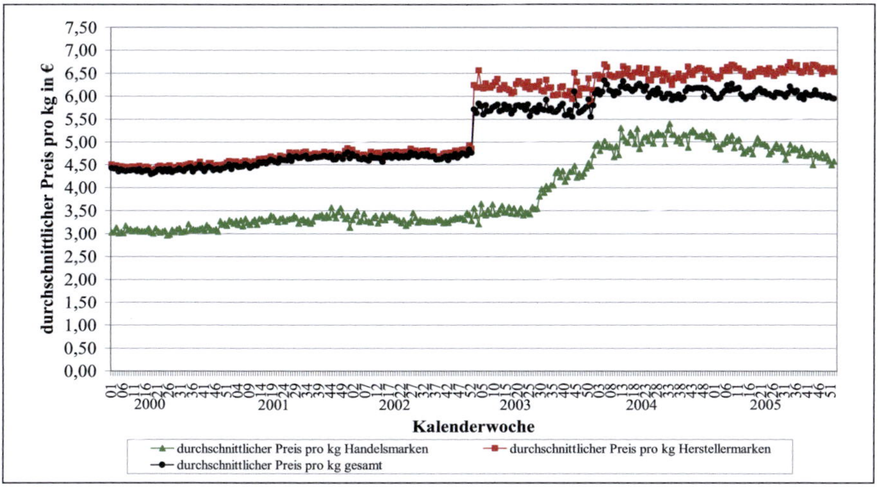

Abb. 30: Durchschnittliche Preise pro kg und Kalenderwoche bei betriebsformenübergreifender Betrachtung

Aus der Abbildung ist ersichtlich, dass auch bei betriebsformenübergreifender Betrachtung sowohl die durchschnittlichen kg-Preise von Handelsmarken als auch die von Herstellermarken im Zeitablauf deutlich ansteigen, wobei der Anstieg der Preise von Herstellermarken stärker ausgeprägt ist als der von Handelsmarken.

Gleichwohl liegt die Preissteigerungsrate von Handelsmarken in der untersuchten Artikelgruppe noch deutlich über der Inflationsrate für Fleisch und Fleischwaren von 6,4 %. Die durchschnittlichen kg-Preise von Handelsmarken stiegen von 2000 bis 2005 um 51,32 % und überstiegen die Inflationsrate somit um 44,92 Prozentpunkte. Ein Vergleich mit der Steigerungsrate der Preise pro Artikel (51,72 %) zeigt zudem, dass die Preissteigerungen offenbar nicht aufgrund erhöhter Packungsgrößen zustande gekommen sind, da die beiden Steigerungsraten nahezu identisch sind.

Bemerkenswert ist in diesem Zusammenhang, dass die durchschnittlichen kg-Preise der Handelsmarken vom Handel – im Gegensatz zu den durchschnittlichen Artikelpreisen (vgl. nochmals Abbildung 27 und Abbildung 29) – in allen Betriebsformen durchweg unter denen der Herstellermarken gehalten werden. Der Handel versucht auf diese Weise anscheinend, den Konsumenten weiterhin Preisgünstigkeit von Handelsmarken (zumindest gegenüber Herstellermarken) zu demonstrieren. Dass sowohl die kg-Preise von Handelsmarken als auch die von Herstellermarken in den letzten Jahren nahezu kontinuierlich angestiegen sind und sich die kg-Preise der Handelsmarken im

Jahr 2005 in etwa auf (Supermärkte und Verbrauchermärkte) oder sogar über (Discounter) dem Niveau der kg-Preise der Herstellermarken im Jahr 2000 befanden (betriebsformenintern),[208] bleibt den Konsumenten in der Regel verborgen, da sie über einen Zeitraum von sechs Jahren vermutlich keine detaillierten Aufzeichnungen zu den Preisen der von ihnen gekauften Lebensmittel machen. Die Konsumenten sehen in der Regel lediglich die aktuellen Preise am Regal und sehen somit nur, dass die kg-Preise der Handelsmarken aktuell unter denen der Herstellermarken liegen. Ob sie die deutlichen Preissteigerungen beider Markentypen im Zeitablauf überhaupt bemerken, ist aus oben genannten Gründen fraglich.[209]

Die von den Konsumenten vielfach vermutete Preisgünstigkeit von Handelsmarken besteht somit nur, weil Herstellermarken vom Handel bei der Preissetzung häufig als ‚Referenzprodukte' genutzt werden. Das heißt, die kg-Preise von Handelsmarken werden vom Handel zwar dauerhaft unter denen von Herstellermarken gehalten, allerdings auf einem immer höheren Niveau. Brisant ist in diesem Zusammenhang, dass dem Handel diese Möglichkeit erst durch das Verbot der vertikalen Preisbindung und der damit verbundenen doppelten Preishoheit eröffnet wird.[210]

4.5.4.2.2. Regressionsanalytische Überprüfung

Die im vorangegangenen Abschnitt anhand von Zeitreihen dargelegten deskriptiven Ergebnisse deuten bereits auf eine Bewährung der zuvor abgeleiteten Hypothesen hin. Diese sollen nun zudem einer regressionsanalytischen Prüfung unterzogen werden. Dazu werden lineare Einfachregressionen durchgeführt, bei denen die Zeit (in Wochen) den Regressor und die jeweiligen Preise die Regressanden bilden. Es wird also die Veränderung der jeweiligen Preise in Abhängigkeit von der Zeit untersucht.

In Abbildung 31 sind die Ergebnisse der linearen Einfachregressionen, bei denen die Zeit (in Wochen) als unabhängige Variable und die jeweiligen durchschnittlichen Preise pro gelistetem Artikel als abhängige Variablen fungierten, betriebsformenspezifisch aufgeführt.

---

[208] Auch bei betriebsformenübergreifender Betrachtung entspricht das Niveau der kg-Preise der Handelsmarken im Jahr 2005 in etwa jenem der Herstellermarken im Jahr 2000. Vgl. Abbildung 30.

[209] Vgl. tiefergehend zu den Aspekten ‚Preiswissen' und ‚Referenzpreise' KALYANARAM/WINER 1995; MONROE/LEE 1999; EVANSCHITZKY/KENNING/VOGEL 2004; MÄGI/JULANDER 2005; AALTO-SETÄLÄ/EVANSCHITZKY/VOGEL/KENNING 2006; KENNING/EVANSCHITZKY/VOGEL/AHLERT 2007.

[210] Vgl. z. B. OLBRICH 2001b; OLBRICH 2004 sowie OLBRICH/BUHR 2007a.

Betriebsform	Abhängige Variable	Erwartetes Vorzeichen	Standardisierter Regressionskoeffizient	t-Wert	Signifikanz	R^2	Bewährung
Discounter	durchschnittlicher Artikelpreis Handelsmarken	+ (H 4)	+ 0,902	34,933	0,000	0,814	ja
	durchschnittlicher Artikelpreis Herstellermarken	+ (H 5)	+ 0,652	15,134	0,000	0,425	ja
	durchschnittlicher Artikelpreis aller Artikel	+ (H 6)	+ 0,853	28,734	0,000	0,727	ja
Supermärkte	durchschnittlicher Artikelpreis Handelsmarken	+ (H 4)	+ 0,905	37,403	0,000	0,819	ja
	durchschnittlicher Artikelpreis Herstellermarken	+ (H 5)	+ 0,165	2,942	0,004	0,027	ja
	durchschnittlicher Artikelpreis aller Artikel	+ (H 6)	+ 0,474	9,482	0,000	0,225	ja
Verbrauchermärkte	durchschnittlicher Artikelpreis Handelsmarken	+ (H 4)	+ 0,900	36,291	0,000	0,809	ja
	durchschnittlicher Artikelpreis Herstellermarken	+ (H 5)	- 0,022	- 0,384	0,701	0,000	nein (nicht signifikant)
	durchschnittlicher Artikelpreis aller Artikel	+ (H 6)	+ 0,003	0,058	0,954	0,000	nein (nicht signifikant)

Abb. 31: Ergebnisse der Regressionsanalysen mit den durchschnittlichen Preisen pro Artikel als abhängigen Variablen bei betriebsformenspezifischer Betrachtung

Der Abbildung ist zu entnehmen, dass die Mehrzahl der standardisierten Regressionskoeffizienten das erwartete Vorzeichen aufweist. Die t-Werte zeigen darüber hinaus, dass die Ergebnisse hochsignifikant sind. Mit Blick auf die Untersuchung des Zusammenhangs zwischen der Zeit und den durchschnittlichen Preisen pro Herstellermarke in den Supermärkten ist zu konstatieren, dass das Bestimmtheitsmaß mit einem Wert von 0,027 zwar sehr gering ist, gleichwohl sind die ermittelten Ergebnisse hochsignifikant. Nur die Überprüfung der Zusammenhänge zwischen der Zeit und den durchschnittlichen Preisen von Herstellermarken bzw. jenen aller Artikel in den Verbrauchermärkten hat zu keinen signifikanten Ergebnissen geführt. Der Grund hierfür liegt vermutlich darin, dass die betrachteten Preise zwischenzeitlich (zu Beginn des Jahres 2003) einen recht deutlichen ‚Sprung‘ nach unten gemacht haben (vgl. nochmals Abbildung 27).

Abbildung 32 zeigt die betriebsformenspezifischen Ergebnisse der linearen Einfachregressionen mit der Zeit (in Wochen) als unabhängiger Variable und den jeweiligen durchschnittlichen Preisen pro kg als abhängigen Variablen.

Betriebsform	Abhängige Variable	Erwartetes Vorzeichen	Standardisierter Regressionskoeffizient	t-Wert	Signifikanz	R^2	Bewährung
Discounter	durchschnittlicher Preis pro kg Handelsmarken	+ (H 4)	+ 0,812	23,206	0,000	0,660	ja
	durchschnittlicher Preis pro kg Herstellermarken	+ (H 5)	+ 0,859	29,476	0,000	0,737	ja
	durchschnittlicher Preis pro kg aller Artikel	+ (H 6)	+ 0,861	29,760	0,000	0,741	ja
Supermärkte	durchschnittlicher Preis pro kg Handelsmarken	+ (H 4)	+ 0,878	32,326	0,000	0,771	ja
	durchschnittlicher Preis pro kg Herstellermarken	+ (H 5)	+ 0,887	33,748	0,000	0,786	ja
	durchschnittlicher Preis pro kg aller Artikel	+ (H 6)	+ 0,892	34,719	0,000	0,795	ja
Verbrauchermärkte	durchschnittlicher Preis pro kg Handelsmarken	+ (H 4)	+ 0,873	31,459	0,000	0,761	ja
	durchschnittlicher Preis pro kg Herstellermarken	+ (H 5)	+ 0,933	45,486	0,000	0,870	ja
	durchschnittlicher Preis pro kg aller Artikel	+ (H 6)	+ 0,934	46,192	0,000	0,873	ja

Abb. 32: Ergebnisse der Regressionsanalysen mit den durchschnittlichen Preisen pro kg als abhängigen Variablen bei betriebsformenspezifischer Betrachtung

Aus der Abbildung ist ersichtlich, dass die vermuteten positiven Zusammenhänge zwischen der Zeit und den jeweiligen Preisen pro kg in allen Betriebsformen deutlich und hochsignifikant sind. Die Bestimmtheitsmaße zeigen zudem, dass der Anteil der erklärten Streuung an der Gesamtstreuung in allen Fällen sehr hoch ist.

In diesem Zusammenhang ist zu erwähnen, dass die positiven Regressionskoeffizienten in den Super- und Verbrauchermärkten nicht allein auf die dort zu Beginn des Jahres 2003 zu konstatierenden ‚Preissprünge' zurückzuführen sind (vgl. nochmals Abbildung 28). Anhand der Ergebnisse von separat für die Jahre 2000 bis 2002 und 2003 bis 2005 durchgeführten Regressionsanalysen (vgl. Abbildung 33 und Abbildung

34) ist erkennbar, dass die Preise in beiden Betriebsformen auch zwischen 2000 und 2002 sowie zwischen 2003 und 2005 gestiegen sind.

Betriebs-form	Abhängige Variable	Erwartetes Vorzeichen	Standardisierter Regressions-koeffizient	t-Wert	Signifi-kanz	R^2	Bewährung
Discounter	durchschnittlicher Preis pro kg Handelsmarken	+ (H 4)	- 0,693	- 10,606	0,000	0,480	nein
	durchschnittlicher Preis pro kg Herstellermarken	+ (H 5)	- 0,022	- 0,277	0,782	0,000	nein (nicht signifikant)
	durchschnittlicher Preis pro kg aller Artikel	+ (H 6)	- 0,061	- 0,755	0,452	0,004	nein (nicht signifikant)
Supermärkte	durchschnittlicher Preis pro kg Handelsmarken	+ (H 4)	+ 0,647	10,523	0,000	0,418	ja
	durchschnittlicher Preis pro kg Herstellermarken	+ (H 5)	+ 0,695	12,007	0,000	0,484	ja
	durchschnittlicher Preis pro kg aller Artikel	+ (H 6)	+ 0,723	12,999	0,000	0,523	ja
Verbraucher-märkte	durchschnittlicher Preis pro kg Handelsmarken	+ (H 4)	+ 0,677	11,429	0,000	0,459	ja
	durchschnittlicher Preis pro kg Herstellermarken	+ (H 5)	+ 0,907	26,646	0,000	0,822	ja
	durchschnittlicher Preis pro kg aller Artikel	+ (H 6)	+ 0,902	25,861	0,000	0,813	ja

Abb. 33: Ergebnisse der Regressionsanalysen mit den durchschnittlichen Preisen pro kg als abhängigen Variablen bei betriebsformenspezifischer Betrachtung (2000 bis 2002)

Betriebs-form	Abhängige Variable	Erwartetes Vorzeichen	Standardisierter Regressions-koeffizient	t-Wert	Signifi-kanz	R^2	Bewährung
Discounter	durchschnittlicher Preis pro kg Handelsmarken	+ (H 4)	+ 0,748	13,968	0,000	0,559	ja
	durchschnittlicher Preis pro kg Herstellermarken	+ (H 5)	+ 0,459	6,416	0,000	0,211	ja
	durchschnittlicher Preis pro kg aller Artikel	+ (H 6)	+ 0,459	6,418	0,000	0,211	ja
Supermärkte	durchschnittlicher Preis pro kg Handelsmarken	+ (H 4)	+ 0,795	16,268	0,000	0,632	ja
	durchschnittlicher Preis pro kg Herstellermarken	+ (H 5)	+ 0,293	3,807	0,000	0,086	ja
	durchschnittlicher Preis pro kg aller Artikel	+ (H 6)	+ 0,278	3,595	0,000	0,077	ja
Verbraucher-märkte	durchschnittlicher Preis pro kg Handelsmarken	+ (H 4)	+ 0,642	10,384	0,000	0,412	ja
	durchschnittlicher Preis pro kg Herstellermarken	+ (H 5)	+ 0,637	10,252	0,000	0,406	ja
	durchschnittlicher Preis pro kg aller Artikel	+ (H 6)	+ 0,597	9,241	0,000	0,357	ja

Abb. 34: Ergebnisse der Regressionsanalysen mit den durchschnittlichen Preisen pro kg als abhängigen Variablen bei betriebsformenspezifischer Betrachtung (2003 bis 2005)

Mit Blick auf die ‚Preissprünge' soll nicht unerwähnt bleiben, dass Steuererhöhungen als potenzielle Ursache in diesem Zusammenhang nicht in Betracht kommen, da im Untersuchungszeitraum keine Erhöhungen der Umsatzsteuer für Lebensmittel – welche in diesem Kontext die direkt betroffene Steuerart darstellt – vorgenommen wurden. Die letzte Erhöhung der Umsatzsteuer für Lebensmittel fand in Deutschland am 01.07.1983 (Erhöhung des Steuersatzes von 6,5 % auf 7 %) und somit lange vor dem betrachteten Zeitraum statt.

Die Tatsache, dass die ‚Preissprünge' jeweils zu Beginn des Jahres 2003 auftraten, ist ein typisches Phänomen von ‚Jahresgesprächen'. Es ist davon auszugehen, dass der Handel insbesondere in diesem Fall die Tatsache, dass 2003 das erste Jahr war, in dem – von Beginn an – die ‚Euro-Preise' allein auf den Preisschildern angegeben waren (nicht mehr neben den umgerechneten ‚Deutsche Mark-Preisen'), ausgenutzt hat. Die im Zuge der Europäischen Währungsunion zeitweilige Pflicht zur ‚doppelten Preisauszeichnung' endete 2002.

Abbildung 35 gibt die Ergebnisse der Regressionsanalysen auf betriebsformenübergreifender Ebene wieder, in denen die Abhängigkeit der jeweiligen durchschnittlichen Preise pro Artikel von der Zeit (in Wochen) untersucht wurde.

Abhängige Variable	Erwartetes Vorzeichen	Standardisierter Regressions-koeffizient	t-Wert	Signifi-kanz	R^2	Bewährung
durchschnittlicher Artikelpreis Handelsmarken	+ (H 4)	+ 0,913	39,387	0,000	0,833	ja
durchschnittlicher Artikelpreis Herstellermarken	+ (H 5)	+ 0,063	1,113	0,267	0,004	nein (nicht signifikant)
durchschnittlicher Artikelpreis aller Artikel	+ (H 6)	+ 0,274	5,012	0,000	0,075	ja

Abb. 35: Ergebnisse der Regressionsanalysen mit den durchschnittlichen Preisen pro Artikel als abhängigen Variablen bei betriebsformenübergreifender Betrachtung

Der Abbildung ist zu entnehmen, dass die Ergebnisse mit Blick auf die Wirkungsrichtung in allen Fällen den Erwartungen entsprechen. Allerdings ist hinsichtlich der durchschnittlichen Preise von Herstellermarken zu konstatieren, dass der Regressionskoeffizient und das Bestimmtheitsmaß beinahe null betragen. Anhand des t-Werts ist darüber hinaus zu erkennen, dass das ermittelte Ergebnis nicht signifikant ist. Der Grund liegt auch hier vermutlich darin, dass die Artikelpreise der Herstellermarken zwischenzeitlich (zu Beginn des Jahres 2003) einen recht deutlichen ‚Sprung' nach unten gemacht haben (vgl. nochmals Abbildung 29). Mit Blick auf die durchschnittlichen Preise aller Artikel ist zu beachten, dass die Ergebnisse zwar signifikant sind, allerdings zeigt der sehr geringe Wert des Bestimmtheitsmaßes von 0,075, dass der Anteil der erklärten Streuung an der Gesamtstreuung sehr niedrig ist.

Abbildung 36 zeigt die Ergebnisse der linearen Einfachregressionen auf betriebsformenübergreifender Ebene mit der Zeit (in Wochen) als Regressor und den jeweiligen durchschnittlichen Preisen pro kg als Regressanden.

Abhängige Variable	Erwartetes Vorzeichen	Standardisierter Regressions-koeffizient	t-Wert	Signifikanz	R^2	Bewährung
durchschnittlicher Preis pro kg Handelsmarken	+ (H 4)	+ 0,889	34,267	0,000	0,791	ja
durchschnittlicher Preis pro kg Herstellermarken	+ (H 5)	+ 0,925	42,926	0,000	0,856	ja
durchschnittlicher Preis pro kg aller Artikel	+ (H 6)	+ 0,927	43,398	0,000	0,859	ja

Abb. 36: Ergebnisse der Regressionsanalysen mit den durchschnittlichen Preisen pro kg als Regressanden bei betriebsformenübergreifender Betrachtung

Aus der Abbildung ist ersichtlich, dass sich durchweg hochsignifikante positive Zusammenhänge zwischen den durchschnittlichen kg-Preisen und der Zeit zeigen. Die hohen Werte der Bestimmtheitsmaße von knapp 0,8 und darüber zeigen zudem, dass der Großteil der Gesamtstreuung durch die untersuchten Variablen erklärt wird.

Auch mit Blick auf die betriebsformenübergreifenden Ergebnisse ist analog zu den betriebsformenspezifischen Ergebnissen in diesem Zusammenhang anzumerken, dass die positiven Regressionskoeffizienten nicht allein auf die dort zu Beginn des Jahres 2003 zu konstatierenden ‚Preissprünge' zurückzuführen sind (vgl. nochmals Abbildung 30). Die Ergebnisse von separat für die Jahre 2000 bis 2002 und 2003 bis 2005 durchgeführten Regressionsanalysen (vgl. Abbildung 37 und Abbildung 38) verdeutlichen, dass die Preise in beiden Betriebsformen ebenfalls zwischen 2000 und 2002 sowie zwischen 2003 und 2005 gestiegen sind. Die bereits dargelegte potenzielle Erklärung für die ‚Preissprünge' mit Blick auf Jahresgespräche und die Europäische Währungsunion gilt hier entsprechend.[211]

[211] Vgl. tiefergehend hierzu die Erläuterung auf S. 156 f.

Abhängige Variable	Erwartetes Vorzeichen	Standardisierter Regressions-koeffizient	t-Wert	Signifikanz	R^2	Bewährung
durchschnittlicher Preis pro kg Handelsmarken	+ (H 4)	+ 0,728	13,191	0,000	0,530	ja
durchschnittlicher Preis pro kg Herstellermarken	+ (H 5)	+ 0,904	26,208	0,000	0,817	ja
durchschnittlicher Preis pro kg aller Artikel	+ (H 6)	+ 0,902	25,907	0,000	0,813	ja

Abb. 37: Ergebnisse der Regressionsanalysen mit den durchschnittlichen Preisen pro kg als Regressanden bei betriebsformenübergreifender Betrachtung (2000 bis 2002)

Abhängige Variable	Erwartetes Vorzeichen	Standardisierter Regressions-koeffizient	t-Wert	Signifikanz	R^2	Bewährung
durchschnittlicher Preis pro kg Handelsmarken	+ (H 4)	+ 0,705	12,322	0,000	0,496	ja
durchschnittlicher Preis pro kg Herstellermarken	+ (H 5)	+ 0,744	13,802	0,000	0,553	ja
durchschnittlicher Preis pro kg aller Artikel	+ (H 6)	+ 0,623	9,874	0,000	0,388	ja

Abb. 38: Ergebnisse der Regressionsanalysen mit den durchschnittlichen Preisen pro kg als Regressanden bei betriebsformenübergreifender Betrachtung (2003 bis 2005)

4.5.4.2.3. Zusammenfassung der Ergebnisse

Zusammenfassend kann somit festgehalten werden, dass im Untersuchungszeitraum in allen Betriebsformen – und infolgedessen auch bei betriebsformenübergreifender Betrachtung – ein zumeist deutlicher Anstieg der durchschnittlichen kg-Preise von Handels- und Herstellermarken und damit auch der durchschnittlichen kg-Preise aller Artikel zu konstatieren ist. Die zuvor abgeleiteten Hypothesen sind demnach vor dem Hintergrund der vorliegenden empirischen Ergebnisse als bewährte Aussagen zu bezeichnen.

Auf lange Sicht sind folglich bereits jetzt deutliche Preissteigerungen bei den Hersteller- und Handelsmarken zu erkennen, was aus Sicht der Konsumenten aufgrund der damit verbundenen finanziellen Nachteile negativ einzuschätzen ist – zumindest dann, wenn damit nicht gleichzeitig auch eine Verbesserung der Qualität oder – insbesondere mit Blick auf Artikel aus dem Lebensmittelbereich – Maßnahmen zur Erhöhung der Lebensmittelsicherheit verbunden sind.

Auch die Markenartikelhersteller können nicht von den steigenden Preisen profitieren, da ihr Gewinn nicht von den Endverbraucherpreisen abhängt, sondern von den mit dem Handel vereinbarten Lieferkonditionen. Solange der Handel nicht vollständig auf Herstellermarken verzichten möchte, werden die verbliebenen Markenartikelhersteller zwar eine recht sichere Verhandlungsposition haben. Allerdings hat der Handel – zumindest solange in jedem Produktbereich noch mindestens zwei oder drei Marken von verschiedenen Herstellerunternehmen vorhanden sind – die Möglichkeit, die Hersteller ‚gegeneinander auszuspielen', so dass davon auszugehen ist, dass nicht die Markenartikelhersteller, sondern die Händler letztlich ihren Gewinn durch die höheren Preise steigern.

Die Handelsunternehmen sind somit die einzigen Marktteilnehmer, die sowohl kurz- als auch langfristig von dieser Entwicklung profitieren können – zumindest so lange, bis mit den Preissteigerungen u. U. verbundene Absatzrückgänge sich negativ auf den Gewinn auswirken.

4.5.4.3. Sinkendes Marktvolumen

4.5.4.3.1. Deskriptive Datenauswertung

Abbildung 39 zeigt für jede Betriebsform die Umsätze von Hersteller- und Handelsmarken sowie die Gesamtumsätze in der untersuchten Artikelgruppe je Kalenderwoche.

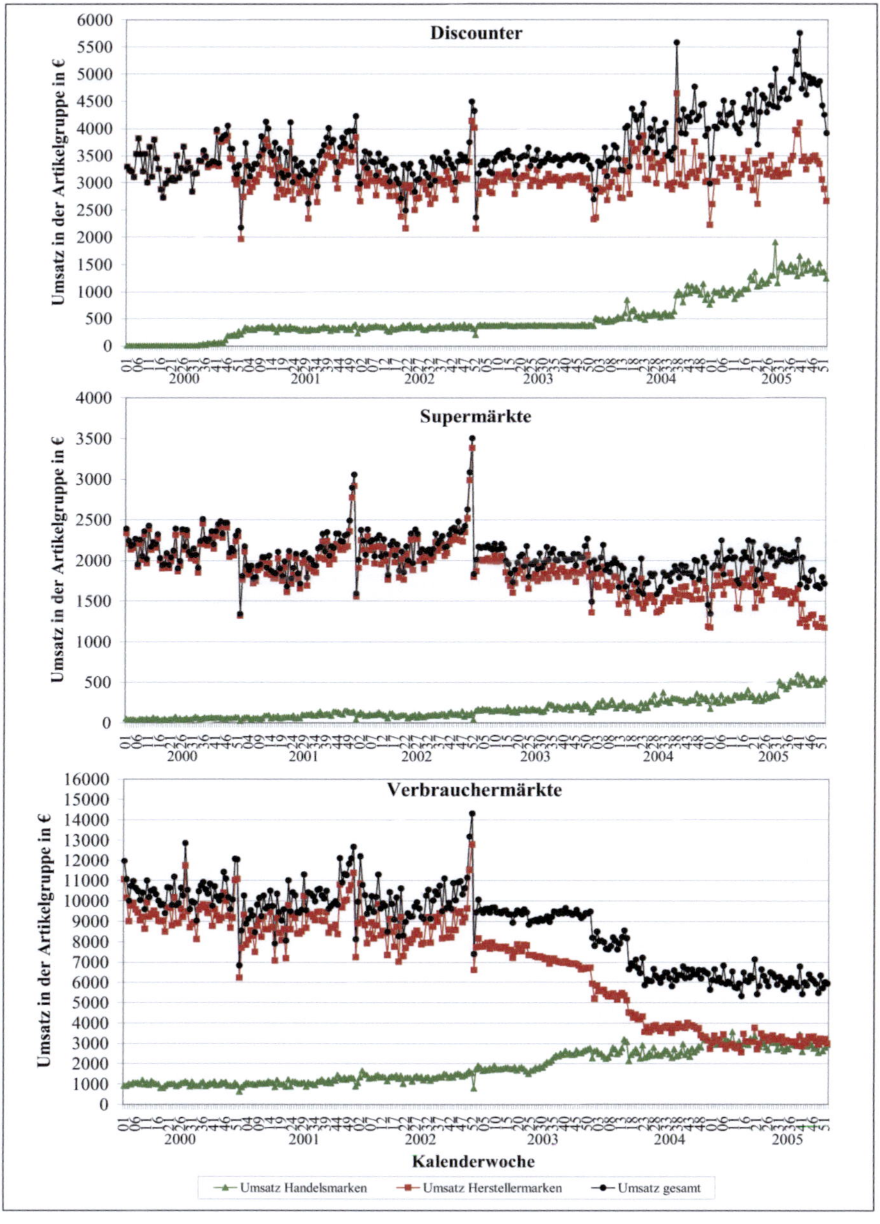

Abb. 39: Umsätze in der Artikelgruppe je Kalenderwoche und Betriebsform

Aus der Abbildung ist ersichtlich, dass die Umsätze der Handelsmarken in allen Betriebsformen im Zeitablauf steigen, während die Umsätze der Herstellermarken insbesondere in den Super- und Verbrauchermärkten rückläufig sind. Darüber hinaus ist zu erkennen, dass im Zeitablauf lediglich in den Discountern Steigerungen der Gesamtumsätze erzielt werden. In den Super- und insbesondere in den Verbrauchermärkten sinken die Gesamtumsätze hingegen.

Vergleicht man die Entwicklung der Umsätze mit der Entwicklung der Umsatzanteile (vgl. nochmals Abbildung 15), so erkennt man, dass die steigenden Umsatzanteile der Handelsmarken nur in den Discountern mit steigenden Gesamtumsätzen einhergehen. In den Super- und Verbrauchermärkten sind die steigenden Umsatzanteile der Handelsmarken demgegenüber mit stark rückläufigen Gesamtumsätzen verbunden.

Dies ist insbesondere deshalb bemerkenswert, weil die Preise im selben Zeitraum deutlich angehoben wurden (vgl. nochmals die Abbildungen 27 und 28). Demzufolge wurden die sinkenden Gesamtumsätze in den Super- und Verbrauchermärkten durch Rückgänge der Gesamtabsätze ausgelöst, wie Abbildung 40, die für jede Betriebsform die Absätze von Hersteller- und Handelsmarken sowie die Gesamtabsätze in der untersuchten Artikelgruppe zeigt, auch verdeutlicht.

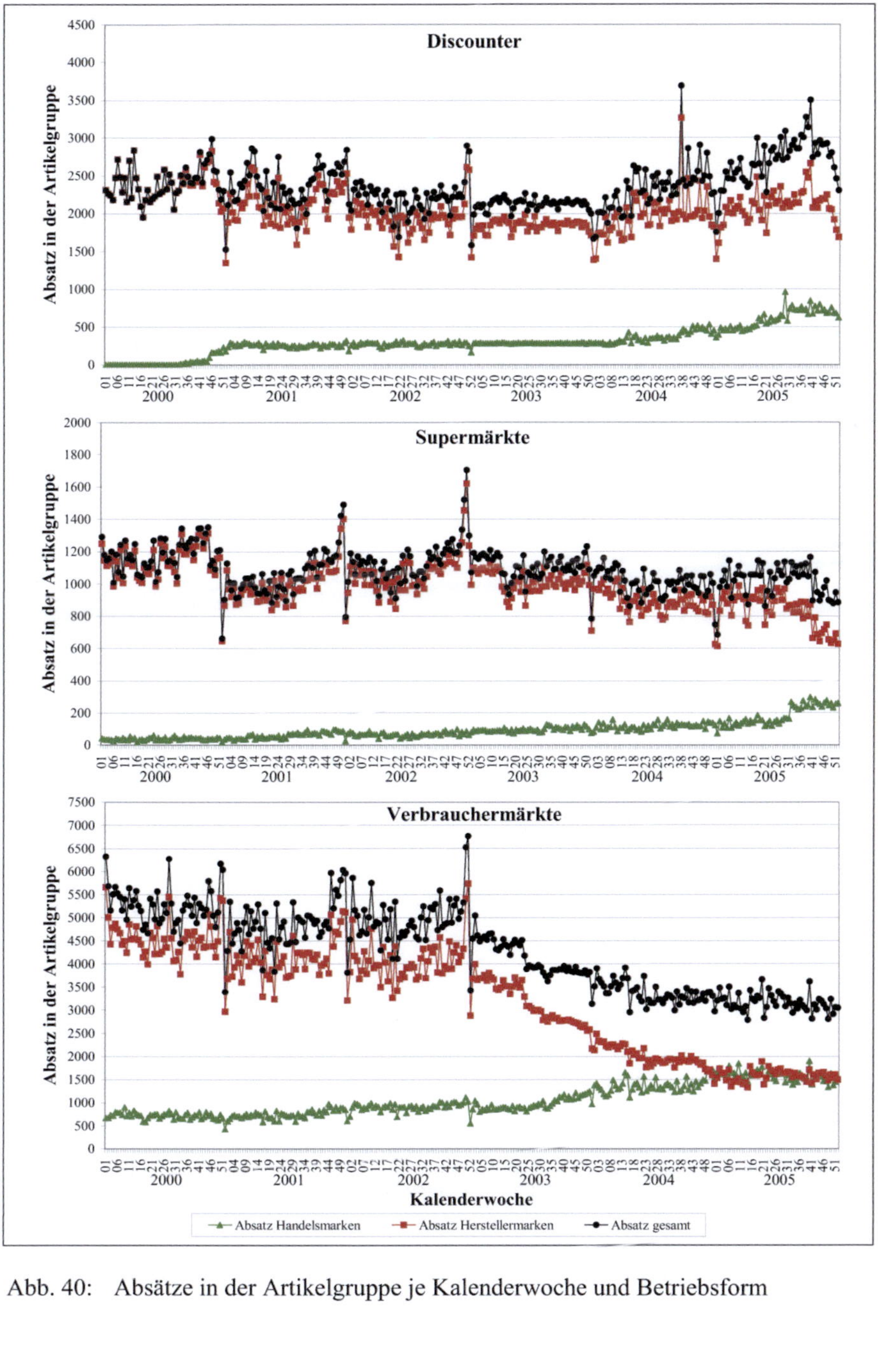

Abb. 40: Absätze in der Artikelgruppe je Kalenderwoche und Betriebsform

Abbildung 41 zeigt die über alle Betriebsformen kumulierten Umsätze von Hersteller- und Handelsmarken sowie Gesamtumsätze je Kalenderwoche im Zeitablauf.

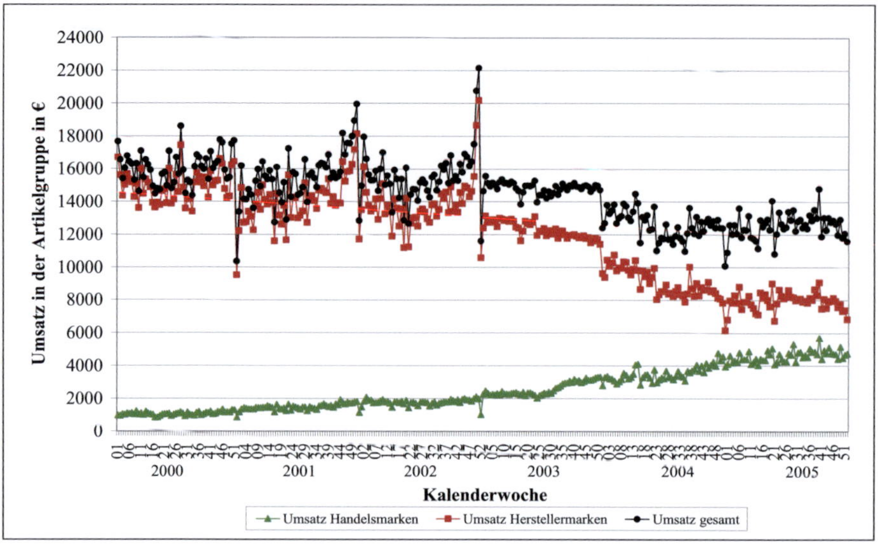

Abb. 41: Über alle Betriebsformen kumulierte Umsätze je Kalenderwoche

Aus der Abbildung ist ersichtlich, dass zwar die Umsätze der Handelsmarken im Zeitablauf steigen, jedoch die Umsätze der Herstellermarken sehr stark sinken, so dass letztlich auch die Gesamtumsätze rückläufig sind. Somit gehen auch bei betriebsformenübergreifender Betrachtung die steigenden Umsatzanteile der Handelsmarken (vgl. nochmals Abbildung 16) mit sinkenden Gesamtumsätzen einher.

Es könnte vermutet werden, dass sich die Umsätze von den Super- und Verbrauchermärkten zu den Discountern verlagert haben. Abbildung 41 ist allerdings zu entnehmen, dass die Rückgänge der Gesamtumsätze in den Super- und Verbrauchermärkten offenbar nicht von den Steigerungen der Gesamtumsätze in den Discountern (über)kompensiert wurden, da die über alle Betriebsformen kumulierten Gesamtumsätze sinken. Eine Verlagerung der Umsätze von Super- und Verbrauchermärkten zu Discountern findet somit – wenn überhaupt – nur zum Teil statt.

Auch bei betriebsformenübergreifender Betrachtung waren im Zeitablauf deutliche Preissteigerungen zu konstatieren (vgl. nochmals die Abbildungen 29 und 30). Demzufolge wurden die sinkenden Gesamtumsätze durch abnehmende Gesamtabsätze verursacht, wie Abbildung 42, die die Absätze von Hersteller- und Handelsmarken sowie die Gesamtabsätze je Kalenderwoche bei betriebsformenübergreifender Betrachtung zeigt, auch verdeutlicht.

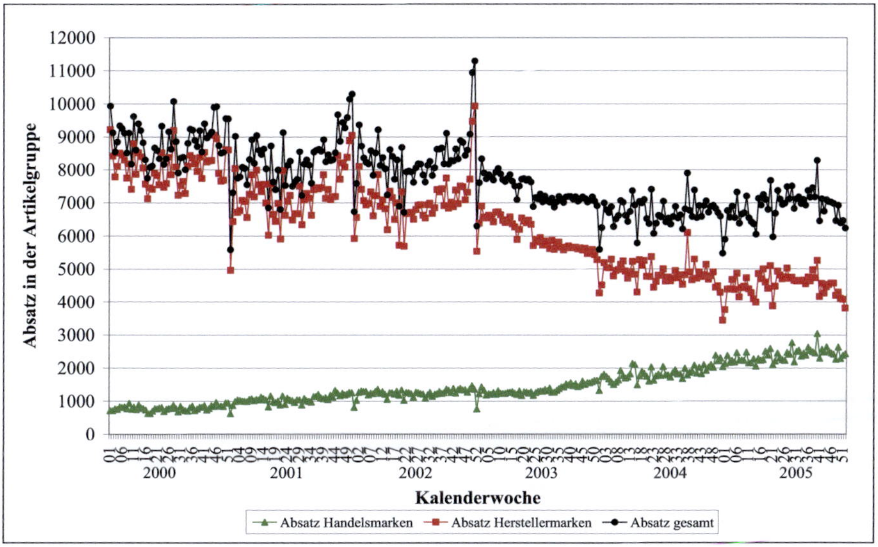

Abb. 42: Über alle Betriebsformen kumulierte Absätze je Kalenderwoche

Diese Ergebnisse deuten darauf hin, dass die starken Preiserhöhungen – zumindest teilweise – einen Konsumverzicht oder eine Konsumverlagerung bei den Konsumenten ausgelöst haben.

4.5.4.3.2. Regressionsanalytische Überprüfung

Die deskriptiven Ergebnisse deuten bereits darauf hin, dass sich nicht alle zuvor abgeleiteten Hypothesen bewähren. Dies soll nun mit Hilfe von linearen Einfachregressionen überprüft werden. Dabei stellt die Zeit (in Wochen) die unabhängige Variable dar, während die jeweiligen Umsätze und Absätze die jeweiligen abhängigen Variablen bilden.

Abbildung 43 zeigt die Ergebnisse der linearen Einfachregressionen mit der Zeit (in Wochen) als unabhängiger Variable und den jeweiligen Umsätzen als abhängigen Variablen bei betriebsformenspezifischer Betrachtung.

Betriebsform	**Abhängige Variable**	**Erwartetes Vorzeichen**	**Standardisierter Regressionskoeffizient**	**t-Wert**	**Signifikanz**	**R^2**	**Bewährung**
Discounter	Umsätze Handelsmarken	+ (H 7)	+ 0,880	32,682	0,000	0,775	ja
	Umsätze Herstellermarken	- (H 8)	+ 0,010	0,167	0,867	0,000	(nein) nicht signifikant
	Gesamtumsätze	+ (H 9)	+ 0,639	14,636	0,000	0,409	ja
Supermärkte	Umsätze Handelsmarken	+ (H 7)	+ 0,892	34,670	0,000	0,795	ja
	Umsätze Herstellermarken	- (H 8)	- 0,663	- 15,596	0,000	0,440	ja
	Gesamtumsätze	+ (H 9)	- 0,379	- 7,218	0,000	0,144	nein
Verbrauchermärkte	Umsätze Handelsmarken	+ (H 7)	+ 0,936	46,870	0,000	0,876	ja
	Umsätze Herstellermarken	- (H 8)	- 0,894	- 35,217	0,000	0,800	ja
	Gesamtumsätze	+ (H 9)	- 0,819	- 25,124	0,000	0,671	nein

Abb. 43: Ergebnisse der Regressionsanalysen mit den Umsätzen als abhängigen Variablen bei betriebsformenspezifischer Betrachtung

Die Abbildung verdeutlicht, dass die zuvor aufgestellten Hypothesen nicht alle als bewährte Aussagen zu bezeichnen sind. In den Discountern zeigt sich der vermutete negative Zusammenhang zwischen der Zeit und den Umsätzen der Herstellermarken nicht. Hypothese 8 ist demnach mit Blick auf die Discounter abzulehnen. Der Zusammenhang zwischen der Zeit und den Gesamtumsätzen in den Supermärkten und in den Verbrauchermärkten ist entgegen den zuvor aufgestellten Hypothesen negativ. Hypothese 9 wird demzufolge mit Blick auf die Supermärkte und Verbrauchermärkte abgelehnt.

Abbildung 44 zeigt die Ergebnisse der linearen Einfachregressionen mit der Zeit (in Wochen) als unabhängiger Variable und den jeweiligen Absätzen als abhängigen Variablen bei betriebsformenspezifischer Betrachtung.

Betriebs-form	Abhängige Variable	Erwartetes Vorzeichen	Standardisierter Regressions-koeffizient	t-Wert	Signifikanz	R^2	Be-währung
Discounter	Absätze Handelsmarken	+ (H 7)	+ 0,880	32,574	0,000	0,774	ja
	Absätze Herstellermarken	- (H 8)	- 0,297	- 5,479	0,000	0,088	ja
	Gesamtabsätze	+ (H 9)	+ 0,261	4,756	0,000	0,068	ja
Supermärkte	Absätze Handelsmarken	+ (H 7)	+ 0,855	29,031	0,000	0,731	ja
	Absätze Herstellermarken	- (H 8)	- 0,622	- 13,978	0,000	0,387	ja
	Gesamtabsätze	+ (H 9)	- 0,354	- 6,675	0,000	0,126	nein
Verbraucher-märkte	Absätze Handelsmarken	+ (H 7)	+ 0,903	37,068	0,000	0,816	ja
	Absätze Herstellermarken	- (H 8)	- 0,913	- 39,417	0,000	0,834	ja
	Gesamtabsätze	+ (H 9)	- 0,855	- 28,973	0,000	0,730	nein

Abb. 44: Ergebnisse der Regressionsanalysen mit den Absätzen als abhängigen Variablen bei betriebsformenspezifischer Betrachtung

Aus der Abbildung ist ersichtlich, dass auch mit Blick auf die Absätze die zuvor aufgestellten Hypothesen nicht alle als bewährte Aussagen zu bezeichnen sind. Im Gegensatz zur linearen Einfachregregression mit den Umsätzen der Herstellermarken als abhängiger Variable zeigt sich in den Discountern jedoch der vermutete negative Zusammenhang zwischen der Zeit und den Absätzen der Herstellermarken (Hypothese 8). Der Wert des Bestimmtheitsmaßes ist mit 0,088 zwar sehr niedrig, gleichwohl zeigt der t-Wert, dass das Ergebnis signifikant ist. Der Zusammenhang zwischen der Zeit und den Gesamtabsätzen in den Supermärkten und in den Verbrauchermärkten ist – analog zu den Gesamtumsätzen (vgl. nochmals Abbildung 43) – entgegen den zuvor aufgestellten Hypothesen negativ. Hypothese 9 wird demzufolge mit Blick auf die Supermärkte und Verbrauchermärkte abgelehnt.

Abbildung 45 zeigt die Ergebnisse der linearen Einfachregressionen mit der Zeit (in Wochen) als unabhängiger Variable und den jeweiligen Umsätzen und Absätzen als abhängigen Variablen bei betriebsformenübergreifender Betrachtung.

Abhängige Variable	Erwartetes Vorzeichen	Standardisierter Regressions-koeffizient	t-Wert	Signifikanz	R^2	Be-währung
Umsätze Handelsmarken	+ (H 7)	+ 0,956	57,463	0,000	0,914	ja
Umsätze Herstellermarken	- (H 8)	- 0,874	- 31,731	0,000	0,765	ja
Gesamtumsätze	+ (H 9)	- 0,693	- 16,935	0,000	0,481	nein
Absätze Handelsmarken	+ (H 7)	+ 0,943	49,662	0,000	0,888	ja
Absätze Herstellermarken	- (H 8)	- 0,891	- 34,588	0,000	0,794	ja
Gesamtabsätze	+ (H 9)	- 0,730	- 18,800	0,000	0,533	nein

Abb. 45: Ergebnisse der Regressionsanalysen mit Umsätzen und Absätzen als Regressanden bei betriebsformenübergreifender Betrachtung

Es zeigt sich, dass lediglich die Hypothesen 7 und 8 als bewährte Aussagen zu bezeichnen sind. Der Zusammenhang zwischen der Zeit und den Gesamtumsätzen bzw. Gesamtabsätzen ist demgegenüber entgegen der zuvor aufgestellten Hypothese negativ. Hypothese 9 wird demzufolge jeweils abgelehnt. Diese Ergebnisse verdeutlichen, dass die zunehmende Verbreitung von Handelsmarken mit einem insgesamt sinkenden Marktvolumen[212] einhergeht.

4.5.4.3.3. Zusammenfassung der Ergebnisse

Mit den in allen drei Betriebsformen zunehmenden Anteilen gelisteter Handelsmarken gehen demnach – mit Ausnahme der Discounter – keine positiven Entwicklungen der Gesamtabsätze und Gesamtumsätze in der Artikelgruppe einher. Dies muss allerdings nicht zwingend bedeuten, dass auch die Gewinne rückläufig sind.

[212] In diesem Zusammenhang sei nochmals auf die zugrunde liegende Annahme hingewiesen, dass die untersuchte Stichprobe aufgrund der umfassenden Datenbasis einen repräsentativen Teil des Gesamtmarktes abbildet. Vgl. nochmals Abschnitt 4.5.2.

Es ist zu erwarten, dass der Handel mit Handelsmarken aufgrund niedrigerer Beschaffungskosten höhere Handelsspannen erzielt als mit Herstellermarken.[213] Somit ist es durchaus möglich, dass der Handel mit höheren Anteilen gelisteter Handelsmarken zwar niedrigere Umsätze, aber aufgrund höherer Handelsspannen von Handelsmarken höhere Deckungsbeiträge erzielt. Demzufolge kann es sich zwar u. U. anbieten, auf höhere Umsätze zugunsten höherer Deckungsbeiträge zu verzichten. Es ist allerdings fraglich, ob die hier insbesondere in den Super- und Verbrauchermärkten erkennbaren deutlichen Rückgänge der Gesamtumsätze in der Artikelgruppe durch höhere Deckungsbeiträge von Handelsmarken überkompensiert werden.

Daher liegt die Vermutung nahe, dass der Handel mit der Führung von Handelsmarken zumindest kurzfristig nicht das Ziel der Gewinnsteigerung, sondern andere Ziele verfolgt. In diesem Zusammenhang könnte u. U. die Verdrängung kleinerer Markenartikelhersteller eine Rolle spielen. Die Auslistung von Zweit- und Drittmarken zugunsten von Handelsmarken bedroht nämlich insbesondere die Existenz kleinerer Hersteller, die nicht über starke Marken verfügen. Daher ist zu erwarten, dass die Anzahl der Markenartikelhersteller aufgrund der starken Konkurrenz durch Handelsmarken abnehmen wird. Handelsunternehmen versprechen sich davon vermutlich eine Stärkung der Verhandlungsmacht gegenüber Markenartikelherstellern und eine Senkung der Verhandlungs- und Abstimmungskosten.[214] Zudem können größere Hersteller aufgrund von Größeneffekten u. U. kostengünstiger produzieren, was dem Handel bei entsprechend erfolgreichen Verhandlungen zusätzliches Gewinnpotenzial verspricht. Für dieses langfristige Ziel werden somit anscheinend kurzfristige Umsatz- und damit vermutlich auch Gewinneinbußen in Kauf genommen.

In diesem Zusammenhang könnte man einwenden, dass die Händler die Zahl der Lieferanten im Allgemeinen – und nicht speziell mit Blick auf Markenartikelhersteller – verringern möchten, um auf diese Weise z. B. Logistikkosten oder Fehlbestände zu vermindern. Dagegen spricht allerdings die Tatsache, dass hauptsächlich Herstellermarken und i. d. R. keine Handelsmarken ausgelistet werden.

---

213 Vgl. zu einer kostengerichteten Bewertung von Hersteller- und Handelsmarken MÜLLER-HAGEDORN 2001. Höhere Deckungsbeiträge werden Handelsmarken z. B. in folgenden Quellen zugeschrieben: HOCH/BANERJI 1993, S. 57; LAAKSONEN 1994, S. 37; HOCH 1996, S. 89; RICHARDSON/JAIN/DICK 1996, S. 181; NARASIMHAN/WILCOX 1998, S. 591; AHLERT/KENNING/SCHNEIDER 2000, S. 44; AHLERT/KENNING/SCHNEIDER 2001, S. 255; AILAWADI/HARLAM 2004, S. 147 f.

214 Vgl. OLBRICH/BUHR/GREWE/SCHÄFER 2005, S. 85; OLBRICH/BUHR 2006, S. 39 sowie BUNDESWETTBEWERBSBEHÖRDE DER REPUBLIK ÖSTERREICH 2007, S. 11.

Durch die Verdrängung von Herstellerunternehmen würde der Konzentrationsprozess auf der Herstellerstufe gefördert und der horizontale Wettbewerbsdruck dort nachlassen. Aus Sicht der einzelnen Herstellerunternehmen kann es ab einer bestimmten (kleinen) Anzahl verbliebener Unternehmen aufgrund des damit verbundenen Machtzuwachses kurzfristig betrachtet von Vorteil sein, zu dieser Gruppe zu gehören. Mittel- bis langfristig ist allerdings auch die Position der verbliebenen Hersteller aufgrund der Sortimentsflexibilität des Handels sehr gefährdet. Aus Sicht der Konsumenten würde sich damit die Gefahr weiter steigender Preise und sinkender Artikelvielfalt noch weiter erhöhen. Aus wettbewerbspolitischer Sicht sind diese Entwicklungen daher negativ zu werten.

4.5.5. Fazit

Die empirischen Ergebnisse verdeutlichen, dass mit der zunehmenden Verbreitung von Handelsmarken in der untersuchten Artikelgruppe bereits jetzt – also in einer Phase, in der die zunehmende Verbreitung von Handelsmarken vermutlich noch längst nicht abgeschlossen ist – eine sinkende Artikelvielfalt, ein steigendes Preisniveau und ein sinkendes Marktvolumen verbunden sind.

So ist anhand der deskriptiven Ergebnisse zu erkennen, dass in allen untersuchten Betriebsformen deutliche Rückgänge der Artikelvielfalt – hervorgerufen durch ausgelistete Herstellermarken, die nur teilweise durch neu eingelistete Handelsmarken ersetzt werden – zu beobachten sind. Die regressionsanalytischen Ergebnisse zeigen darüber hinaus, dass die zuvor abgeleiteten Hypothesen mit Blick auf die Artikelvielfalt als bewährte Aussagen zu bezeichnen sind.

Entsprechende Ergebnisse mit Blick auf die Artikelvielfalt sind nach Auskunft der INFORMATION RESOURCES GMBH (IRI) im gesamten Lebensmitteleinzelhandel zu konstatieren. So sei die Anzahl der EANs im Lebensmitteleinzelhandel zwischen 2002 und 2007 um knapp zehn Prozent zurückgegangen.

Zudem sind in allen untersuchten Betriebsformen deutliche Preissteigerungen feststellbar. Anhand der regressionsanalytischen Ergebnisse ist erkennbar, dass auch die zuvor abgeleiteten Hypothesen zur Ausprägung des Preisniveaus auf kg-Ebene als bewährte Aussagen zu bezeichnen sind.

Mit Blick auf die Frage, welche Marktform die Preispolitik im Lebensmitteleinzelhandel bestimmt, deuten die Preissteigerungen in der untersuchten Artikelgruppe auf eine Tendenz zum Oligopol hin. Insofern scheint der ‚Startschuss' für ein paralleles Preisverhalten der verbliebenen Anbieter im Markt bereits gefallen zu sein. Auf lange Sicht haben die Konsumenten aufgrund der vermutlich immer weiter abnehmenden Anbieterzahl im Markt dann immer weniger Ausweichmöglichkeiten, so dass einer Preisspirale nach oben ‚Tür und Tor' geöffnet sind.

Mit Blick auf das Marktvolumen sind die Ergebnisse insbesondere bei betriebsformenübergreifender Betrachtung brisant: Sowohl die Gesamtumsätze als auch die Gesamtabsätze sind entgegen der zuvor abgeleiteten Hypothese stark rückläufig. Diese Entwicklungen deuten darauf hin, dass die Konsumenten ihren Konsum im Zuge der zunehmenden Verbreitung von Handelsmarken eingeschränkt, verlagert oder sogar eingestellt haben.

Daneben lässt sich anhand der vorliegenden Daten erkennen, dass der Handel den Anteil gelisteter Handelsmarken weiter ausdehnt, obwohl damit nicht durchweg positive Umsatzentwicklungen einhergehen. Somit ist zu vermuten, dass der Handel Handelsmarken – zumindest auch – mit dem Ziel anbietet, kleinere Markenartikelhersteller vom Markt zu drängen. Als Folge der Verringerung der Herstellerzahl ist mit einem steigenden Konzentrationsprozess auf der Herstellerstufe zu rechnen.

Der durch das Preisbindungsverbot verzerrte Wettbewerb in der Konsumgüterdistribution scheint demnach bereits jetzt – zumindest teilweise – zur Abschottung vertikal integrierter Handelskonzerne, die ihre Kunden mit Handelsmarken an sich zu binden suchen, geführt zu haben. Das Verschwinden vieler Herstellermarken verringert in diesem Zusammenhang die Wahlfreiheit der Konsumenten. Brisant ist, dass den Konsumenten durch eine in den letzten Jahren stetig zunehmende Ausweitung der Verkaufsflächen je Verkaufsstätte[215] (in allen Betriebsformen) zumindest indirekt eine Zunahme der Artikelvielfalt suggeriert wird.

[215] Vgl. zu diesen Daten EHI RETAIL INSTITUTE 2006, S. 231 und EHI RETAIL INSTITUTE 2007, S. 211.

4.6. Zu den Auswirkungen ausgewählter sortiments- und preispolitischer Maßnahmen auf die Marktdurchdringung – eine kausalanalytische Untersuchung auf Basis der Partial Least Squares-Methode

4.6.1. Problemstellung und Ziele der Untersuchung

Wie bereits in Abschnitt 2.2. erläutert wurde, wird die zunehmende Verbreitung von Handelsmarken im europäischen Konsumgüterhandel nicht unwesentlich durch das in Europa geltende Verbot der vertikalen Preisbindung (Artikel 81 EG) begünstigt. Dieses lässt dem Handel weitgehend ‚freie Hand' bei der Festlegung der Preise aller von ihm angebotenen Artikel. Somit entscheidet der Handel nicht nur, wie viele und welche Artikel in seinem Sortiment gelistet sind (Anzahl, Markentyp), sondern auch, zu welchen Preisen die gelisteten Artikel, d. h. sowohl Herstellermarken als auch Handelsmarken, angeboten werden. Die dem Handel neben der Sortiments- somit ebenfalls obliegende Preishoheit erlaubt ihm, die sortiments- und preispolitischen Maßnahmen in der Weise aufeinander abzustimmen, dass er seine Ziele bestmöglich erreichen kann.

Vor diesem Hintergrund steht in der nachstehenden empirischen Untersuchung die Frage im Mittelpunkt, wie sich die vom Handel in den untersuchten Verkaufsstellen eingesetzten sortiments- und preispolitischen Maßnahmen auf die Marktdurchdringung ausgewirkt haben. In diesem Zusammenhang wird der Blick insbesondere auf die Anzahl und den Markentyp der im Sortiment gelisteten Artikel (Sortimentspolitik) sowie auf die Preissetzung (Preispolitik) gerichtet.

Das in diesem Zusammenhang zur Anwendung kommende Kausalmodell bringt (im Vergleich zu isoliert durchgeführten Regressionsanalysen) den Vorteil mit sich, dass potenzielle Dependenzen zwischen den betrachteten Variablen berücksichtigt werden.

4.6.2. Theoretischer Hintergrund

Mit Blick auf die von Unternehmen im Allgemeinen verfolgten Ziele ist davon auszugehen, dass – zumindest langfristig – rentabilitäts- und gewinnorientierte Ziele verfolgt werden, um ein Verbleiben im Markt realisieren zu können. Allerdings werden zum Erreichen dieser Ziele i. d. R. unterschiedliche ‚Wege' eingeschlagen.

So ist z. B. denkbar, dass diese übergeordneten Ziele durch eine Ausweitung der Marktdurchdringung erreicht werden sollen. Denn eine höhere Marktdurchdringung bedeutet letztlich, dass der Anteil am gesamten Marktvolumen ausgedehnt und somit die ‚Stellung im Markt' gestärkt wird. Eine stärkere Stellung im Markt führt vermutlich zu einer steigenden Markt- und somit auch Verhandlungsmacht. Diese kann Unternehmen dann im Rahmen von Verhandlungen mit Marktpartnern Vorteile verschaffen, z. B. in Form besserer Lieferkonditionen, so dass daraus letztlich höhere Gewinnpotenziale entstehen.[216]

In diesem Zusammenhang ist allerdings zu beachten, dass es sich mit Blick auf einen höheren Erreichungsgrad der übergeordneten Ziele u. U. auch anbieten kann, ‚Zwischenziele' zu verfolgen, die den übergeordneten Zielen kurzfristig sogar entgegenwirken. Ein solches ‚Zwischenziel' könnte – gerade in Zeiten eines zunehmenden Verdrängungswettbewerbs[217] – z. B. die ‚Verdrängung von Konkurrenten vom Markt' darstellen. Es ist denkbar, dass die zum Erreichen dieses Ziels eingesetzten Maßnahmen möglicherweise zunächst negative Effekte auf die Marktdurchdringung und damit i. d. R. auch auf den Gewinn haben. Dies wird dann kurzfristig ‚in Kauf genommen', um später – nach erfolgter Verdrängung – höhere Gewinnpotenziale aufgrund zunehmender Marktmacht zu erlangen.[218]

Im Rahmen dieser Untersuchung wird zunächst davon ausgegangen, dass eine Steigerung der Marktdurchdringung erreicht werden soll. Die Marktdurchdringung lässt sich anhand von Absätzen und Umsätzen operationalisieren. Absätze bilden in diesem Zusammenhang die mengenmäßige und Umsätze die wertmäßige Marktdurchdringung ab.

Mit Blick auf Absätze und Umsätze als Indikatoren zur Messung der Marktdurchdringung ist zu beachten, dass sie sich nicht zwangsläufig in dieselbe Richtung entwickeln. Eine entscheidende Rolle spielt in diesem Zusammenhang die Ausprägung preispolitischer Maßnahmen. Im Allgemeinen wird davon ausgegangen, dass steigende Preise zu sinkenden Absätzen führen und umgekehrt.[219] Die Entwicklung der Um-

[216] Vgl. dazu auch BECKER 2006, S. 149 f. BECKER zufolge wird eine möglichst hohe Marktdurchdringung von Unternehmen häufig als Ziel verfolgt, weil sie sich davon Kostensenkungen und mehr Verhandlungsmacht erhoffen.

[217] Vgl. z. B. OLBRICH/BUHR 2005c.

[218] In diesem Zusammenhang ist anzumerken, dass eine sinkende Marktdurchdringung nicht zwangsläufig mit einem sinkenden Gewinn verbunden ist. So können auch niedrigere Umsätze zu einem höheren Gewinn führen, wenn damit einhergehende höhere Deckungsspannen zu höheren Deckungsbeiträgen führen.

[219] Vgl. z. B. SCHMALEN 1995, S. 26. Vgl. tiefergehend zur Preisabsatzfunktion auch Abschnitt 2.3.

sätze hängt dann davon ab, ob die geringeren (höheren) Absätze durch die höheren (geringeren) Preise (über)kompensiert werden.

Allerdings muss davor gewarnt werden, grundsätzlich von einem negativen Zusammenhang zwischen Preisen und Absätzen auszugehen. Beispielsweise zeigt sich mit Blick auf Vertrauens- und Luxusgüter oft ein positiver Zusammenhang, da höhere Preise in diesen Fällen vielfach als Qualitätsindikatoren gewertet werden bzw. Konsumenten prestigeorientierte Ziele verfolgen und demgemäß bereit sind, höhere Preise zu zahlen.[220] Steigende Preise und steigende Absätze führen dann zwangsläufig auch zu steigenden Umsätzen.

Neben den beiden genannten Ausprägungen kann es darüber hinaus sein, dass zwischen Preisen und Absätzen gar kein Zusammenhang besteht. Preisänderungen rufen dann keine Reaktionen in den Absätzen hervor. Der Preis stellt folglich kein entscheidendes Kaufkriterium dar. Dieser Fall ist beispielsweise denkbar, wenn für die Konsumenten die Alternative ‚Konsumverzicht' nicht existiert, d. h. Preissteigerungen bzw. -senkungen haben keinen Einfluss auf die Entscheidung, ob und wenn ja, in welcher Menge ein bestimmter Artikel gekauft wird. Preissteigerungen führen in diesem Fall zu steigenden Umsätzen und umgekehrt.

Eine im Vorfeld durchgeführte bivariate Korrelationsanalyse zwischen den Absätzen und den Umsätzen in der untersuchten Artikelgruppe hat gezeigt, dass diese in allen Betriebsformen positiv miteinander korrelieren und demzufolge keine gegenläufigen Entwicklungen zu erwarten sind.

Sofern im Rahmen dieser Untersuchung eine sinkende Marktdurchdringung festgestellt wird, könnte das u. U. ein Hinweis darauf sein, dass die untersuchten Handelsunternehmen kurzfristige Absatz- und Umsatzeinbußen hinnehmen, um zunächst andere Ziele – z. B. die Verdrängung von Konkurrenten – zu erreichen.

Als Determinanten der Marktdurchdringung werden im Rahmen dieser Untersuchung sortiments- und preispolitische Maßnahmen untersucht. Besonders im Lebensmitteleinzelhandel sind in den letzten Jahren ganz bestimmte, aufeinander abgestimmte Kombinationen dieser Maßnahmen zu konstatieren:[221]

Die Sortimente sind durch steigende Anteile gelisteter Handelsmarken gekennzeichnet. Herstellermarken werden in diesem Zusammenhang zunehmend zugunsten

---

[220] Vgl. tiefergehend zum sogenannten ‚Prestige-' oder ‚Veblen-Effekt' z. B. SCHMALEN 1995, S. 19.

[221] Vgl. zu tiefgehenden Erläuterungen der nachfolgend überblicksartig dargelegten Verhaltensweisen des Handels u. a. OLBRICH 2001b sowie OLBRICH/BUHR/GREWE/SCHÄFER 2005, S. 20 ff.

von Handelsmarken ausgelistet. Der Marktanteil von Handelsmarken nimmt dabei immer stärker zu, weil die Wettbewerbschancen von Herstellermarken seit dem Fall der Möglichkeit zur Preisbindung immer stärker geschwächt und durch bestimmte preispolitische Verhaltensweisen des Handels weiter unterlaufen werden.

Eine solcher preispolitischen Verhaltensweisen des Handels stellt die sogenannte ‚gezielte Preisschleuderei' dar. Der Handel setzt in diesem Fall die Preise von Herstellermarken derart niedrig (u. U. sogar niedriger als die Einstandspreise), dass dies letztlich sinkende Preisbereitschaften der Nachfrager gegenüber den betroffenen Herstellermarken zur Folge hat. Auf diese Weise wird die preisliche Positionierung der Herstellermarken bewusst unterlaufen.

Auch sogenannte ‚Preiskulissen' spielen in diesem Zusammenhang eine bedeutende Rolle. Darunter versteht man künstlich erzeugte Preisvergleiche bei bestimmten Artikeln, die dem Handel erst durch seine Preishoheit ermöglicht wurden. Eine Form der Nutzung von Preiskulissen stellt das Setzen von ‚Preisschirmen' dar (‚Umbrella Pricing'). Der Handel verlangt in diesem Fall für Herstellermarken derart hohe Preise, dass Handelsmarken aufgrund ihrer deutlich niedrigeren Preise besonders preisgünstig erscheinen. Ziel dieser Vorgehensweise ist die Förderung des Absatzes der eigenen Handelsmarken. Auch diese preispolitische Verhaltensweise des Handels ist letztlich schädlich für die preisliche Positionierung von Herstellermarken.

In jüngster Zeit häufen sich zudem Vergleiche von Preisen bestimmter Hersteller- und Handelsmarken in Handzetteln oder Printmedien.[222] Diese Preisvergleiche werden häufig begleitet von einer starken Anlehnung des Verpackungsdesigns der Handelsmarken an das von Herstellermarken. Auf diese Weise soll den Konsumenten eine vergleichbare Qualität der Artikel suggeriert werden. Die beabsichtigte Wirkung der Vergleiche zielt nicht nur auf die unmittelbare Steigerung des Absatzes der Handelsmarken, sondern auch auf die Profilierung des Händlers im Vergleich zu denjenigen anderen Händlern, die noch in erheblichem Umfang Herstellermarken anbieten. Dies können insbesondere auch Händler anderer Betriebsformen sein.

Daneben werden z. T. sogar künstliche Preisvergleiche geschaffen, indem Preisempfehlungen zunächst von einem Handelsmarkenproduzenten in Abstimmung mit dem jeweiligen Handelsunternehmen gesetzt werden und dann von dem Händler im Sinne einer besonderen ‚Promotion' unterschritten werden. Diese Preiskulisse kann nicht nur bei reinen Handelsmarkensortimenten eingesetzt werden, wird aber in diesen

---

[222] Vgl. nochmals Rewe-Handzettel der KW 22/2007 und KW 23/2007 sowie zu einer kritischen Stellungnahme HANKE 2007, S. 31.

Fällen aus Sicht der Händler besonders interessant, da die Preisvergleiche mit Herstellermarken in den eigenen Verkaufsstellen ausscheiden.

Es ist allerdings anzunehmen, dass die erläuterten Kombinationen sortiments- und preispolitischer Maßnahmen in den verschiedenen Betriebsformen des Lebensmitteleinzelhandels in unterschiedlichen Ausprägungen eingesetzt werden:

Discounter zeichnen sich dadurch aus, dass ein auf hohe Umschlagshäufigkeit ausgerichtetes Sortiment zu niedrigen Preisen angeboten wird.[223] Die Verkaufsfläche beträgt in der Regel zwischen 200 und 600 Quadratmetern. Infolgedessen ist das Sortiment bezüglich Breite und Tiefe begrenzt.[224] Die aggressive Niedrigpreisstrategie wird sowohl durch das Angebot eigener Handelsmarken als auch durch das Angebot bekannter Herstellermarken zu sehr niedrigen Preisen realisiert. Discounter signalisieren ihre Preisgünstigkeit somit auf zweierlei Wegen: Da lediglich Herstellermarken auch in Verkaufsstätten anderer Betriebsformen zu finden sind, wird die Preisgünstigkeit im Rahmen des Interbetriebsformenwettbewerbs durch dauerhaft niedrigere Preise der Herstellermarken demonstriert. Unterstützt wird diese Vorgehensweise zusätzlich dadurch, dass die Preise der Handelsmarken i. d. R. unterhalb der Preise der Herstellermarken festgesetzt werden.

Eine konsequente Niedrigpreisstrategie bedingt letztlich Einstandspreise, die eine solche Strategie auch ermöglichen. Als Verhandlungsargument gegenüber Markenartikelherstellern dienen den Discountern ihre eigenen Handelsmarken: Selbst starke Markenartikelhersteller können so zu Preisnachlässen gezwungen werden, die sie ansonsten nicht einräumen würden. Diesen Forderungen haben insbesondere Zweit- und Drittmarken der Industrie derzeit sehr häufig nichts mehr entgegenzusetzen. Der Wert dieser Marken erodiert zwangsläufig als Folge, was letztlich dazu führt, dass diese Marken aus den Sortimenten verschwinden. Die zunehmende Verbreitung von Handelsmarken bringt dann einen Rückgang an Herstellermarken im Sortiment mit sich.

Da die Betriebsform Discounter durch eine starke Preisaggressivität gekennzeichnet ist, ist mit Blick auf den Einsatz von preispolitischen Taktiken des Handels somit zu vermuten, dass Herstellermarken vornehmlich der Gefahr unterliegen, ‚Opfer' von gezielter Preisschleuderei zu werden. Gleichwohl ist nicht ausgeschlossen, dass auch in Discountern Preiskulissen eingesetzt werden.

---

223 Vgl. AUSSCHUSS FÜR DEFINITIONEN ZU HANDEL UND DISTRIBUTION 2006, S. 44 sowie PURPER 2007, S. 30.

224 Vgl. THEIS 1999, S. 496; LIEBMANN/ZENTES 2001, S. 382 sowie PURPER 2007, S. 30.

Die Verkaufsfläche in *Supermärkten* beträgt in der Regel zwischen 400 und 800 Quadratmetern. Das Sortiment ist insgesamt zwar relativ breit, aufgrund der begrenzten Verkaufsfläche jedoch recht flach ausgerichtet. Da die Kunden im Bereich der Frischwaren häufig von qualifiziertem Personal bedient werden und sich Supermärkte zudem durch eine attraktive Ladengestaltung auszeichnen, ist das Preisniveau in der Regel relativ hoch.[225]

Die zunehmende Verbreitung von Discountern im Lebensmitteleinzelhandel hat jedoch insbesondere auf der Ebene der Herstellermarken einen aggressiven Preiswettbewerb zwischen den Betriebsformen ausgelöst, vor dem sich auch die Supermärkte aufgrund der Vergleichbarkeit der Preise von Herstellermarken nicht verschließen können. Allerdings begegnen sie diesem Wettbewerbsdruck in der Regel nicht mit Dauerniedrigpreisen, sondern in erster Linie mit punktuellen Sonderangeboten.

Zur Abschottung gegen den Wettbewerb setzen Supermärkte zwar auch in steigendem Maße Handelsmarken ein, was aufgrund der begrenzten Verkaufsfläche zwangsläufig auch häufig mit Auslistungen von Herstellermarken verbunden ist. Gleichwohl wird die Anzahl gelisteter Herstellermarken in Supermärkten vermutlich immer höher bleiben als in Discountern, da dies ein Differenzierungsmerkmal zwischen diesen Betriebsformen darstellt.

Mit Blick auf preispolitische Verhaltensweisen sind vor diesem Hintergrund in erster Linie Preiskulissen zu erwarten. Der Einsatz gezielter Preisschleuderei ist gleichwohl nicht auszuschließen.

Verbrauchermärkte haben im Allgemeinen eine Verkaufsfläche von über 800 Quadratmetern und sind somit den großflächigen Betrieben des Einzelhandels zuzuordnen. Das Sortiment ist in der Regel dementsprechend breit und tief gegliedert.[226] Die vergleichsweise einfache Raum- und Einrichtungsgestaltung sowie das Prinzip der Selbstbedienung – mit Ausnahme der Frischetheken – bilden die Grundlage für eine aggressive Preispolitik. Diese realisieren die Verbrauchermärkte sowohl über Dauerniedrigpreise als auch über eine ausgeprägte Sonderangebotspolitik.[227] Die Dauerniedrigpreise gelten dabei in erster Linie für Handelsmarken, während Sonderangebote

---

[225] Vgl. AUSSCHUSS FÜR DEFINITIONEN ZU HANDEL UND DISTRIBUTION 2006, S. 56 sowie PURPER 2007, S. 29.

[226] Vgl. AUSSCHUSS FÜR DEFINITIONEN ZU HANDEL UND DISTRIBUTION 2006, S. 60 sowie PURPER 2007, S. 30 f.

[227] Vgl. PURPER 2007, S. 31.

vorwiegend mit Blick auf Herstellermarken eingesetzt werden. So soll auf zweierlei Wegen die Preisgünstigkeit der Einkaufsstätten signalisiert werden.

Auch in den Sortimenten von Verbrauchermärkten sind Handelsmarken wegen ihrer oben beschriebenen Funktion als Verhandlungsargument gegenüber Markenartikelherstellern und wegen des preispolitischen Spielraums, den sie aufgrund ihrer mangelnden Vergleichbarkeit mit Handelsmarken anderer Händler bieten, in zunehmendem Maße zu finden. Die große Verkaufsfläche in Verbrauchermärkten erfordert allerdings nicht zwangsläufig eine radikale Auslistung von Herstellermarken, so dass den Konsumenten durch ein paralleles Angebot von Handels- und Herstellermarken eine recht große Produktauswahl geboten werden kann.

Mit Blick auf Verbrauchermärkte sind somit weniger Auslistungen von Herstellermarken im Zuge der Zunahme von Handelsmarken zu erwarten. Vor diesem und vor dem Hintergrund der von Verbrauchermärkten üblicherweise verfolgten aggressiven Preispolitik sind sowohl die gezielte Preisschleuderei als auch Preiskulissen als preispolitische Verhaltensweisen denkbar.

4.6.3. Konzeption des Kausalmodells

Vor dem Hintergrund der im vorangegangenen Abschnitt dargelegten theoretischen Zusammenhänge wird im Rahmen dieses Abschnitts ein Kausalmodell abgeleitet, das die Wirkungen der mit dem Markentyp in Verbindung stehenden sortiments- und preispolitischen Maßnahmen auf die Marktdurchdringung erfasst. Der Vorteil im Vergleich zu Partialmodellen besteht mit Blick auf dieses Modell darin, dass potenzielle Interdependenzen durch die Erfassung der Maßnahmen innerhalb eines Modells berücksichtigt werden.

Ein Kausalmodell setzt sich aus einem Strukturmodell und verschiedenen Messmodellen zusammen. Das Strukturmodell besteht dabei i. d. R. aus einer oder mehreren latenten exogenen Variablen, die auf eine oder mehrere latente endogene Variable(n) wirken. Die Messung der latenten Variablen erfolgt anhand von empirisch erhobenen manifesten Indikatorvariablen in verschiedenen Messmodellen.[228] Mit Blick auf die Messmodelle ist auf Basis von inhaltlichen Überlegungen zu den Be-

[228] Vgl. allgemein zum Aufbau von Kausalmodellen z. B. RINGLE 2004b, S. 7 ff.; BACKHAUS/ERICHSON/PLINKE/WEIBER 2006, S. 338 ff.

ziehungen zwischen latenten und manifesten Variablen zu entscheiden, ob eine formative oder reflektive Spezifizierung vorgenommen wird.[229]

Das konzipierte Kausalmodell besteht aus insgesamt vier Ebenen. Die ersten beiden Ebenen beinhalten die Messmodelle der latenten exogenen Variablen. Die dritte Ebene bildet das Strukturmodell ab. Die vierte Ebene beinhaltet das Messmodell der latenten endogenen Variable. Die folgende Abbildung zeigt das Kausalmodell im Überblick.

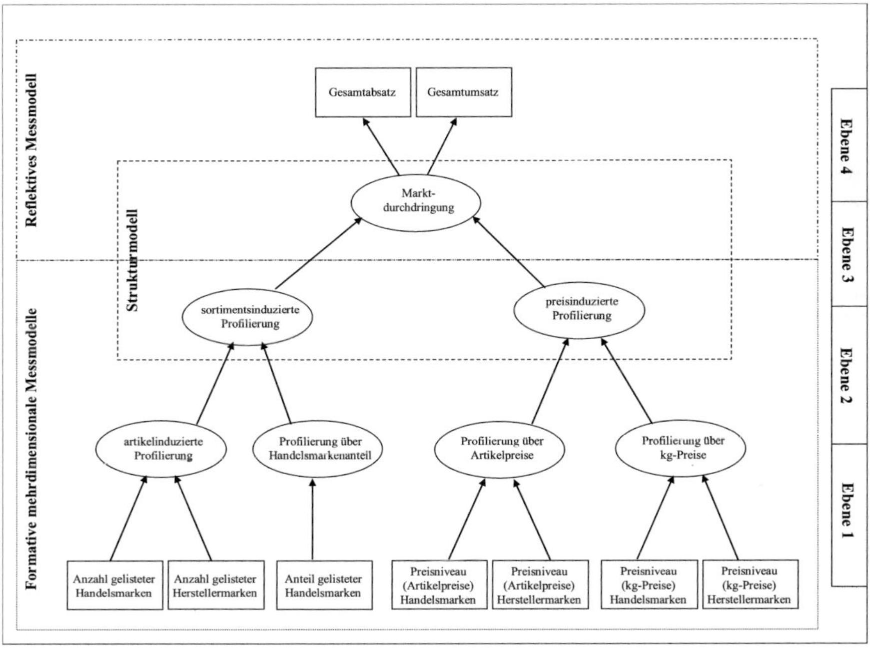

Abb. 46: Das Kausalmodell im Überblick

Der Abbildung ist zu entnehmen, dass auf der einen Seite sortimentspolitische und auf der anderen Seite preispolitische Maßnahmen als Indikatorvariablen für die latenten exogenen Konstrukte fungieren. Die latenten exogenen Konstrukte werden über mehrdimensionale Messmodelle operationalisiert (Ebenen 1 und 2). Diese Vorgehensweise hat in erster Linie einen methodischen Hintergrund, ist aber auch inhaltlich nachvollziehbar. Methodisch notwendig wurde diese Vorgehensweise, weil die Varianzinflationsfaktoren (VIF) der Indikatoren in den Messmodellen darauf hindeuteten, dass

---

229 Vgl. dazu z. B. CASSEL/HACKL/WESTLUND 2000, S. 900.

Multikollinearität vorliegt. Dem Problem der Multikollinearität konnte durch die Bildung mehrdimensionaler Messmodelle begegnet werden.[230]

Mit Blick auf die sortimentspolitischen Maßnahmen stellen die ‚Anzahl gelisteter Handelsmarken' und die ‚Anzahl gelisteter Herstellermarken' die Indikatoren zur Messung des Konstrukts ‚artikelinduzierte Profilierung' dar, während das Konstrukt ‚Profilierung über Handelsmarkenanteil' anhand des Indikators ‚Anteil gelisteter Handelsmarken' gemessen wird (Ebene 1).[231] Die Trennung dieser sogenannten ‚Konstrukte erster Ordnung' ist auch inhaltlich nachvollziehbar, da ihnen jeweils unterschiedliche sortimentspolitische Entscheidungen zugrunde liegen, die zwar zusammenhängen, aber dennoch einzeln getroffen werden müssen: Während sich das Konstrukt ‚artikelinduzierte Profilierung' letztlich aus der Entscheidung über die absolute Anzahl gelisteter Handels- und Herstellermarken ergibt, resultiert das Konstrukt ‚Profilierung über Handelsmarkenanteil' aus der Entscheidung über die Relation zwischen Handels- und Herstellermarken. Schließlich ist davon auszugehen, dass die ‚Konstrukte erster Ordnung' das Konstrukt ‚sortimentsinduzierte Profilierung' beeinflussen (Ebene 2), was somit im Rahmen dieses Messmodells ein ‚Konstrukt zweiter Ordnung' darstellt.[232]

Mit Blick auf die preispolitischen Maßnahmen ist eine Profilierung über den Preis sowohl auf Basis der Artikelpreise als auch auf Basis der kg-Preise möglich. Aus diesem Grund stellen die auf Basis der Artikelpreise berechneten Preisniveaus von Handels- und Herstellermarken die Indikatoren für das Konstrukt ‚Profilierung über Artikelpreise' dar, während das Konstrukt ‚Profilierung über kg-Preise' anhand der auf Basis der kg-Preise berechneten Preisniveaus von Handels- und Herstellermarken als Indikatoren operationalisiert wird (Ebene 1). Diese ‚Konstrukte erster Ordnung' beeinflussen letztlich das Konstrukt ‚preisinduzierte Profilierung' (Ebene 2), welches demzufolge in diesem Messmodell ein ‚Konstrukt zweiter Ordnung' repräsentiert.

Zur Bestimmung der latenten exogenen Variablen erscheinen formative Messmodelle zweckmäßig, da formative Indikatoren potenzielle Ansatzpunkte für praktisches

---

230 Vgl. tiefergehend zu den Gütekriterien der Messmodelle Abschnitt 4.6.6.2.1. Vgl. zu dieser Vorgehensweise RINNE 2004, S. 101 sowie ALBERS/GÖTZ 2006, S. 673.

231 In diesem Zusammenhang ist darauf hinzuweisen, dass der Einfluss von Handelsmarken den Konsumenten selbst möglicherweise nicht immer bewusst ist, da viele Handelsmarken von den Konsumenten nicht als solche identifiziert werden. Vgl. zur Identifizierbarkeit von Handelsmarken z. B. OLBRICH/BUHR 2005a; OLBRICH/BUHR 2005b sowie OLBRICH/BUHR/GREWE/SCHÄFER 2005, S. 26 ff.

232 Vgl. tiefergehend zu den Bezeichnungen der Konstrukte RIEMENSCHNEIDER 2006, S. 193 sowie HUBER U. A. 2007, S. 27 f.

Handeln konstituieren,[233] was im vorliegenden Fall der Betrachtung von sortiments- und preispolitischen Maßnahmen als Indikatoren gegeben ist.

Auf der dritten Ebene des Gesamtmodells befindet sich das Strukturmodell. Die latente endogene Variable bildet die ‚Marktdurchdringung', die von den latenten exogenen Variablen ‚sortimentsinduzierte Profilierung' und ‚preisinduzierte Profilierung' beeinflusst wird.

Die vierte Ebene des Gesamtmodells bildet schließlich das Messmodell der latenten endogenen Variable ‚Marktdurchdringung' ab. Die Marktdurchdringung kann sowohl mengenmäßig als auch wertmäßig bestimmt werden. Die mengenmäßige Marktdurchdringung lässt sich anhand von Absätzen messen, während die wertmäßige Marktdurchdringung anhand von Umsätzen bestimmt werden kann. Da Absätze und Umsätze keine Einflussfaktoren der Marktdurchdringung sind, sondern den Grad der Marktdurchdringung abbilden, ist die latente endogene Variable ‚Marktdurchdringung' mit Hilfe eines reflektiven Messmodells zu operationalisieren.

Mit Hilfe des Gesamtmodells sollen die Totaleffekte der einzelnen sortiments- und preispolitischen Maßnahmen auf die Marktdurchdringung untersucht werden, da hinsichtlich der einzelnen Maßnahmen uneinheitliche Wirkungen zu erwarten sind. Neben dieser inhaltlichen Begründung ist dies auch methodisch gesehen aufgrund der formativen Spezifikation der Messmodelle problemlos möglich.[234]

Da auch SCHÄFER in ihrem Kausalmodell[235] die Marktdurchdringung als endogene Variable verwendet, scheint es geboten, ihr Modell und das vorliegende Kausalmodell im Folgenden voneinander abzugrenzen: Der essenzielle Unterschied zwischen beiden Modellen ergibt sich aus ihren unterschiedlichen Zielsetzungen, die im Wesentlichen aufgrund unterschiedlicher Perspektiven der Arbeiten zustande kommen. SCHÄFER nimmt eine herstellerorientierte Perspektive ein und verfolgt im Wesentlichen die Fragestellung, ob die zunehmende Verbreitung von Handelsmarken zu einer Erosion des Werts industrieller Marken (‚Markenerosion') führt. Demgegenüber werden im Rahmen der vorliegenden Arbeit schwerpunktmäßig die Perspektive des Handels und

---

233 Vgl. FORNELL/BOOKSTEIN 1982a; FORNELL/BOOKSTEIN 1982b; FRITZ/DEES 2004; ALBERS/HILDEBRANDT 2006, S. 11; DILLER 2006, S. 614. Ähnlich auch ALBERS/GÖTZ 2006, S. 673 in Bezug auf mehrdimensionale Messmodelle. Vgl. allgemein zur Unterscheidung formativer und reflektiver Messmodelle z. B. FORNELL/CHA 1994, S. 58 ff.; DIAMANTOPOULOS/WINKLHOFER 2001; RINGLE 2004a, S. 312 ff.; RINGLE 2004b, S. 19 ff.; FASSOTT/EGGERT 2005; DILLER 2006, S. 613 f.; EBERL 2006a.

234 Vgl. FRITZ/DEES 2004, S. 312 sowie FRITZ/MÖLLENBERG/DEES 2005, S. 272.

235 Vgl. dazu SCHÄFER 2009.

die wettbewerbspolitische Perspektive eingenommen. Ziele sind es, die Auswirkungen der zunehmenden Verbreitung von Handelsmarken aus der Sicht des Handels und der Wettbewerbspolitik zu untersuchen und zu bewerten. Die Perspektive der Markenartikelindustrie wird in der vorliegenden Arbeit zwar auch berücksichtigt, steht jedoch nicht – wie bei SCHÄFER – im Zentrum.[236] Diese unterschiedlichen Zielsetzungen erfordern unterschiedlich konzipierte Kausalmodelle.

Im vorliegenden Modell steht die Frage im Vordergrund, wie die mit der in den letzten Jahren im europäischen Konsumgüterhandel zu konstatierenden zunehmenden Verbreitung von Handelsmarken einhergehenden sortiments- und preispolitischen Maßnahmen auf Zielgrößen des Handels wirken. Daneben soll nicht unberücksichtigt bleiben, wie sie aus wohlfahrtsökonomischer Sicht zu beurteilen sind. Zur Beantwortung eignet sich als Zielkonstrukt die Marktdurchdringung, da sie mit den Gesamtabsätzen und Gesamtumsätzen als Indikatoren zum einen handelsorientierte Zielgrößen beinhaltet und zudem eine Beurteilung der Versorgung der Konsumenten mit Gütern – und damit eine wohlfahrtsökonomische Bewertung – zulässt. Eine Aufspaltung dieses Konstrukts in die beiden Konstrukte ‚Marktdurchdringung von Markenartikeln‘ und ‚Marktdurchdringung von Handelsmarken‘ – wie im Modell von SCHÄFER – würde vor dem Hintergrund der Fragestellung keinen Erkenntniszuwachs bringen und ist demzufolge im vorliegenden Modell nicht erforderlich.

Auch die Berücksichtigung von Aktionshäufigkeiten (siehe Modell SCHÄFER) würde zur Beantwortung der übergeordneten Fragestellung keinen zusätzlichen Erklärungsbeitrag leisten und ist aus diesem Grunde kein Bestandteil des vorliegenden Modells.

Demgegenüber ist es für die hier untersuchte Fragestellung von entscheidender Bedeutung, wie die einzelnen sortiments- uns preispolitischen Maßnahmen des Handels konkret wirken. Hieraus ergeben sich entscheidende Unterschiede zum Modell von SCHÄFER: Während die Anzahl gelisteter Handelsmarken und die Anzahl gelisteter Herstellermarken in beiden Modellen als Indikatoren fungieren, wird im vorliegenden Modell der Anteil gelisteter Handelsmarken – und nicht wie bei SCHÄFER der Absatzanteil von Handelsmarken – als Indikator herangezogen. Der Grund dafür, dass hier der Listungsanteil und nicht der Absatzanteil von Handelsmarken herangezogen wird, liegt darin, dass nur der Listungsanteil die ursprünglich vom Handel getroffene sortimentspolitische Maßnahme widerspiegelt. Der von SCHÄFER verwendete Absatzanteil repräsentiert hingegen lediglich das Kaufverhalten der Konsumenten und ist

236 Vgl. tiefergehend dazu nochmals Abschnitt 1.2.

demnach vor dem Hintergrund der übergeordneten Fragestellung im vorliegenden Modell als Indikator ungeeignet.

Auch mit Blick auf die preisbezogenen Indikatoren sind zwischen dem Modell von SCHÄFER und dem vorliegenden Modell Unterschiede zu konstatieren: In beiden Modellen fungieren die auf Basis der kg-Preise berechneten Preisniveaus von Handels- und Herstellermarken als Indikatoren. Im vorliegenden Modell wurden jedoch zusätzlich auch die auf Basis der *Artikel*preise berechneten Preisniveaus von Handels- und Herstellermarken als Indikatoren herangezogen. Erst durch die Berücksichtigung sowohl der Artikelpreise als auch der kg-Preise ist es möglich, durch unterschiedliche Packungsgrößen hervorgerufene Unterschiede aufzudecken. Somit liefert die Berücksichtigung der Artikelpreise in dem vorliegenden Modell für die zugrunde liegende Fragestellung einen zusätzlichen Erklärungsbeitrag.

Zusammenfassend ist somit festzuhalten, dass die endogenen Variablen im Modell von SCHÄFER und im vorliegenden Modell zwar identisch sind, allerdings erfordern die aufgrund unterschiedlicher Perspektiven differierenden übergeordneten Fragestellungen verschiedene Modellkonzeptionen.

4.6.4. Ableitung von Hypothesen auf Basis der Literaturauswertung

Mit Blick auf die im Rahmen des Kausalmodells erfassten Zusammenhänge zwischen den sortimentspolitischen Maßnahmen, die über die jeweilige Anzahl gelisteter Hersteller- und Handelsmarken sowie über den Anteil gelisteter Handelsmarken operationalisiert werden, und der anhand von Absätzen und Umsätzen gemessenen Marktdurchdringung[237] legen die in den Abschnitten 3.3.3. und 3.4.1. ausführlich dargelegten Literaturauswertungen folgende Wirkungsbeziehungen nahe:

Obwohl im Rahmen bisheriger Untersuchungen der Einfluss des Markentyps – insbesondere der Einfluss der Anzahl gelisteter Herstellermarken – kaum betrachtet wurde, legen die Ergebnisse gleichwohl nahe, dass eine höhere Anzahl gelisteter

[237] Sowohl die ‚Marktdurchdringung‘ als auch das ‚Marktvolumen‘ werden in der vorliegenden Untersuchung anhand von Absätzen und Umsätzen operationalisiert. Die begriffliche Unterscheidung ergibt sich lediglich dahingehend, dass die ‚Marktdurchdringung‘ den von dem (oder den) jeweils betrachteten Unternehmen ausgeschöpften Teil des ‚Marktvolumens‘ widerspiegelt. Die Ausprägung der Beziehungen zu anderen Indikatoren ist aufgrund der identischen Operationalisierung von Marktvolumen und Marktdurchdringung davon unbeeinflusst.

Artikel – unabhängig vom Markentyp – mit höheren Absätzen und Umsätzen und somit mit einer höheren Marktdurchdringung einhergeht.

Vor diesem Hintergrund werden mit Blick auf den Zusammenhang zwischen den betrachteten sortimentspolitischen Maßnahmen und der anhand von Absätzen und Umsätzen gemessenen Marktdurchdringung folgende Hypothesen zugrunde gelegt:

Hypothese 1:

Je höher die Anzahl gelisteter Handelsmarken ist, umso höher ist die Marktdurchdringung.

Hypothese 2:

Je höher die Anzahl gelisteter Herstellermarken ist, umso höher ist die Marktdurchdringung.

Hypothese 3:

Je höher der Anteil gelisteter Handelsmarken ist, umso höher ist die Marktdurchdringung.

Mit Blick auf die im Rahmen des Kausalmodells erfassten Zusammenhänge zwischen den preispolitischen Maßnahmen, die über die jeweiligen Artikelpreise und kg-Preise von Hersteller- und Handelsmarken operationalisiert werden, und der anhand von Absätzen und Umsätzen gemessenen Marktdurchdringung[238] legen die in Abschnitt 3.4.2. ausführlich dargelegten Literaturauswertungen folgende Beziehungen nahe:

Da der Markentyp auch in den bisherigen Untersuchungen zum Zusammenhang zwischen dem Preisniveau von Artikeln und der Marktdurchdringung nicht explizit betrachtet wurde, lassen sich lediglich markenunspezifische Schlussfolgerungen ziehen: Im Allgemeinen ist mit Blick auf die Ergebnisse somit zu erwarten, dass der Zusammenhang zwischen Preisen und Absätzen sowie zwischen Preisen und Umsätzen negativ ist. Offen bleibt hingegen die Frage, ob diese Zusammenhänge gleichermaßen für Herstellermarken und Handelsmarken gelten.

Vor diesem Hintergrund werden mit Blick auf den Zusammenhang zwischen den betrachteten preispolitischen Maßnahmen und der anhand von Absätzen und Umsätzen gemessenen Marktdurchdringung folgende Hypothesen zugrunde gelegt:

---

[238] Vgl. zur Unterscheidung zwischen ‚Marktdurchdringung‘ und ‚Marktvolumen‘ nochmals Fußnote 237.

Hypothese 4:

Je niedriger das auf Basis der Artikelpreise gemessene Preisniveau von Handelsmarken ist, umso höher ist die Marktdurchdringung.

Hypothese 5:

Je niedriger das auf Basis der Artikelpreise gemessene Preisniveau von Herstellermarken ist, umso höher ist die Marktdurchdringung.

Hypothese 6:

Je niedriger das auf Basis der kg-Preise gemessene Preisniveau von Handelsmarken ist, umso höher ist die Marktdurchdringung.

Hypothese 7:

Je niedriger das auf Basis der kg-Preise gemessene Preisniveau von Herstellermarken ist, umso höher ist die Marktdurchdringung.

4.6.5. Aggregationsniveau der Daten und Erläuterung der Methodenwahl zur Schätzung des Kausalmodells

Als Datenbasis dieser Untersuchung dienten wiederum die in Abschnitt 4.1. bereits ausführlich beschriebenen Scanningdaten aus der Artikelgruppe ‚Nassfertiggerichte'. Die Daten wurden verkaufsstellenübergreifend untersucht. Auch hier wurden sowohl betriebsformenspezifische Betrachtungen als auch eine betriebsformenübergreifende Betrachtung vorgenommen, um einerseits Unterschiede zwischen den verschiedenen Betriebsformen aufzeigen zu können und zusätzlich aber auch eine betriebsformenübergreifende Bewertung vornehmen zu können.

Mit Blick auf die zeitliche Aggregation der Daten wurde die Untersuchung ebenso wie die vorangegangenen Untersuchungen kalenderwochenspezifisch durchgeführt.

Hinsichtlich der im Rahmen dieser Untersuchung betrachteten Preise ist anzumerken, dass es sich um inflationsbereinigte Preise handelt. Auf diese Weise konnten inflationsbedingte Einflüsse ausgeschlossen werden. Als Grundlage zur Ermittlung dieser inflationsbereinigten Preise wurde die vom STATISTISCHEN BUNDESAMT ermittelte Inflationsrate für Fleisch und Fleischwaren herangezogen.

Für die Bestimmung von Kausalmodellen mit empirisch erhobenen Indikatorvariablen stehen zwei unterschiedliche statistische Verfahren zur Verfügung: die Kovarianzstrukturanalyse (z. B. LISREL, AMOS, EQS) und das (varianzbasierte) Partial-Least-Squares (PLS)-Verfahren.[239] Die Frage, unter welchen Voraussetzungen welches der Schätzverfahren angewandt werden sollte, wird im wissenschaftlichen Schrifttum rege und mit unterschiedlichen – z. T. sogar gegensätzlichen – Ergebnissen diskutiert.[240]

Hohe Bedeutung wird in diesem Kontext – insbesondere von Vertretern der ‚PLS-Fraktion' – der Frage nach der Spezifikation der Messmodelle (formativ versus reflektiv) zugeschrieben.[241] Während mit der PLS-Methode sowohl reflektive als auch formative Messmodelle bestimmt werden können, ist mit der Kovarianzstrukturanalyse lediglich die Bestimmung reflektiver Messmodelle möglich.[242]

Die starke Verbreitung von benutzerfreundlichen und auf dem Markt frei verfügbaren Softwarepaketen zur Kovarianzstrukturanalyse hat in der Vergangenheit wohl dazu geführt, dass überwiegend dieses Verfahren angewandt wurde. Die reflektive Spezifizierung der Messmodelle wurde in diesem Zusammenhang vielfach – z. T. ohne theoretische Begründung und ohne überhaupt eine formative Spezifizierung in Betracht zu ziehen – ‚blind' vorausgesetzt.[243]

Allerdings sind in der jüngeren Vergangenheit zunehmend Literaturquellen zu finden, in denen nun auch Vertreter der ‚LISREL-Fraktion' auf die unterschiedlichen Spezifikationsarten eingehen und sie somit auch ‚anerkennen', jedoch die Argumentation deutlich zugunsten reflektiver Spezifikationen führen.[244] Der Grund dafür dürfte teilweise allerdings auch darin liegen, dass die Vertreter dieses Standpunkts u. U. bereits Untersuchungen auf Basis kovarianzerklärender Verfahren (mit reflektiven Mess-

---

239 Vgl. zu einer Gegenüberstellung der beiden Verfahren z. B. RINGLE 2004a, S. 312 ff.; RINGLE 2004b, S. 31 ff.; SCHOLDERER/BALDERJAHN 2006; HOMBURG/KLARMANN 2006. Zu einer Erläuterung der Kovarianzstrukturanalyse vgl. z. B. HOMBURG/PFLESSER 2000. Tiefgehende Erläuterungen der PLS-Analyse finden sich z. B. bei FORNELL/CHA 1994; BETZIN 2000; RINGLE 2004a, S. 295 ff.; HUBER U. A. 2007.

240 Vgl. z. B. FORNELL/BOOKSTEIN 1982a; FORNELL/BOOKSTEIN 1982b; CHIN/NEWSTED 1999; RINGLE 2004a; RINGLE 2004b; SCHOLDERER/BALDERJAHN 2005; EBERL 2006a; EBERL 2006b, S. 73 ff.; HOMBURG/KLARMANN 2006; SCHOLDERER/BALDERJAHN 2006.

241 Vgl. RINGLE 2004a, S. 314; RINGLE 2004b, S. 32; EBERL 2006b, S. 96 ff.

242 Vgl. GÖTZ/LIEHR-GOBBERS 2004, S. 715 und S. 731; RINGLE 2004a, S. 314.

243 DILLER bemängelt in diesem Zusammenhang das mit Blick auf viele Untersuchungen fehlende Bewusstsein für die Unterschiede zwischen reflektiven und formativen Messmodellen und die oft fehlende theoretische Begründung. Vgl. DILLER 2004, S. 177.

244 Vgl. HOMBURG/KLARMANN 2006, S. 730 ff.

modellen) durchgeführt haben und diese Vorgehensweise nun mit diesem Standpunkt rechtfertigen wollen (z. B. um dem Vorwurf einer möglichen Fehlspezifikation der Messmodelle zu entgehen).

Das Aufkommen der ‚Spezifikationsfrage' in der Literatur und die inzwischen weitgehende ‚Anerkennung' ihrer Berechtigung haben einige Autoren zum Anlass genommen, auch der LISREL-Methode die Fähigkeit zuzuschreiben, formative Messmodelle bestimmen zu können.[245]

Diese Fähigkeit wurde jedoch in der Vergangenheit entweder nicht beachtet oder sie war unbekannt. Anders ist es nicht zu erklären, warum in einer Vielzahl von Untersuchungen reflektive Messmodelle verwendet wurden, obwohl der theoretische Hintergrund eine formative Spezifikation erfordert hätte.[246] Dies hat letztlich zu einer beachtlichen Zahl an Fehlspezifikationen geführt.[247] Untersuchungen zu den Auswirkungen falsch spezifizierter Messmodelle haben gezeigt, dass die Fehlspezifikationen zu Ergebnisverzerrungen geführt haben.[248] Dieser Tatbestand erhöht letztlich die Gefahr falscher Ergebnisinterpretationen.

Diese Ausführungen verdeutlichen die Notwendigkeit, sich zunächst um die korrekte Spezifizierung der Messmodelle zu bemühen und darauf aufbauend ein adäquates Schätzverfahren auszuwählen. Da in dem vorliegenden Kausalmodell sowohl formative als auch reflektive Messmodellc verwendet werden (vgl. nochmals Abschnitt 4.6.3.), wurde hier das PLS-Verfahren zur Schätzung des Kausalmodells ausgewählt.

---

245 Vgl. SCHOLDERER/BALDERJAHN 2006, S. 65.

246 Vgl. zu entsprechenden Untersuchungsergebnissen JARVIS/MACKENZIE/PODSAKOFF 2003, S. 205 ff.; FASSOTT/EGGERT 2005, S. 42 ff.; FASSOTT 2006.

247 Vgl. DILLER 2004, S. 177; GÖTZ/LIEHR-GOBBERS 2004, S. 714 f.

248 Vgl. z. B. EBERL 2006b, S. 96 ff.; EBERL/VON MITSCHKE-COLLANDE 2006.

4.6.6. Empirische Ergebnisse

4.6.6.1. Ergebnisse der Messung des Kausalmodells

Für den Test des Kausalmodells mit dem PLS-Verfahren wurde die statistische Software SmartPLS verwendet.[249] Die folgenden Abbildungen zeigen das Kausalmodell mit den über PLS ermittelten Schätzwerten bei betriebsformenspezifischer (Discounter, Supermärkte, Verbrauchermärkte) und bei betriebsformenübergreifender Betrachtung.

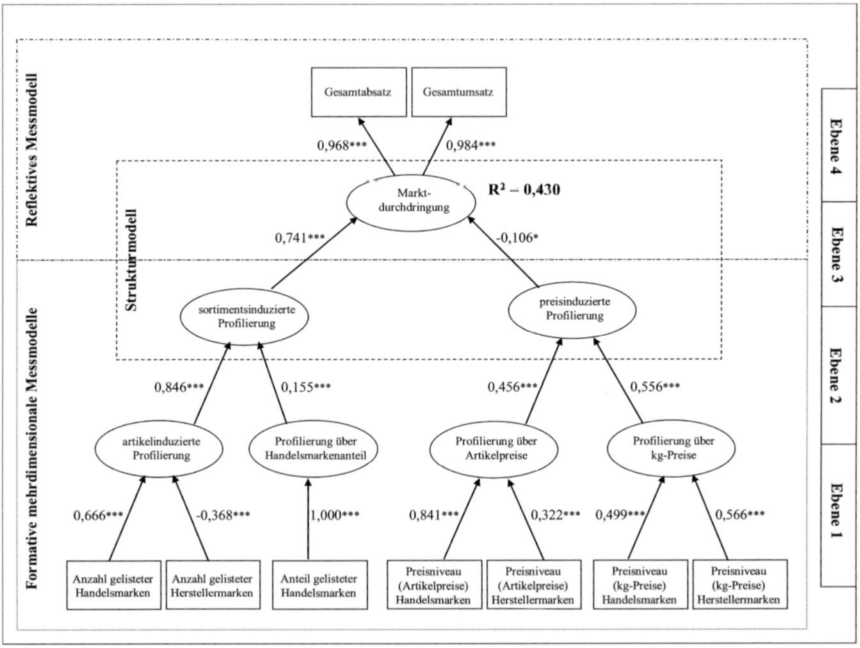

*** Signifikanz auf dem 0,01-Niveau * Signifikanz auf dem 0,10-Niveau

Abb. 47: Messergebnisse des Kausalmodells in der Betriebsform Discounter

249 Vgl. RINGLE/WENDE/WILL 2005.

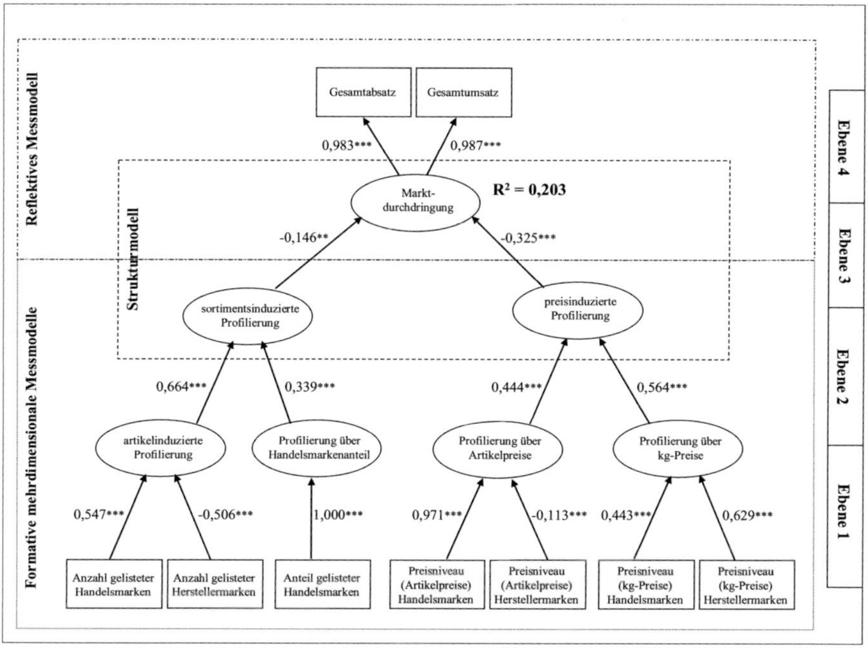

*** Signifikanz auf dem 0,01-Niveau ** Signifikanz auf dem 0,05-Niveau

Abb. 48: Messergebnisse des Kausalmodells in der Betriebsform Supermarkt

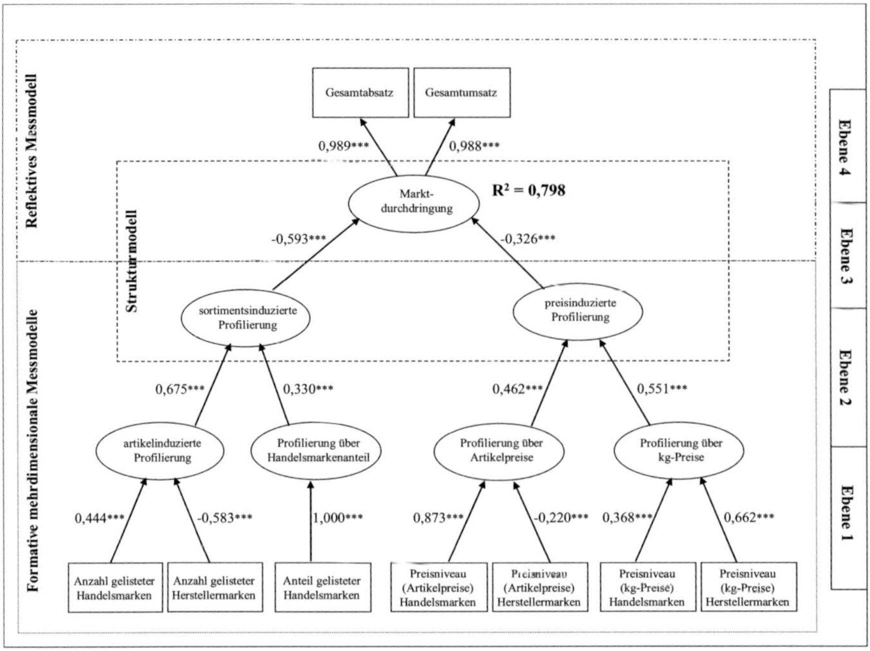

*** Signifikanz auf dem 0,01-Niveau

Abb. 49: Messergebnisse des Kausalmodells in der Betriebsform Verbrauchermarkt

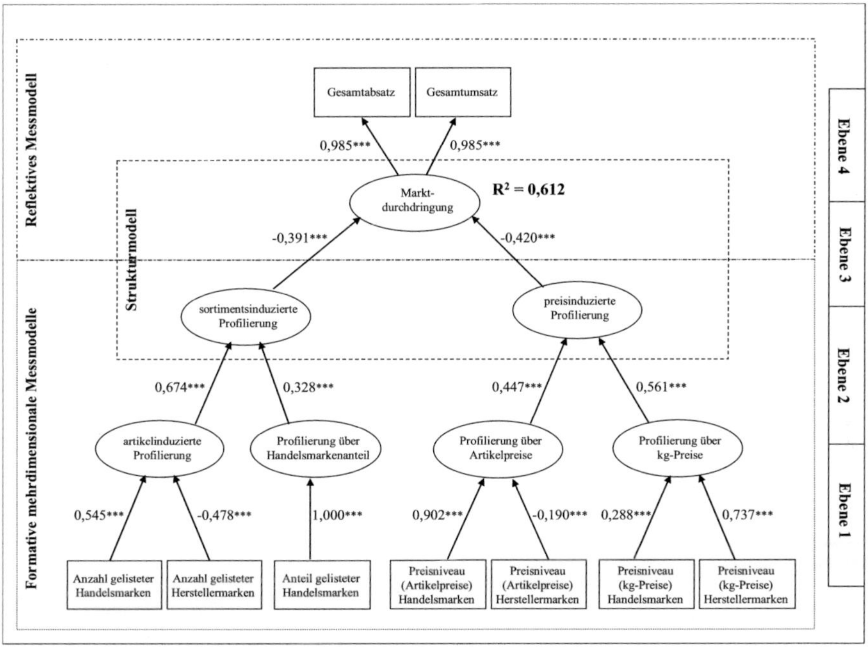

*** Signifikanz auf dem 0,01-Niveau

Abb. 50: Messergebnisse des Kausalmodells bei betriebsformenübergreifender Betrachtung

Wegen der Verteilungsfreiheit des PLS-Verfahrens sind inferenzstatistische Überprüfungen nur mittels Hilfsprozeduren möglich.[250] Globalmaße wie z. B. bei der Kovarianzstrukturanalyse (LISREL) existieren hier demzufolge nicht. Die Messmodelle und das Strukturmodell werden daher anhand nicht-parametrischer Gütekriterien beurteilt.[251]

250 Vgl. CHIN/NEWSTED 1999, S. 314 sowie EBERL 2006a, S. 665.

251 Vgl. zu den Gütekriterien z. B. CHIN 1998a; DIAMANTOPOULOS/WINKLHOFER 2001; RINGLE 2004c sowie GÖTZ/LIEHR-GOBBERS 2004.

4.6.6.2. Gütekriterien der Messmodelle und des Strukturmodells

4.6.6.2.1. Beurteilung der formativen Messmodelle

Im Rahmen der Beurteilung formativer Messmodelle werden einerseits die formativen Indikatoren eines jeden Messmodells auf das Vorliegen von Multikollinearität überprüft und andererseits wird die Signifikanz der geschätzten Koeffizienten des Einflusses der empirisch erhobenen Indikatorvariablen auf die latenten exogenen Variablen im Strukturmodell überprüft.[252]

Multikollinearität der Indikatoren sollte in formativen Messmodellen vermieden werden, da sie zu Schwierigkeiten bei der Bestimmung des Effekts einzelner Indikatoren auf die latente Variable führt und somit die Interpretation erschwert.[253] Als Prüfgrößen für die Multikollinearität dienen die Toleranz bzw. der Varianzinflationsfaktor (VIF; entspricht 1/Toleranz). So lange die Toleranz größer als 0,1 bzw. der VIF kleiner als 10 ist, gilt das Ausmaß an Multikollinearität als unproblematisch.[254] Diese Prüfgrößen deuteten in einer früheren Modellkonzeption – in der die Messmodelle eindimensional konzipiert waren – auf eine bestehende Multikollinearität der Indikatoren hin. Dieses Problem ließ sich beheben, indem die korrelierten Indikatoren aus inhaltlichen Gründen jeweils anderen Konstrukten erster Ordnung zugeordnet wurden.[255] Die Konstrukte erster Ordnung stellen sodann Einflussfaktoren der Konstrukte zweiter Ordnung dar.[256] Auf diese Weise sind mehrdimensionale Messmodelle entstanden,[257] bei denen das Ausmaß an Multikollinearität zwischen den Indikatoren als unproblematisch einzustufen ist, wie die folgenden Abbildungen, aus denen die Toleranzwerte und Varianzinflationsfaktoren bei betriebsformenspezifischer und betriebsformenübergreifender Betrachtung ersichtlich sind, zeigen.

---

[252] Vgl. dazu CASSEL/HACKL/WESTLUND 2000, S. 904 f.; DIAMANTOPOULOS/WINKLHOFER 2001, S. 272.

[253] Vgl. FORNELL/BOOKSTEIN 1982a, S. 442 sowie FORNELL/BOOKSTEIN 1982b, S. 292.

[254] Vgl. z. B. HUBER U. A. 2007, S. 98; RINGLE 2004a, S. 337.

[255] Vgl. RINNE 2004, S. 101 und ALBERS/GÖTZ 2006, S. 673. Vgl. zu den inhaltlichen Gründen nochmals Abschnitt 4.6.3.

[256] Vgl. vertiefend zu mehrdimensionalen Messmodellen' z. B. WOLD 1982; BAGOZZI 1985; CHIN/GOPAL 1995; CHIN 1998b, S. X f.; GÖTZ/LIEHR-GOBBERS 2004, S. 720; ALBERS/GÖTZ 2006 sowie GIERE/WIRTZ/SCHILKE 2006. Zu beachten ist in diesem Zusammenhang, dass z. T. empfohlen wird, diesen Ansatz insbesondere dann heranzuziehen, wenn die Messmodelle aller Dimensionen gleich viele Indikatoren umfassen, was in der Realität jedoch kaum einzuhalten ist.

[257] Vgl. zur Bildung zweidimensionaler Messmodelle ALBERS/GÖTZ 2006, S. 670 f.

Indikator	Toleranz	VIF
artikelinduzierte Profilierung		
Anzahl gelisteter Handelsmarken	0,262	3,813
Anzahl gelisteter Herstellermarken	0,262	3,813
Profilierung über Handelsmarkenanteil		
Anteil gelisteter Handelsmarken	1,000	1,000
Profilierung über Artikelpreise		
Preisniveau (Artikelpreise) Handelsmarken	0,877	1,141
Preisniveau (Artikelpreise) Herstellermarken	0,877	1,141
Profilierung über kg-Preise		
Preisniveau (kg-Preise) Handelsmarken	0,414	2,417
Preisniveau (kg-Preise) Herstellermarken	0,414	2,417

Abb. 51: Beurteilung der Multikollinearität formativer Messmodelle in der Betriebsform Discounter

Indikator	Toleranz	VIF
artikelinduzierte Profilierung		
Anzahl gelisteter Handelsmarken	0,354	2,824
Anzahl gelisteter Herstellermarken	0,354	2,824
Profilierung über Handelsmarkenanteil		
Anteil gelisteter Handelsmarken	1,000	1,000
Profilierung über Artikelpreise		
Preisniveau (Artikelpreise) Handelsmarken	0,993	1,007
Preisniveau (Artikelpreise) Herstellermarken	0,993	1,007
Profilierung über kg-Preise		
Preisniveau (kg-Preise) Handelsmarken	0,448	2,232
Preisniveau (kg-Preise) Herstellermarken	0,448	2,232

Abb. 52: Beurteilung der Multikollinearität formativer Messmodelle in der Betriebsform Supermarkt

Indikator	Toleranz	VIF
artikelinduzierte Profilierung		
Anzahl gelisteter Handelsmarken	0,201	4,971
Anzahl gelisteter Herstellermarken	0,201	4,971
Profilierung über Handelsmarkenanteil		
Anteil gelisteter Handelsmarken	1,000	1,000
Profilierung über Artikelpreise		
Preisniveau (Artikelpreise) Handelsmarken	0,754	1,327
Preisniveau (Artikelpreise) Herstellermarken	0,754	1,327
Profilierung über kg-Preise		
Preisniveau (kg-Preise) Handelsmarken	0,231	4,327
Preisniveau (kg-Preise) Herstellermarken	0,231	4,327

Abb. 53: Beurteilung der Multikollinearität formativer Messmodelle in der Betriebsform Verbrauchermarkt

Indikator	Toleranz	VIF
artikelinduzierte Profilierung		
Anzahl gelisteter Handelsmarken	0,168	5,947
Anzahl gelisteter Herstellermarken	0,168	5,947
Profilierung über Handelsmarkenanteil		
Anteil gelisteter Handelsmarken	1,000	1,000
Profilierung über Artikelpreise		
Preisniveau (Artikelpreise) Handelsmarken	0,803	1,245
Preisniveau (Artikelpreise) Herstellermarken	0,803	1,245
Profilierung über kg-Preise		
Preisniveau (kg-Preise) Handelsmarken	0,226	4,434
Preisniveau (kg-Preise) Herstellermarken	0,226	4,434

Abb. 54: Beurteilung der Multikollinearität formativer Messmodelle bei betriebsformenübergreifender Betrachtung

Die Beurteilung der Gütekriterien zweidimensionaler Modelle erfolgt in gleicher Weise wie bei eindimensionalen Modellen.[258] Die Messmodelle werden demzufolge auf beiden Ebenen anhand der Pfadkoeffizienten und der zugehörigen t-Werte überprüft. In formativen Messmodellen erklären die manifesten Variablen die latenten Variablen im Sinne der multiplen Regressionsanalyse. Werte nahe eins bzw. minus

[258] Vgl. HUBER U. A. 2007, S. 34.

eins drücken eine starke und Werte nahe null eine schwache Beziehung aus.[259] Zur Signifikanzüberprüfung der Variablen wurde das Bootstrapping-Verfahren unter Erzeugung von 500 Fällen angewandt.[260] Anhand der damit ermittelten t-Werte war erkennbar, dass alle Gewichte mit einer Irrtumswahrscheinlichkeit von 1 % hochsignifikant sind (das jeweilige Signifikanzniveau ist aus den Abbildungen 47 bis 50 ersichtlich).

4.6.6.2.2. Beurteilung des reflektiven Messmodells

Im Rahmen der Beurteilung des reflektiven Messmodells wird anhand von Gütekriterien überprüft, ob die ausgewählten Indikatorvariablen zur Bildung der latenten endogenen Variable ‚Marktdurchdringung' geeignet sind.[261]

Die geschätzten Faktorladungen betragen in den reflektiven Messmodellen aller Betriebsformen und jenem bei betriebsformenübergreifender Betrachtung über 0,9 und liegen damit deutlich über dem in der Literatur geforderten Mindestniveau von 0,6.[262] Durch die Anwendung des Bootstrapping-Verfahrens (unter Erzeugung von 500 Fällen) wurde die Signifikanz der Ladungen anhand der t-Werte überprüft. Danach sind alle Werte mit einer Irrtumswahrscheinlichkeit von 1 % hochsignifikant (das jeweilige Signifikanzniveau ist aus den Abbildungen 47 bis 50 ersichtlich).

Der Reliabilitätskoeffizient als Maß für die innere Konsistenz der in einem Block zusammengefassten Indikatorvariablen beträgt in den Discountern 0,976, in den Supermärkten 0,985, in den Verbrauchermärkten 0,988 und betriebsformenübergreifend 0,985 und liegt damit durchweg deutlich über dem im Schrifttum geforderten Mindestniveau von 0,7.[263]

Die durchschnittlich erfasste Varianz (DEV) der Indikatorvariablen beträgt in den Discountern 0,953, in den Supermärkten 0,971, in den Verbrauchermärkten 0,977 und

---

259 Vgl. RINGLE/SPREEN 2007, S. 213.

260 Vgl. zum Bootstrapping-Verfahren z. B. BOLLEN/STINE 1993; EFRON/TIBISHIRANI 1993 sowie TENENHAUS/VINZI/CHATELIN/LAURO 2005, S. 174 ff.

261 Vgl. zur Beurteilung reflektiver Messmodelle z. B. RINGLE 2004a, S. 331-333; RINGLE 2004c, S. 19-21.

262 Vgl. zum geforderten Mindestniveau z. B. RINGLE/BOYSEN/WENDE/WILL 2006, S. 87.

263 Vgl. zu den kritischen Grenzen z. B. RINGLE/BOYSEN/WENDE/WILL 2006, S. 87.

betriebsformenübergreifend 0,970 und liegt damit ebenfalls deutlich über der im Schrifttum geforderten Untergrenze von 0,5.[264]

Eine Überprüfung der Diskriminanzvalidität ist im Rahmen dieser Untersuchung nicht erforderlich, da lediglich eine reflektiv gemessene Variable in das Strukturmodell aufgenommen wurde.[265]

Da alle Gütekriterien erfüllt werden, lässt sich als Ergebnis festhalten, dass sich die ausgewählten Indikatorvariablen sehr gut zur Bildung des latenten endogenen Konstrukts ‚Marktdurchdringung' im Strukturmodell eignen.

4.6.6.2.3. Beurteilung des Strukturmodells

Das zentrale Kriterium zur Beurteilung des Strukturmodells ist das Bestimmtheitsmaß R^2.[266] Es gibt an, welcher Varianzanteil der latenten endogenen Variable durch die latenten exogenen Variablen erklärt wird.[267] In der Betriebsform Discounter wurde für das Bestimmtheitsmaß ein Wert von 0,430, in der Betriebsform Supermarkt ein Wert von 0,203, in der Betriebsform Verbrauchermarkt ein Wert von 0,798 und betriebsformenübergreifend ein Wert von 0,612 gemessen (vgl. nochmals die Abbildungen 47 bis 50). Den in der Literatur zu findenden Richtwerten zufolge ist das Bestimmtheitsmaß in den Discountern somit als mittelgut, in den Supermärkten eher als schwach und in den Verbrauchermärkten sowie bei betriebsformenübergreifender Betrachtung als substanziell einzustufen.[268]

Die Gewichte der Beziehung zwischen den latenten exogenen und der latenten endogenen Variable geben die Stärke des Zusammenhangs dieser Variablen an. Werte nahe eins bzw. minus eins drücken einen starken, Werte nahe null einen schwachen Zusammenhang aus. Anhand der mit Hilfe der Bootstrapping-Methode (Fallzahl 500) ermittelten t-Werte war erkennbar, dass die Gewichte mit Blick auf die verschiedenen Betriebsformen und bei betriebsformenübergreifender Betrachtung zum überwie-

---

264 Vgl. zur geforderten Untergrenze z. B. CHIN 1998a, S. 321.

265 Vgl. analog RINGLE 2004a, S. 333.

266 Vgl. z. B. CHIN 1998a, S. 316; RINGLE 2004a, S. 328; GÖTZ/LIEHR-GOBBERS 2004, S. 730 f.

267 Vgl. GÖTZ/LIEHR-GOBBERS 2004, S. 730.

268 Vgl. zu den Richtwerten z. B. CHIN 1998a, S. 318 f.; RINGLE/SPREEN 2007, S. 214. Demnach gelten Bestimmtheitsmaße ab 0,67 als ‚substanziell', ab 0,33 als, ‚mittelgut' und ab 0,19 als ‚schwach'.

genden Teil mit einer Irrtumswahrscheinlichkeit von 1 % hochsignifikant sind. Lediglich in den Discountern beträgt die Irrtumswahrscheinlichkeit der Gewichte zwischen der preisinduzierten Profilierung und der Marktdurchdringung 10 % sowie in den Supermärkten zwischen der sortimentsinduzierten Profilierung und der Marktdurchdringung 5 % (das jeweilige Signifikanzniveau ist aus den Abbildungen 47 bis 50 ersichtlich).

Während das Bestimmtheitsmaß anzeigt, wie stark *alle* exogenen Variablen zusammen die latente endogene Variable beeinflussen, lässt sich über die Effektstärke f^2 untersuchen, wie stark die *einzelnen* latenten exogenen Variablen die latente endogene Variable beeinflussen. Zur Berechnung werden jeweils das Bestimmtheitsmaß unter Ausschluss der einzelnen latenten exogenen Variablen und das Bestimmtheitsmaß des Gesamtmodells herangezogen.[269] Abbildung 55 zeigt die Effektstärke der latenten exogenen Variablen für alle drei Betriebsformen sowie bei betriebsformenübergreifender Betrachtung im Überblick.

Latente exogene Variable	**R^2 unter Einbeziehung**	**R^2 unter Ausschluss**	**f^2**
Discounter			
sortimentsinduzierte Profilierung	0,430	0,280	0,263
preisinduzierte Profilierung	0,430	0,429	0,002
Supermärkte			
sortimentsinduzierte Profilierung	0,203	0,197	0,008
preisinduzierte Profilierung	0,203	0,166	0,046
Verbrauchermärkte			
sortimentsinduzierte Profilierung	0,798	0,718	0,396
preisinduzierte Profilierung	0,798	0,773	0,124
betriebsformenübergreifend			
sortimentsinduzierte Profilierung	0,612	0,573	0,101
preisinduzierte Profilierung	0,612	0,566	0,119

Abb. 55: Effektstärke der latenten exogenen Variablen

f^2-Werte ab 0,02, 0,15 und 0,35 geben an, ob die exogenen latenten Variablen einen geringen, mittleren oder substanziellen Einfluss auf die latente endogene Variable haben.[270] Der Abbildung ist zu entnehmen, dass das Konstrukt ‚sortimentsinduzierte Profilierung' in den Discountern einen mittleren und in den Verbrauchermärkten einen substanziellen Einfluss auf die latente endogene Variable ‚Marktdurchdringung' hat. Das Konstrukt ‚preisinduzierte Profilierung' übt in diesen beiden Betriebsformen hingegen lediglich einen schwachen Einfluss aus. Demgegenüber ist in den Super-

---

269 Vgl. zur genauen Berechnung u. a. RINGLE/SPREEN 2007, S. 214 f.

270 Vgl. zu den Richtwerten z. B. CHIN 1998a, S. 317; RINGLE/HANSMANN/BOYSEN 2005, S. 65.

märkten und bei betriebsformenübergreifender Betrachtung der Einfluss des Konstrukts ‚preisinduzierte Profilierung' stärker als der des Konstrukts ‚sortimentsinduzierte Profilierung', wobei zu beachten ist, dass der Einfluss beider exogener Variablen sowohl in den Supermärkten als auch bei betriebsformenübergreifender Betrachtung als schwach einzustufen ist.

Über das Stone-Geisser-Test-Kriterium Q^2 lässt sich die ‚Prognoserelevanz' der latenten exogenen Variablen zur Erklärung der latenten endogenen Variable feststellen.[271] Anhand des Q^2-Werts lässt sich ablesen, wie gut die empirischen Daten ohne Verlust an Freiheitsgraden durch das Modell und seine Parameterschätzungen rekonstruiert werden können.[272] Sofern Q^2 größer als null ist, hat das Modell Prognoserelevanz.[273] Um die Q^2-Werte berechnen zu können, muss die sogenannte ‚Blindfolding-Prozedur' durchgeführt werden.[274] Der Q^2-Wert beträgt in den Discountern 0,386, in den Supermärkten 0,190, in den Verbrauchermärkten 0,775 und bei betriebsformenübergreifender Betrachtung 0,590 (vgl. auch Abbildung 56). Da alle Werte deutlich über null liegen, kommt den Modellen eine verlässliche Prognoserelevanz zu.

Analog zur Effektstärke f^2 in Bezug auf das Bestimmtheitsmaß kann auch die Prognoserelevanz der *einzelnen* latenten exogenen Variablen anhand der q^2-Werte beurteilt werden. Statt der R^2-Werte werden dann die Q^2-Werte unter Einbeziehung und Ausschluss der exogenen latenten Variablen zur Berechnung verwendet.[275] Abbildung 56 zeigt die Werte der Prognoserelevanz der latenten exogenen Variablen für alle drei Betriebsformen sowie bei betriebsformenübergreifender Betrachtung im Überblick.

Die Beurteilung der q^2-Werte orientiert sich an den gleichen Richtwerten, die auch für f^2 gelten, so dass q^2-Werte ab 0,02, 0,15 und 0,35 anzeigen, ob die exogenen latenten Variablen eine geringe, mittlere oder substanzielle Prognoserelevanz haben.[276] Aus der Abbildung ist ersichtlich, dass die Prognoserelevanz des Konstrukts ‚sortimentsinduzierte Profilierung' in den Discountern als mittelgut und in den Verbrauchermärkten als substanziell einzuordnen ist. Die Prognoserelevanz des Konstrukts ‚preis-

271 Vgl. u. a. RINGLE 2004a, S. 330.

272 Vgl. u. a. CHIN 1998a, S. 317; RINGLE/SPREEN 2007, S. 215.

273 Vgl. u. a. CHIN 1998a, S. 318; RINGLE/SPREEN 2007, S. 215.

274 Vgl. zur Blindfolding-Prozedur z. B. CHIN 1998a, S. 317 f. sowie TENENHAUS/VINZI/CHATELIN/LAURO 2005, S. 174 ff.

275 Vgl. RINGLE/SPREEN 2007, S. 215.

276 Vgl. zu den Richtwerten z. B. CHIN 1998a, S. 317; RINGLE/HANSMANN/BOYSEN 2005, S. 65.

induzierte Profilierung‘ ist demgegenüber in diesen beiden Betriebsformen als schwach einzustufen. In den Supermärkten und bei betriebsformenübergreifender Betrachtung ist die Prognoserelevanz des Konstrukts ‚preisinduzierte Profilierung‘ hingegen stärker als die des Konstrukts ‚sortimentsinduzierte Profilierung‘. Allerdings ist zu beachten, dass die Prognoserelevanz beider exogener Variablen sowohl in den Supermärkten als auch bei betriebsformenübergreifender Betrachtung als schwach zu beurteilen ist.

Latente exogene Variable	**Q^2 unter Einbeziehung**	**Q^2 unter Ausschluss**	**q^2**
	Discounter		
sortimentsinduzierte Profilierung	0,386	0,220	0,270
preisinduzierte Profilierung	0,386	0,383	0,005
	Supermärkte		
sortimentsinduzierte Profilierung	0,190	0,183	0,009
preisinduzierte Profilierung	0,190	0,157	0,041
	Verbrauchermärkte		
sortimentsinduzierte Profilierung	0,775	0,696	0,351
preisinduzierte Profilierung	0,775	0,751	0,107
	betriebsformenübergreifend		
sortimentsinduzierte Profilierung	0,590	0,552	0,093
preisinduzierte Profilierung	0,590	0,546	0,107

Abb. 56: Prognoserelevanz der latenten exogenen Variablen

4.6.6.3. Hypothesenüberprüfung auf Basis der Totaleffekte

Abbildung 57 zeigt für die Betriebsform Discounter die Totaleffekte der einzelnen sortiments- und preispolitischen Maßnahmen auf das Konstrukt ‚Marktdurchdringung‘ im Überblick. Der ersten Spalte sind die Indikatoren zu entnehmen. Spalte zwei zeigt die jeweils erwarteten Vorzeichen und die zugehörige Hypothesennummer. In der dritten Spalte sind die jeweiligen Totaleffekte aufgeführt. Schließlich sind die auf Basis der Ergebnisse abgeleiteten Schlussfolgerungen hinsichtlich der aufgestellten Hypothesen in Spalte vier wiedergegeben.

Der Abbildung ist zu entnehmen, dass zwischen der Anzahl bzw. dem Anteil gelisteter Handelsmarken und der Marktdurchdringung positive Zusammenhänge bestehen. Zwischen der Anzahl gelisteter Herstellermarken und der Marktdurchdringung existiert hingegen eine negative Beziehung. Das heißt, dass eine umso höhere Marktdurchdringung erzielt wird, je höher die Anzahl und der Anteil gelisteter Handelsmarken sind und je niedriger die Anzahl gelisteter Herstellermarken ist. Der Effekt der Anzahl gelisteter Handelsmarken ist dabei stärker ausgeprägt als die beiden anderen Effekte. Die Hypothesen 1 und 3 sind demnach mit Blick auf die Discounter als bewährte Aussagen zu bezeichnen. Sie sind nicht falsifiziert worden. Hypothese 2 ist abzulehnen.

Indikator	Erwartetes Vorzeichen	Totaleffekt	Bewährung
Anzahl gelisteter Handelsmarken	+ (H 1)	+ 0,418	ja
Anzahl gelisteter Herstellermarken	+ (H 2)	- 0,231	nein
Anteil gelisteter Handelsmarken	+ (H 3)	+ 0,115	ja
Preisniveau (Artikelpreise) Handelsmarken	- (H 4)	- 0,041	(ja)
Preisniveau (Artikelpreise) Herstellermarken	- (H 5)	- 0,016	(ja)
Preisniveau (kg-Preise) Handelsmarken	- (H 6)	- 0,029	(ja)
Preisniveau (kg-Preise) Herstellermarken	- (H 7)	- 0,033	(ja)

Abb. 57: Totaleffekte der sortiments- und preispolitischen Maßnahmen in der Betriebsform Discounter

Die Abbildung verdeutlicht ferner, dass zwischen den Preisniveaus und der Marktdurchdringung negative Zusammenhänge bestehen, wobei zu beachten ist, dass alle Koeffizienten Werte von beinahe null aufweisen. Diese Werte deuten darauf hin, dass zwischen den Preisen und der Marktdurchdringung in Discountern nahezu kein Zusammenhang besteht. Obwohl die Vorzeichen in die erwartete Richtung zeigen, sind die Hypothesen 4 bis 7 – aufgrund der geringen Ausprägung der Zusammenhänge – nur bedingt als bewährte Aussagen zu bezeichnen.[277]

Abbildung 58 gibt einen Überblick über die Totaleffekte der jeweiligen sortiments- und preispolitischen Maßnahmen auf das Konstrukt ‚Marktdurchdringung' in der Betriebsform Supermarkt. Die Abbildung zeigt, dass ein Zusammenhang zwischen den untersuchten sortimentspolitischen Maßnahmen und der Marktdurchdringung nahezu nicht vorhanden ist. Die Totaleffekte weisen Werte von beinahe null auf. Bemerkenswert sind in diesem Zusammenhang allerdings die Vorzeichen. Zwischen der Anzahl gelisteter Handelsmarken und der Marktdurchdringung besteht ebenso wie zwischen dem Anteil gelisteter Handelsmarken und der Marktdurchdringung jeweils ein leicht negativer Zusammenhang. Demgegenüber ist der Zusammenhang zwischen der Anzahl gelisteter Herstellermarken und der Marktdurchdringung leicht positiv. Das heißt, dass sich eine höhere Anzahl und ein höherer Anteil gelisteter Handelsmarken in Supermärkten eher negativ und eine höhere Anzahl gelisteter Herstellermarken eher

---

[277] Sofern eine Hypothese lediglich bedingt als bewährte Aussage bezeichnet werden kann, ist dies in der vorangegangenen Abbildung und in den folgenden Abbildungen zu den Totaleffekten jeweils anhand der in Klammern gesetzten Schlussfolgerung in Spalte vier erkennbar.

positiv auf die Marktdurchdringung auswirken. Die Hypothesen 1 und 3 sind demnach abzulehnen, während die Hypothese 2 – aufgrund der sehr geringen Ausprägung des Zusammenhangs allerdings nur bedingt – als bewährte Aussage bezeichnet werden kann.

Indikator	Erwartetes Vorzeichen	Totaleffekt	Bewährung
Anzahl gelisteter Handelsmarken	+ (H 1)	- 0,053	nein
Anzahl gelisteter Herstellermarken	+ (H 2)	+ 0,049	(ja)
Anteil gelisteter Handelsmarken	+ (H 3)	- 0,049	nein
Preisniveau (Artikelpreise) Handelsmarken	- (H 4)	- 0,140	ja
Preisniveau (Artikelpreise) Herstellermarken	- (H 5)	+ 0,016	nein
Preisniveau (kg-Preise) Handelsmarken	- (H 6)	- 0,081	(ja)
Preisniveau (kg-Preise) Herstellermarken	- (H 7)	- 0,115	ja

Abb. 58: Totaleffekte der sortiments- und preispolitischen Maßnahmen in der Betriebsform Supermarkt

Der Abbildung ist darüber hinaus zu entnehmen, dass der Zusammenhang zwischen den verschiedenen Preisniveaus und der Marktdurchdringung ebenfalls sehr schwach ausgeprägt ist. Mit Ausnahme des auf Basis der Artikelpreise berechneten Preisniveaus von Herstellermarken sind die Zusammenhänge leicht negativ. Das bedeutet, dass höhere Preise tendenziell zu einer geringeren Marktdurchdringung führen. Allerdings sollten diese Ergebnisse nicht überbewertet werden, da die untersuchten Maßnahmen die Marktdurchdringung lediglich zu einem geringen Teil beeinflussen. Demnach entsprechen die Vorzeichen der Totaleffekte – mit Ausnahme des Totaleffekts der Artikelpreise von Herstellermarken – den Erwartungen. Aufgrund der sehr geringen Ausprägungen der Zusammenhänge sind die Hypothesen 4, 6 und 7 jedoch nur bedingt als bewährte Aussagen zu bezeichnen. Hypothese 5 wird abgelehnt.

In Abbildung 59 sind die Totaleffekte der jeweiligen sortiments- und preispolitischen Maßnahmen in der Betriebsform Verbrauchermarkt dargestellt. Aus der Abbildung ist ersichtlich, dass zwischen der Anzahl sowie dem Anteil gelisteter Handelsmarken und der Marktdurchdringung negative Beziehungen bestehen. Der Zusammenhang zwischen der Anzahl gelisteter Herstellermarken und der Marktdurchdringung ist demgegenüber positiv. Das bedeutet, dass die Marktdurchdringung umso höher ist, je geringer die Anzahl und der Anteil gelisteter Handelsmarken sind und je höher die Anzahl gelisteter Herstellermarken ist. Die Hypothesen 1 und 3 sind somit abzulehnen, während die Hypothese 2 als bewährte Aussage zu bezeichnen ist.

Indikator	Erwartetes Vorzeichen	Totaleffekt	Bewährung
Anzahl gelisteter Handelsmarken	+ (H 1)	- 0,178	nein
Anzahl gelisteter Herstellermarken	+ (H 2)	+ 0,233	ja
Anteil gelisteter Handelsmarken	+ (H 3)	- 0,196	nein
Preisniveau (Artikelpreise) Handelsmarken	- (H 4)	- 0,131	ja
Preisniveau (Artikelpreise) Herstellermarken	- (H 5)	+ 0,033	nein
Preisniveau (kg-Preise) Handelsmarken	- (H 6)	- 0,066	(ja)
Preisniveau (kg-Preise) Herstellermarken	- (H 7)	- 0,119	ja

Abb. 59: Totaleffekte der sortiments- und preispolitischen Maßnahmen in der Betriebsform Verbrauchermarkt

Der Abbildung ist ferner zu entnehmen, dass zwischen den Preisniveaus und der Marktdurchdringung – wiederum mit Ausnahme des auf Basis der Artikelpreise von Herstellermarken berechneten Preisniveaus – negative Beziehungen zu konstatieren sind, die jedoch sehr schwach ausgeprägt sind. Die Hypothesen 4, 6 und 7 sind demnach als bewährte Aussagen zu bezeichnen. Allerdings muss in diesem Zusammenhang auf den niedrigen Grad der Ausprägungen der Beziehungen hingewiesen werden. Hypothese 5 ist abzulehnen.

Abbildung 60 zeigt die Totaleffekte der einzelnen sortiments- und preispolitischen Maßnahmen bei betriebsformenübergreifender Betrachtung.

Indikator	Erwartetes Vorzeichen	Totaleffekt	Bewährung
Anzahl gelisteter Handelsmarken	+ (H 1)	- 0,144	nein
Anzahl gelisteter Herstellermarken	+ (H 2)	+ 0,126	ja
Anteil gelisteter Handelsmarken	+ (H 3)	- 0,128	nein
Preisniveau (Artikelpreise) Handelsmarken	- (H 4)	- 0,169	ja
Preisniveau (Artikelpreise) Herstellermarken	- (H 5)	+ 0,036	nein
Preisniveau (kg-Preise) Handelsmarken	- (H 6)	- 0,068	(ja)
Preisniveau (kg-Preise) Herstellermarken	- (H 7)	- 0,174	ja

Abb. 60: Totaleffekte der sortiments- und preispolitischen Maßnahmen bei betriebsformenübergreifender Betrachtung

Die Abbildung verdeutlicht, dass zwischen der Anzahl sowie dem Anteil gelisteter Handelsmarken und der Marktdurchdringung negative Beziehungen bestehen. Der Zusammenhang zwischen der Anzahl gelisteter Herstellermarken und der Marktdurchdringung ist demgegenüber positiv. Das bedeutet, dass die Marktdurchdringung umso höher ist, je geringer die Anzahl und der Anteil gelisteter Handelsmarken sind und je höher die Anzahl gelisteter Herstellermarken ist. Die Hypothesen 1 und 3 sind somit abzulehnen, während die Hypothese 2 als bewährte Aussage zu bezeichnen ist.

Mit Blick auf die Totaleffekte der preispolitischen Maßnahmen ist zu konstatieren, dass die Marktdurchdringung fast durchweg umso höher ist, je niedriger die Preise sind. Lediglich zwischen den Artikelpreisen von Herstellermarken und der Marktdurchdringung ist ein leicht positiver Zusammenhang festzustellen. Die Hypothesen 4, 6 und 7 sind demnach als bewährte Aussagen zu bezeichnen. Allerdings muss auch hier auf den niedrigen Grad der Ausprägungen der Zusammenhänge hingewiesen werden. Hypothese 5 ist abzulehnen.

4.6.6.4. Zusammenfassende Interpretation

Zusammenfassend lässt sich mit Blick auf die sortimentspolitischen Maßnahmen somit festhalten, dass mit einer höheren Anzahl sowie einem höheren Anteil gelisteter Handelsmarken lediglich in den Discountern eine höhere Marktdurchdringung einherging. In den beiden anderen Betriebsformen haben sich eine höhere Anzahl und ein höherer Anteil gelisteter Handelsmarken hingegen negativ auf die Marktdurchdringung ausgewirkt. Mit Blick auf die Anzahl gelisteter Herstellermarken ergaben sich in den verschiedenen Betriebsformen ebenfalls differierende Ergebnisse: Während eine höhere Anzahl gelisteter Herstellermarken in den Discountern mit einer niedrigeren Marktdurchdringung einherging, war die Marktdurchdringung in den Super- und Verbrauchermärkten um so höher, je höher die Anzahl gelisteter Herstellermarken war.

Vor dem Hintergrund der hier vorgefundenen Ergebnisse überrascht die Vorgehensweise der Super- und Verbrauchermärkte, ihr Angebot von Handelsmarken weiter auszuweiten und das Angebot von Herstellermarken weiter einzuschränken (vgl. nochmals Abbildung 23), somit zunächst. Es ist denkbar, dass sie die vermeintlich ‚erfolgreiche' Strategie der Discounter kopieren wollten, jedoch nicht die erhofften Steigerungen der Marktdurchdringung erzielen konnten. Allerdings könnten auch langfristig ausgelegte, machtpolitische Ziele in diesem Zusammenhang eine Rolle spielen, deren langfristiges Erreichen dem Handel wichtiger ist als eine kurzfristige Steigerung der Marktdurchdringung. Hier ist z. B. an die Verdrängung kleinerer Markenartikelhersteller und Konkurrenten vom Markt zu denken, die dem Handel auf lange Sicht u. U. einen höheren Grad der Marktdurchdringung in Aussicht stellt.

Im Rahmen der betriebsformenübergreifenden Untersuchung hat sich gezeigt, dass sich eine höhere Anzahl und ein höherer Anteil gelisteter Handelsmarken in der untersuchten Artikelgruppe negativ auf die Marktdurchdringung auswirken. Demgegenüber war die Marktdurchdringung umso höher, je höher die Anzahl gelisteter Herstellermarken war. Vor dem Hintergrund der in dieser Artikelgruppe insgesamt steigenden Anzahl gelisteter Handelsmarken und zurückgehenden Anzahl gelisteter Herstellermarken in den letzten Jahren (vgl. nochmals Abbildung 24), deuten diese Ergebnisse darauf hin, dass die Konsumenten auf diese Maßnahmen des Handels mit einem Verzicht, einer Einschränkung oder einer Verlagerung des Konsums auf andere Artikelgruppen reagieren.

Obwohl die Totaleffekte der preispolitischen Maßnahmen durchweg recht schwach ausgeprägt sind, dürfen sie insbesondere aufgrund der unterschiedlichen Vorzeichen der gemessenen Zusammenhänge zwischen Artikelpreisen bzw. kg-Preisen und Marktdurchdringung nicht vernachlässigt werden.

Die Ergebnisse deuten darauf hin, dass insbesondere die kg-Preise eine kaufentscheidende Rolle spielen. Die Marktdurchdringung ist durchgängig umso höher, je niedriger die kg-Preise von Handels- und Herstellermarken sind. Höhere Artikelpreise von Herstellermarken haben demgegenüber insbesondere in Super- und Verbrauchermärkten und bei betriebsformenübergreifender Betrachtung keine ‚kaufabschreckende' Wirkung. Im Gegenteil: der Zusammenhang zwischen den Artikelpreisen von Herstellermarken und der Marktdurchdringung ist sogar leicht positiv. Händlern, die eine hohe Marktdurchdringung anstreben, legen diese Ergebnisse nahe, insbesondere die kg-Preise auf einem niedrigen Niveau zu halten, während höhere Artikelpreise von Herstellermarken in Super- und Verbrauchermärkten zumindest nicht ‚schaden'.

Diese gegenläufigen Wirkungen von Artikelpreisen und kg-Preisen auf die Marktdurchdringung sind vermutlich zu einem nicht geringen Anteil auf die Preisangabenverordnung zurückzuführen, die den Handel zu einer Angabe des Preises pro Mengeneinheit am Regal verpflichtet. Auf diese Weise wird den Konsumenten ein Vergleich der kg-Preise unterschiedlicher Artikel ermöglicht, ohne ‚selbst rechnen' zu müssen.

4.6.7. Fazit

Die vorgefundenen Ergebnisse legen mit Blick auf den Handel somit folgendes Fazit nahe: Sofern Händler mit dem Einsatz der untersuchten sortimentspolitischen Maßnahmen eine Steigerung der Marktdurchdringung als Ziel verfolgen, wäre Händlern der Betriebsformen Supermarkt und Verbrauchermarkt von einer Verminderung der Anzahl angebotener Herstellermarken zugunsten von Handelsmarken abzuraten. Lediglich in der Betriebsform Discounter war diese Vorgehensweise mit einer höheren Marktdurchdringung verbunden. Wie bereits geschildert, ist allerdings nicht auszuschließen, dass die Händler der Betriebsformen Super- und Verbrauchermarkt – zumindest kurzfristig – andere Ziele als eine Steigerung der Marktdurchdringung verfolgen und daher gleichwohl eine solche sortimentspolitische Vorgehensweise wählen.

Die im Rahmen der betriebsformenübergreifenden Betrachtung gemessene Marktdurchdringung spiegelt letztlich einen – aufgrund der umfangreichen Datenbasis – vermutlich repräsentativen Teil des Marktvolumens wider, so dass sich daraus ein Hinweis auf die Versorgung der Konsumenten mit Gütern ableiten lässt. Vor diesem Hintergrund legen die betriebsformenübergreifenden Ergebnisse die Schlussfolgerung nahe, dass mit der in der untersuchten Artikelgruppe zu konstatierenden Ausweitung angebotener Handelsmarken ‚auf Kosten' von Herstellermarken u. U. eine geringere Versorgung der Konsumenten mit Gütern verbunden ist. Die Konsumenten scheinen ihren Konsum z. T. einzustellen, einzuschränken oder auf andere Artikelgruppen auszuweichen. Aus wohlfahrtsökonomischer Sicht ist diese Entwicklung somit mit einem sehr kritischen Auge zu betrachten.

Die Erkenntnis, dass niedrigere Preise nahezu keine positiven Auswirkungen auf die Marktdurchdringung haben und in Super- und Verbrauchermärkten sogar höhere Artikelpreise von Herstellermarken mit einer höheren Marktdurchdringung verbunden sind, führt zu der Vermutung, dass dies möglicherweise auf die untersuchte, mit Blick auf die Gesundheit risikobehaftete Artikelgruppe zurückzuführen ist, in der der Preis u. U. als Qualitätssignal und damit letztlich – so hoffen die Konsumenten vor dem Hintergrund der Vielzahl an Lebensmittelskandalen in den letzten Jahren vermutlich – als Signal für die Sicherheit der betrachteten Lebensmittel dient.[278] Die Konsumenten sind demzufolge offenbar bereit, für ‚sichere Lebensmittel' einen höheren Preis zu bezahlen. Vor dem Hintergrund dieses Ergebnisses scheinen sich ‚Preisschlachten' in der untersuchten Artikelgruppe für den Handel nicht zu lohnen. Der Handel kann demnach – ohne Nachteile mit Blick auf die Marktdurchdringung – auf Preisschlachten zugunsten von Maßnahmen zur Sicherstellung der Lebensmittelsicherheit verzichten. Auf diese Weise würde der Handel gleichzeitig das Risiko senken, in einen Lebensmittelskandal verwickelt zu sein, der sich dann vermutlich negativ auf die Marktdurchdringung und vermutlich letztlich auch auf den Gewinn auswirken würde.

---

[278] Vgl. zum Aspekt ‚Lebensmittelsicherheit' u. a. OLBRICH/VOERSTE 2005; OLBRICH/VOERSTE 2006; VOERSTE 2006; VOERSTE 2009.

Aus wohlfahrtsökonomischer Sicht ist es gerade mit Blick auf die untersuchte Artikelgruppe aus der Warengruppe Fleisch nicht wünschenswert, dass auf Kosten der Qualität an der ‚Preisschraube' nach unten gedreht wird, da damit u. U. Gesundheitsrisiken für die Konsumenten verbunden sein können. Gleichzeitig ist aber auch nicht zu wünschen, jedoch zu befürchten, dass – vor dem Hintergrund einer erhofften höheren Lebensmittelsicherheit – möglicherweise bestehende höhere Preisbereitschaften der Konsumenten vom Handel ‚ausgenutzt' werden, indem Preissteigerungen ohne sachliche Rechtfertigung (z. B. in Form einer verbesserten Qualität oder in Form von Maßnahmen zur Verbesserung der Lebensmittelsicherheit) erfolgen bzw. – insbesondere mit Blick auf die in der untersuchten Artikelgruppe konstatierten deutlichen Preissteigerungen (vgl. nochmals Abschnitt 4.5.4.2.) – bereits erfolgt sind.

5. Fazit und Ausblick

5.1. Zusammenfassung der Untersuchungsergebnisse

In diesem Abschnitt werden zunächst die Ergebnisse der empirischen Untersuchungen zur zunehmenden Verbreitung von Handelsmarken zusammengefasst, um darauf aufbauend in den nachfolgenden Abschnitten aus den betriebswirtschaftlichen Perspektiven des Handels und der Markenartikelindustrie sowie aus gesamtwirtschaftlicher Perspektive Implikationen der Untersuchungsergebnisse erläutern zu können.

Im Rahmen der in Abschnitt 4.4. dargelegten empirischen Untersuchung wurde zunächst der Frage nachgegangen, ob der Verbreitung von Handelsmarken aus betriebswirtschaftlicher Sicht Grenzen gesetzt sind. Zu diesem Zweck wurde auf der Ebene einzelner Verkaufsstellen der Zusammenhang zwischen dem Anteil gelisteter Handelsmarken und der anhand der Umsätze gemessenen wertmäßigen Marktdurchdringung untersucht. Um Unterschiede zwischen den einzelnen Betriebsformen aufdecken zu können, wurden Discounter, Supermärkte und Verbrauchermärkte separat untersucht. In allen drei untersuchten Betriebsformen hat sich gezeigt, dass die Umsätze mit steigendem Anteil gelisteter Handelsmarken nur dann gestiegen bzw. zumindest nicht zurückgegangen sind, wenn gleichzeitig auf eine starke Verminderung der Anzahl gelisteter Herstellermarken verzichtet wurde. Die Ergebnisse deuten somit darauf hin, dass einer Ausweitung des Anteils gelisteter Handelsmarken aus betriebswirtschaftlicher Sicht zumindest dann Grenzen gesetzt sind, wenn damit Umsatzsteigerungen erzielt werden sollen.

Im Zentrum der in Abschnitt 4.5. präsentierten empirischen Untersuchung stand die Frage nach den Ausprägungen ausgewählter Indikatoren im Zuge der zunehmenden Verbreitung von Handelsmarken. In diesem Zusammenhang wurde der Blick auf diejenigen Indikatoren gerichtet, die im Verdrängungswettbewerb des Konsumgüterhandels eine zentrale Rolle spielen. Somit wurden speziell die Indikatoren Artikelvielfalt, Preise sowie Absätze und Umsätze (als Indikatoren für die Marktdurchdringung bzw. das Marktvolumen[279]) untersucht. Die Auswahl gerade dieser Indikatoren erschien zudem vor dem Hintergrund des Ergebnisses der Literaturauswertungen (vgl. Kapitel 3.) interessant, dass sich die Ausprägungen dieser Indi-

---

[279] An dieser Stelle sei nochmals auf die zugrunde liegende Annahme hingewiesen, dass die untersuchte Stichprobe aufgrund der umfassenden Datenbasis einen repräsentativen Teil des Gesamtmarktes abbildet. Vgl. tiefergehend dazu nochmals Abschnitt 4.5.2.

katoren im Zuge der wachsenden Verbreitung von Handelsmarken auf kurze und auf lange Sicht u. U. unterscheiden sollen.

Mit Blick auf die Artikelvielfalt kann zusammenfassend festgehalten werden, dass im Untersuchungszeitraum in allen Betriebsformen ein deutlicher Anstieg gelisteter Handelsmarken bei gleichzeitigem Rückgang gelisteter Herstellermarken zu konstatieren war. Dabei war der Rückgang gelisteter Herstellermarken deutlich stärker als der Anstieg gelisteter Handelsmarken, so dass sich auch die gesamte Anzahl gelisteter Artikel deutlich verringert hat.

Hinsichtlich der Preisniveaus ist zusammenfassend zu konstatieren, dass im Untersuchungszeitraum in allen Betriebsformen – und infolgedessen auch bei betriebsformenübergreifender Betrachtung – ein zumeist deutlicher Anstieg der durchschnittlichen Artikel- und kg-Preise von Handels- und Herstellermarken und damit auch der durchschnittlichen Preise aller Artikel zu beobachten war. Insbesondere die Steigerungen der kg-Preise lagen deutlich über der Inflationsrate.

Mit Blick auf die Entwicklung der Absätze und Umsätze im Zeitablauf lässt sich zusammenfassend festhalten, dass mit den in allen Betriebsformen im Untersuchungszeitraum zu konstatierenden zunehmenden Anteilen gelisteter Handelsmarken lediglich in den Discountern steigende Absätze und Umsätze einhergingen. In den Super- und Verbrauchermärkten sowie bei betriebsformenübergreifender Betrachtung sanken die Absätze und Umsätze hingegen. Die Ergebnisse deuten somit darauf hin, dass die zunehmende Verbreitung von Handelsmarken in der untersuchten Artikelgruppe mit einem insgesamt sinkenden Marktvolumen verbunden war.

Im Rahmen der in Abschnitt 4.6. dargelegten empirischen Untersuchung stand die Frage im Mittelpunkt, wie sich die vom Handel im Zuge der zunehmenden Verbreitung von Handelsmarken eingesetzten sortiments- und preispolitischen Maßnahmen auf die Marktdurchdringung ausgewirkt haben. Dies geschah insbesondere auch vor dem Hintergrund, dass dem Handel die ‚Freiheit' in der Kombination sortiments- und preispolitischer Maßnahmen erst durch das in Europa geltende Verbot der vertikalen Preisbindung ermöglicht wurde, das ihm – neben der ihm ohnehin obliegenden Sortimentshoheit – auch die Preishoheit zuspricht. Diese Untersuchung erfolgte auf Basis eines kausalanalytischen Modells, das aufbauend auf den durch die Literaturauswertungen gestützten theoretischen Vorüberlegungen und den Erkenntnissen aus den vorangegangenen Untersuchungen konzipiert wurde.

Mit Blick auf die sortimentspolitischen Maßnahmen lässt sich zusammenfassend festhalten, dass mit einer höheren Anzahl sowie einem höheren Anteil gelisteter Handelsmarken lediglich in den Discountern eine höhere Marktdurchdringung verbunden war. In den beiden anderen Betriebsformen und bei betriebsformenübergreifender Betrachtung haben sich eine höhere Anzahl und ein höherer Anteil gelisteter Handelsmarken hingegen negativ auf die Marktdurchdringung ausgewirkt. Auch mit Blick auf die Anzahl gelisteter Herstellermarken ergaben sich abweichende Ergebnisse: Während eine höhere Anzahl gelisteter Herstellermarken in den Discountern mit einer niedrigeren Marktdurchdringung einherging, war die Marktdurchdringung in den Super- und Verbrauchermärkten und bei betriebsformenübergreifender Betrachtung um so höher, je höher die Anzahl gelisteter Herstellermarken war.

Hinsichtlich der preispolitischen Maßnahmen ist zunächst festzuhalten, dass sich durchweg recht schwach ausgeprägte Zusammenhänge zwischen Artikelpreisen bzw. kg-Preisen und Marktdurchdringung ergaben. Gleichwohl dürfen sie insbesondere aufgrund der unterschiedlichen Vorzeichen der gemessenen Zusammenhänge nicht vernachlässigt werden. Die Ergebnisse verdeutlichen, dass die Marktdurchdringung in allen Betriebsformen und bei betriebsformenübergreifender Betrachtung umso höher war, je niedriger die kg-Preise von Handels- und Herstellermarken waren. Höhere Artikelpreise von Herstellermarken hatten demgegenüber insbesondere in Super- und Verbrauchermärkten und bei betriebsformenübergreifender Betrachtung keine negative Wirkung auf die Marktdurchdringung. Im Gegenteil: zwischen den Artikelpreisen von Herstellermarken und der Marktdurchdringung ergab sich jeweils ein leicht positiver Zusammenhang.

Bevor in den nachfolgenden Abschnitten verschiedene Implikationen der Untersuchungsergebnisse erläutert werden, soll nicht versäumt werden, auf die Grenzen der Untersuchungen hinzuweisen. Diese liefern zugleich Ansatzpunkte für die zukünftige Forschung. Obwohl sich die untersuchte Artikelgruppe mit Blick auf die Ziele der Arbeit als besonders geeignet erwies, ein bewusst sehr langer Untersuchungszeitraum gewählt wurde und verschiedene Betriebsformen untersucht wurden, ist dennoch nicht auszuschließen, dass Untersuchungen in anderen Branchen, Warengruppen, Artikelgruppen, Zeiträumen, Betriebsformen oder Ländern u. U. zu differierenden Ergebnissen führen. Zukünftige Studien könnten demnach an einem oder mehreren dieser Punkte ansetzen.

5.2. Implikationen der Untersuchungsergebnisse für den Handel

Aufbauend auf den im vorangegangenen Abschnitt dargelegten zentralen Ergebnissen der empirischen Untersuchungen zur zunehmenden Verbreitung von Handelsmarken werden in diesem Abschnitt Implikationen der Untersuchungsergebnisse aus der Perspektive des Handels erläutert.

Die Ergebnisse der ersten empirischen Untersuchung (vgl. Abschnitt 4.4.) legen den hier untersuchten Handelsunternehmen nahe, zum Zwecke des Erreichens eines möglichst hohen Umsatzes – und damit einer möglichst hohen wertmäßigen Marktdurchdringung – im Zuge der Einführung von Handelsmarken auf eine Auslistung von Herstellermarken zu verzichten. Allerdings sollten die Handelsunternehmen in diesem Zusammenhang den Deckungsbeitrag als weitere Zielgröße beachten. Denn es ist durchaus möglich, dass mit höheren Anteilen gelisteter Handelsmarken zwar niedrigere Umsätze, aber aufgrund höherer Handelsspannen von Handelsmarken höhere Deckungsbeiträge erzielt werden. Insofern kann es sich teilweise anbieten, auf höhere Umsätze zugunsten höherer Deckungsbeiträge zu verzichten. Die hier vorgefundenen Ergebnisse sind allerdings so deutlich, dass kaum von einem spürbar großen Spielraum in diese Richtung auszugehen ist.

Mit Blick auf die Ergebnisse der zweiten empirischen Untersuchung (vgl. Abschnitt 4.5.) lassen sich aus der Perspektive des Handels folgende Implikationen ableiten: Mit dem Rückgang der Anzahl gelisteter Artikel ist für den Handel u. U. ein Rückgang der Anzahl von Lieferanten verbunden und kann somit Potenziale zur Kostensenkung (z. B. in Bezug auf Verhandlungen, Abstimmung, Logistik) eröffnen.

Da der Handel die konstatierten Preissteigerungen selbst vorgenommen hat, ist zu erwarten, dass er daraus resultierende Vorteile für sich vermutet hat. In diesem Zusammenhang ist davon auszugehen, dass er es ist, der letztlich den größten Teil des durch höhere Preise möglicherweise zusätzlich erlangten Gewinns erhält. Dies gilt zumindest so lange, bis durch die Preissteigerungen u. U. ausgelöste Absatzrückgänge den Gewinn schmälern.

Hinsichtlich der anhand der Absätze und Umsätze gemessenen Marktdurchdringung ergibt sich eine differierende Beurteilung: Die wachsenden Absätze und Umsätze führen aus der Sicht der untersuchten Discounter zu einer positiven Beurteilung. Die in den Super- und Verbrauchermärkten und bei betriebsformenübergreifender Betrachtung beobachteten Absatz- und Umsatzrückgänge führen demgegenüber nicht zwangsläufig zu einer negativen Bewertung, da dies nicht zwingend bedeuten muss, dass auch die Gewinne sinken. Es ist davon auszugehen, dass der Handel mit Handelsmarken aufgrund niedrigerer Beschaffungskosten höhere Handelsspannen erzielt als mit Herstellermarken.[280] Insofern ist es durchaus denkbar, dass der Handel mit höheren Anteilen gelisteter Handelsmarken zwar niedrigere Umsätze, aber aufgrund höherer Handelsspannen von Handelsmarken höhere Deckungsbeiträge realisiert.[281] Demnach kann es sich zwar teilweise anbieten, auf höhere Umsätze zugunsten höherer Deckungsbeiträge zu verzichten. Ob jedoch die hier insbesondere in den Super- und Verbrauchermärkten erkennbaren deutlichen Rückgänge der Gesamtumsätze in der Artikelgruppe durch höhere Deckungsbeiträge von Handelsmarken überkompensiert werden, ist sehr fraglich.

Daher liegt die Vermutung nahe, dass der Handel mit der Führung von Handelsmarken zumindest kurzfristig nicht das Ziel der Gewinnsteigerung, sondern andere Ziele verfolgt. Hier ist u. U. an die Verdrängung kleinerer Markenartikelhersteller zu denken. Der Handel erhofft sich dadurch vermutlich eine Stärkung der Verhandlungsmacht gegenüber der Markenartikelindustrie und eine Senkung der Verhandlungs- und Abstimmungskosten.[282] Zudem können größere Hersteller aufgrund von Größeneffekten u. U. kostengünstiger produzieren, was dem Handel bei entsprechend erfolgreichen Verhandlungen zusätzliches Gewinnpotenzial verspricht. Für dieses langfristige Ziel werden somit anscheinend kurzfristige Umsatz- und damit vermutlich auch Gewinneinbußen hingenommen.

In diesem Kontext könnte man einwenden, dass die Händler lediglich die Zahl der Lieferanten im Allgemeinen – und nicht speziell mit Blick auf Markenartikelhersteller – verringern möchten, um auf diese Weise z. B. Logistikkosten oder Fehlbestände zu senken. Dagegen spricht allerdings die Tatsache, dass hauptsächlich Herstellermarken und i. d. R. keine Handelsmarken ausgelistet werden.

Die Ergebnisse der dritten empirischen Untersuchung (vgl. Abschnitt 4.6.) legen aus der Perspektive des Handels folgende Implikationen nahe: Mit Blick auf die sortimentspolitischen Maßnahmen sollten Händler der Betriebsformen Supermarkt und Verbrauchermarkt von einer Verringerung der Anzahl angebotener Herstellermarken

---

280 Vgl. MÜLLER-HAGEDORN 2001.

281 Vgl. z. B. HOCH/BANERJI 1993, S. 57; LAAKSONEN 1994, S. 37; HOCH 1996, S. 89; RICHARDSON/JAIN/DICK 1996, S. 181; NARASIMHAN/WILCOX 1998, S. 591; AHLERT/KENNING/SCHNEIDER 2000, S. 44; AHLERT/KENNING/SCHNEIDER 2001, S. 255; AILAWADI/HARLAM 2004, S. 147 f.

282 Vgl. OLBRICH/BUHR/GREWE/SCHÄFER 2005, S. 85; OLBRICH/BUHR 2006, S. 39 sowie BUNDESWETTBEWERBSBEHÖRDE DER REPUBLIK ÖSTERREICH 2007, S. 11.

zugunsten von Handelsmarken absehen, sofern sie eine Erhöhung der Marktdurchdringung anstreben. Lediglich in der Betriebsform Discounter war diese Vorgehensweise mit einer höheren Marktdurchdringung verbunden. Dass das Angebot von Handelsmarken in den Super- und Verbrauchermärkten dennoch weiter erhöht wird und jenes von Herstellermarken vermindert wird, ist u. U. darauf zurückzuführen, dass die Super- und Verbrauchermärkte die vermeintlich ‚erfolgreiche' Strategie der Discounter kopieren wollten, jedoch nicht die erhofften Steigerungen der Marktdurchdringung erzielen konnten. Es ist allerdings auch nicht auszuschließen, dass langfristig ausgelegte, machtpolitische Ziele hier eine Rolle spielen, deren langfristiges Erreichen dem Handel wichtiger ist als eine kurzfristige Steigerung der Marktdurchdringung. In diesem Zusammenhang ist z. B. an die Verdrängung kleinerer Markenartikelhersteller und Konkurrenten vom Markt zu denken, die dem Handel auf lange Sicht u. U. einen höheren Grad der Marktdurchdringung – und letztlich vermutlich auch höhere Gewinne – in Aussicht stellt.

Auch mit Blick auf die preispolitischen Maßnahmen ist vor dem Hintergrund, dass keine deutlichen Auswirkungen der Höhe der Preise auf die Marktdurchdringung erkennbar sind und die Händler gleichwohl in den letzten Jahren zunehmend bestimmte preispolitische Taktiken angewandt haben, zu vermuten, dass zunächst ein ‚Umweg' eingeschlagen wird, der auf lange Sicht jedoch zu einer höheren Marktdurchdringung verhelfen soll. In diesem Zusammenhang ist anzunehmen, dass die Händler mit Hilfe der von ihnen eingesetzten Preistaktiken neben einer Erhöhung des Absatzes ihrer Handelsmarken auch eine Verdrängung von Herstellermarken und damit letztlich auch eine Verdrängung von Händlern beabsichtigen, die überwiegend Herstellermarken anbieten. Dieser ‚Umweg' soll dann vermutlich auf lange Sicht zu einer höheren Marktdurchdringung und höheren Gewinnen führen.

Das Ergebnis, dass niedrigere Preise nahezu keine positiven Auswirkungen auf die Marktdurchdringung haben und in Super- und Verbrauchermärkten sogar höhere Artikelpreise von Herstellermarken mit einer höheren Marktdurchdringung verbunden sind, führt zu der Vermutung, dass die Konsumenten mit Blick auf Artikel aus der untersuchten Warengruppe – möglicherweise aufgrund der Vielzahl an Lebensmittelskandalen in den letzten Jahren – offenbar bereit sind, für ‚sichere Lebensmittel' einen höheren Preis zu bezahlen. Diese Ergebnisse rechtfertigen die Empfehlung für den Handel, auf Preisschlachten zugunsten von Maßnahmen zur Sicherstellung der Lebensmittelsicherheit zu verzichten. Auf diese Weise würde der Handel gleichzeitig das Risiko senken, in einen Lebensmittelskandal verwickelt zu sein, der sich dann vermutlich negativ auf die Marktdurchdringung und vermutlich letztlich auch auf den Gewinn auswirken würde.

5.3. Implikationen der Untersuchungsergebnisse für die Markenartikelindustrie

Die Perspektive der Markenartikelindustrie stand zwar nicht im Mittelpunkt der vorliegenden Arbeit, gleichwohl erfordert es die Interdependenz zwischen den betriebswirtschaftlichen Perspektiven, dass diese Sichtweise nicht unberücksichtigt bleibt.[283] Somit werden nachfolgend Implikationen der Untersuchungsergebnisse aus der Perspektive der Markenartikelindustrie erläutert.

Die im Rahmen der ersten empirischen Untersuchung (vgl. Abschnitt 4.4.) erlangten Erkenntnisse, dass sich eine Auslistung von Herstellermarken im Zuge der zunehmenden Verbreitung von Handelsmarken negativ auf die anhand der Umsätze gemessene wertmäßige Marktdurchdringung auswirkt, liefert der Markenartikelindustrie im Prinzip ein Argument dafür, warum ihre Herstellermarken für den Handel ‚wichtig' sind und demzufolge nicht ausgelistet werden sollten. Zumindest den in der untersuchten Artikelgruppe vertretenen Markenartikelherstellern können diese Erkenntnisse im Rahmen von Verhandlungen mit Handelsunternehmen u. U. nützlich sein.

Die Ergebnisse der in Abschnitt 4.5. dargelegten empirischen Untersuchung verdeutlichen, dass für Herstellermarken eine nicht geringe Gefahr besteht, ausgelistet zu werden. Zum Einen ist anhand der Ergebnisse zur Artikelvielfalt ‚direkt' abzulesen, dass die Anzahl gelisteter Herstellermarken in allen Betriebsformen deutlich zurückgeht. Darüber hinaus deutet die Tatsache, dass in den Super- und Verbrauchermärkten die Anzahl gelisteter Handelsmarken weiter erhöht und die Anzahl gelisteter Herstellermarken weiter vermindert wird, obwohl dies mit stark sinkenden Gesamtumsätzen verbunden ist, darauf hin, dass gerade die Verdrängung von Herstellermarken ein Ziel des Handels darstellen könnte.

Insofern ist aus der Perspektive der Markenartikelindustrie – dies betrifft insbesondere Hersteller von Zweit- und Drittmarken – die Gefahr, dass ihre Herstellermarken vom Handel ausgelistet werden, nicht zu unterschätzen. Sollten sie nicht ausgelistet werden, könnte zumindest die fortwährende Gefahr einer Auslistung dafür sorgen, dass der Handel sie zu Zugeständnissen – z. B. in Bezug auf die Konditionen – zwingt. Durch die Verdrängung von Herstellerunternehmen würde der Konzentrationsprozess auf der Herstellerstufe gefördert und der horizontale Wettbewerbsdruck dort nachlassen. Aus

[283] Tiefergehend wird die Perspektive der Markenartikelindustrie in der Arbeit von SCHÄFER 2009 eingenommen, die ebenso wie die vorliegende Arbeit im Rahmen des vom Bundesministerium für Bildung und Forschung geförderten Forschungsprojekts ‚SCAFO' am Lehrstuhl für Betriebswirtschaftslehre, insbesondere Marketing, der FernUniversität in Hagen entstanden ist.

der Perspektive einzelner Hersteller kann es zwar ab einer bestimmten (kleinen) Anzahl verbliebener Unternehmen aufgrund des damit verbundenen Machtzuwachses kurzfristig betrachtet von Vorteil sein, zu dieser Gruppe zu gehören. Mittel- bis langfristig ist allerdings auch die Position der verbliebenen Hersteller aufgrund der Sortimentsflexibilität des Handels sehr gefährdet.

Die im Untersuchungszeitraum beobachtbaren Preissteigerungen sind aus der Sicht der Markenartikelhersteller ebenfalls nicht unbedingt positiv zu beurteilen, da ihr Gewinn nicht von den Endverbraucherpreisen abhängt, sondern von den mit dem Handel vereinbarten Lieferkonditionen. Solange der Handel nicht vollständig auf Herstellermarken verzichten möchte, werden die verbliebenen Markenartikelhersteller zwar eine recht sichere Verhandlungsposition haben. Da der Handel aber – zumindest solange es in jedem Produktbereich noch mindestens zwei oder drei Marken von verschiedenen Herstellern gibt – die Hersteller ‚gegeneinander ausspielen' kann, ist davon auszugehen, dass nicht die Markenartikelhersteller, sondern die Händler letztlich ihren Gewinn durch die höheren Preise steigern.

Die Ergebnisse der in Abschnitt 4.6. präsentierten empirischen Untersuchung liefern Erkenntnisse zu den Auswirkungen unterschiedlicher von den untersuchten Handelsunternehmen durchgeführter sortiments- und preispolitischer Maßnahmen auf die Marktdurchdringung. Die Markenartikelhersteller haben zwar keine Entscheidungsbefugnisse mit Blick auf diese Maßnahmen, können die Erkenntnisse gleichwohl ‚indirekt' nutzen, um ihre Überlebensfähigkeit am Markt zu sichern oder zu verbessern. So können die Hersteller z. B. versuchen, potenzielle Reaktionen des Handels auf die Untersuchungsergebnisse zu antizipieren, um sich dann entsprechend darauf einstellen und reagieren zu können. Das im Rahmen dieser Untersuchung vorgefundene Ergebnis, dass die Marktdurchdringung in den Super- und Verbrauchermärkten um so höher ist, je höher die Anzahl gelisteter Herstellermarken ist, kann z. B. in Verhandlungen mit Händlern aus diesen Betriebsformen genutzt werden, indem auf die Wichtigkeit der Herstellermarken hingewiesen wird. Auf diese Weise können möglicherweise Auslistungen vermieden oder geforderte Konditionenzugeständnisse abgewendet werden. Das Ergebnis in den Discountern bestärkt den Handel hingegen in seiner bisherigen Vorgehensweise, Herstellermarken auszulisten, vermutlich eher, so dass die Markenartikelindustrie u. U. mit weiteren Auslistungen ihrer Herstellermarken rechnen muss.

Die Ergebnisse zu den preispolitischen Maßnahmen können u. U. ebenfalls im Rahmen von Verhandlungen mit Handelsunternehmen genutzt werden: Die beobachteten, durchweg recht schwach ausgeprägten Zusammenhänge zwischen den Preisniveaus und der Marktdurchdringung könnten als Argument dienen, um den Handel auf die anscheinend lediglich recht schwache Wirkung der – insbesondere zum Nachteil der Herstellermarken – in den letzten Jahren zunehmend eingesetzten Preistaktiken des Handels aufmerksam zu machen. Ob sich der Handel von einem solchen ‚Hinweis' in der Festsetzung der Preise beeinflussen lässt, ist allerdings sehr fraglich. Die Tatsache, dass der Markenartikelindustrie lediglich ein solcher ‚Hinweis' als Möglichkeit zur Beeinflussung des Handels bleibt, ist darauf zurückzuführen, dass die Markenartikelhersteller aufgrund des in Europa geltenden Verbots der vertikalen Preisbindung nahezu keinen Einfluss auf die Festlegung der Preise ihrer Herstellermarken haben. Die mit dieser rechtlichen Regulierung des Marktes verbundenen Wettbewerbsnachteile für die Markenartikelindustrie könnten somit Anlass dazu geben, den Gesetzgeber zu einer entsprechenden Änderung des Wettbewerbsrechts aufzufordern.

5.4. Implikationen der Untersuchungsergebnisse für die Wettbewerbspolitik

Nachdem in den beiden vorangegangenen Abschnitten auf betriebswirtschaftliche Implikationen der Untersuchungsergebnisse eingegangen wurde, wird im Rahmen dieses Abschnitts – auch unter Berücksichtigung der Erkenntnisse aus den betriebswirtschaftlichen Perspektiven – die gesamtwirtschaftliche Perspektive eingenommen. Damit wird der Frage nach den Konsequenzen der zunehmenden Verbreitung von Handelsmarken für den Wettbewerb und die Konsumenten nachgegangen. Eine besondere Relevanz kommt einer solchen Beurteilung insbesondere vor dem Hintergrund zu, dass die zunehmende Verbreitung von Handelsmarken letztlich – wie in Abschnitt 2.2. tiefgehend erläutert – durch eine wettbewerbsrechtliche Regulierung des Marktes begünstigt wird. Diese manifestiert sich in dem in Artikel 81 EG geregelten Verbot der vertikalen Preisbindung und erhält in Deutschland zudem ‚Rückendeckung' durch das in § 20 GWB geregelte ‚Diskriminierungsverbot'.

Die in der untersuchten Artikelgruppe im Zuge der zunehmenden Verbreitung von Handelsmarken konstatierte zurückgehende Artikelvielfalt (vgl. Abschnitt 4.5.4.1.) bedeutet aus der Perspektive der Konsumenten letztlich, dass sich die ihnen zur Verfügung stehende Auswahl an Produkten und damit die Anzahl an Alternativen verringert. Dies ist allerdings nicht per se negativ zu beurteilen. So kann eine sehr ausgeprägte Artikelvielfalt die Komplexität der Kaufentscheidung von Konsumenten erheblich erhöhen, da sie sich zwischen einer Vielzahl von gleichartigen Artikeln entscheiden müssen. Dies kann letztlich dazu führen, dass sich die Konsumenten

‚überfordert' fühlen.[284] Konsumenten haben jedoch die Möglichkeit, eine Einkaufsstätte auszuwählen, die diesbezüglich ihren Präferenzen am besten entspricht. So ist die Artikelvielfalt in Discountern i. d. R. geringer als die Artikelvielfalt in Supermärkten und diese ist i. d. R. geringer als in Verbrauchermärkten.[285] Wenn die Artikelvielfalt jedoch – wie in der vorliegenden empirischen Untersuchung – in *allen* Betriebsformen immer weiter abnimmt, so ist dies für die Konsumenten letztlich mit immer geringer werdenden Auswahlmöglichkeiten verbunden. Insbesondere das Verschwinden vieler Herstellermarken verringert in diesem Zusammenhang die Wahlfreiheit der Konsumenten. Brisant ist, dass den Konsumenten durch eine in den letzten Jahren stetig zunehmende Ausweitung der Verkaufsflächen je Verkaufsstätte[286] (in allen Betriebsformen) zumindest indirekt eine Zunahme der Artikelvielfalt suggeriert wird.

Auch die mit der zunehmenden Verbreitung von Handelsmarken einhergehenden Preissteigerungen in der untersuchten Artikelgruppe führen insgesamt zu keinem positiven Fazit. Die Markenartikelindustrie muss – wie u. a. im vorangegangenen Abschnitt bereits ausführlich dargelegt – aufgrund des Verbots der vertikalen Preisbindung weitgehend ‚hilflos zusehen', welche Endverbraucherpreise der Handel für ihre Herstellermarken festlegt. Dies ist als bedeutender Nachteil im Wettbewerb mit Handelsmarken einzustufen. Zudem ist davon auszugehen, dass der Handel im Fall von Preissteigerungen die damit u. U. verbundenen Gewinnsteigerungen auch nicht an die Markenartikelhersteller weitergibt, so dass lediglich der Handel davon profitiert. Auch aus Sicht der Konsumenten sind Preissteigerungen aufgrund der damit verbundenen finanziellen Nachteile i. d. R. negativ zu bewerten – zumindest dann, wenn damit nicht gleichzeitig auch eine Verbesserung der Qualität einhergeht, die z. B. in der betrachteten Artikelgruppe aus der Warengruppe Fleisch die Lebensmittelsicherheit[287] erhöht und damit potenzielle Gesundheitsrisiken senkt.

Darüber hinaus könnten die deutlichen Preissteigerungen in der untersuchten Artikelgruppe erste Anzeichen einer einsetzenden Oligopolisierung im betrachteten Markt sein. Demnach scheint der ‚Startschuss' für ein paralleles Preisverhalten der ver-

---

[284] Vgl. z. B. OTNES/LOWREY/SHRUM 1997; RUDOLPH/SCHWEIZER 2004; WALSH 2004 und KOTOUC/RUDOLPH 2006. Vgl. allgemein zu Effekten der Größe von Sortimenten auf ihre Bewertung aus der Sicht von Konsumenten OPPEWAL/KOELEMEIJER 2005.

[285] Vgl. zur Ausprägung der Sortimentstiefe in den verschiedenen Betriebsformen des Handels z. B. LIEBMANN/ZENTES 2001, S. 477 ff.

[286] Vgl. zu diesen Daten EHI RETAIL INSTITUTE 2006, S. 231 und EHI RETAIL INSTITUTE 2007, S. 211.

[287] Vgl. zur Lebensmittelsicherheit auch VOERSTE 2009.

bliebenen Anbieter im Markt bereits gefallen zu sein. Auf lange Sicht haben die Konsumenten aufgrund der vermutlich immer weiter abnehmenden Anbieterzahl im Markt dann immer weniger Ausweichmöglichkeiten, so dass einer Preisspirale nach oben ‚Tür und Tor' geöffnet sind.

Unter der Annahme, dass die im Rahmen der betriebsformenübergreifenden Betrachtung gemessene Marktdurchdringung letztlich – vor dem Hintergrund der umfangreichen Datenbasis – einen repräsentativen Teil des Marktvolumens widerspiegelt, lässt sich daraus ein Hinweis auf die Versorgung der Konsumenten mit Gütern ableiten. Insbesondere die in der untersuchten Artikelgruppe im Zuge der zunehmenden Verbreitung von Handelsmarken beobachteten deutlich gesunkenen Gesamtabsätze deuten darauf hin, dass die Versorgung der Konsumenten mit Gütern (aus der betrachteten Artikelgruppe) abgenommen hat. Die Konsumenten scheinen ihren Konsum somit z. T. eingestellt, eingeschränkt oder auf andere Artikelgruppen verlagert zu haben. ‚Gestützt' wird diese Schlussfolgerung zudem von den im Rahmen der kausalanalytischen Untersuchung (ebenfalls bei betriebsformenübergreifender Betrachtung) konstatierten negativen Zusammenhängen zwischen der Anzahl bzw. dem Anteil gelisteter Handelsmarken und der Marktdurchdringung. Aus wohlfahrtsökonomischer Sicht ist diese Entwicklung somit sehr kritisch zu beurteilen.

Auch das im Rahmen der kausalanalytischen Untersuchung vorgefundene Ergebnis, dass sich höhere Preise nicht deutlich negativ auf die Marktdurchdringung ausgewirkt haben (vgl. Abschnitt 4.6.) verdient vor dem Hintergrund des ebenfalls vorgefundenen Ergebnisses, dass die Preise im Untersuchungszeitraum deutlich angehoben wurden (vgl. Abschnitt 4.5.4.2.) aus wohlfahrtsökonomischer Perspektive besondere Aufmerksamkeit. Das erstgenannte Ergebnis ist möglicherweise auf die untersuchte, mit Blick auf die Gesundheit risikobehaftete Artikelgruppe aus der übergeordneten Warengruppe Fleisch zurückzuführen. Denn es ist anzunehmen, dass der Preis den Konsumenten u. U. als Qualitätssignal und damit letztlich – so hoffen die Konsumenten vor dem Hintergrund der Vielzahl an Lebensmittelskandalen in den letzten Jahren vermutlich – als Signal für die Sicherheit der betrachteten Lebensmittel dient.[288] Die Konsumenten sind demzufolge offenbar bereit, für ‚sichere Lebensmittel' einen höheren Preis zu bezahlen. Mit Blick auf die sehr deutlichen Preissteigerungen in der untersuchten Artikelgruppe ist nun allerdings zu befürchten, dass der Handel diese erhöhte ‚Zahlungsbereitschaft' der Konsumenten u. U. ‚ausgenutzt' haben könnte, d. h. die Preise ohne sachliche Rechtfertigung – z. B. in Form einer verbesserten Qualität oder

[288] Vgl. tiefergehend zur Sicherheit von Lebensmitteln u. a. OLBRICH/VOERSTE 2005; OLBRICH/VOERSTE 2006; VOERSTE 2006 sowie VOERSTE 2009.

in Form von Maßnahmen zur Steigerung der Lebensmittelsicherheit – erhöht hat. Aus wohlfahrtsökonomischer Sicht ist freilich insbesondere mit Blick auf die untersuchte Artikelgruppe aus der Warengruppe Fleisch nicht gewünscht, dass der Handel auf Kosten der Qualität und womöglich der Lebensmittelsicherheit an der ‚Preisschraube' nach unten dreht, da damit u. U. Gesundheitsrisiken für die Konsumenten verbunden sein können. Gewünscht ist jedoch, dass vorgenommene Preissteigerungen auch sachlich gerechtfertigt sind. Dies erscheint mit Blick auf die hier vorgefundenen deutlichen Preissteigerungen jedoch eher fraglich.

Insgesamt ist die zunehmende Verbreitung von Handelsmarken also mit einem sehr kritischen Auge zu betrachten. Da sie durch das Verbot der vertikalen Preisbindung und damit durch eine wettbewerbsrechtliche Regulierung des Marktes stark begünstigt wird,[289] erscheint es vor dem Hintergrund der hier vorgefundenen Ergebnisse sehr fraglich, ob eine weitere Aufrechterhaltung dieser rechtlichen Regulierung gerechtfertigt ist. Die Ergebnisse deuten vielmehr darauf hin, dass eine Deregulierung des Preiswettbewerbs oder zumindest eine weitere Lockerung des Verbots der vertikalen Preisbindung angestrebt werden sollte.

Dem Problem des ‚Umbrella Pricing' wurde zwar im Rahmen der siebten GWB-Novelle 2005 zumindest in gewissen Grenzen Rechnung getragen, indem die Festlegung von Höchstverkaufspreisen unter bestimmten Bedingungen erlaubt wurde.[290] Auch dem im Konsumgüterhandel weit verbreiteten ‚Preisdumping' wurden inzwischen wettbewerbsrechtliche Grenzen gesetzt: Im Rahmen der im Dezember 2007 in Kraft getretenen achten GWB-Novelle wurde eine Verschärfung des kartellrechtlichen Verbots von Verkäufen unter dem Einstandspreis (§ 20 IV GWB) mit Blick auf Lebensmittel vorgenommen. Vorher galt das Verbot für Unternehmen mit überlegener Marktmacht, wenn sie Waren oder gewerbliche Leistungen ‚nicht nur gelegentlich' und ‚ohne sachliche Rechtfertigung' unter dem Einstandspreis anboten. Seit Inkrafttreten der Novelle ist auch der ‚gelegentliche' Verkauf von Lebensmitteln unter dem Einstandspreis grundsätzlich untersagt (§ 20 IV Satz 2 Nr. 1 GWB).[291] Zu kritisieren ist in diesem Zusammenhang allerdings, dass die Verschärfung lediglich für Lebensmittel gilt und der Gesetzgeber für eine Ausdehnung auf andere Bereiche des Konsum-

289 Vgl. dazu nochmals die tiefgehende Erläuterung in Abschnitt 2.2.

290 Vgl. dazu tiefgehend Abschnitt 2.2.

291 Vgl. tiefgehend dazu Abschnitt 2.2.

güterhandels nach wie vor keine Veranlassung sieht, obwohl auch in diesen Bereichen deutliche Anzeichen eines ruinösen Preiswettbewerbs nicht zu übersehen sind.[292]

Darüber hinaus ist es nach der Kartellnovelle marktmächtigen Unternehmen nun auch verboten, von den von ihnen belieferten kleinen und mittleren Unternehmen, mit denen sie auf dem nachgelagerten Markt im Wettbewerb stehen, höhere Preise als von den Endverbrauchern zu verlangen (§ 20 IV Satz 2 Nr. 3 GWB).[293] Mit dieser Änderung sollen ebenso wie mit der Verschärfung des Untereinstandspreisverbots für Lebensmittel kleine und mittlere Lebensmitteleinzelhändler vor Verdrängungspraktiken marktstarker Handelskonzerne wirksamer geschützt werden.[294]

Zusammenfassend ist mit Blick auf die jüngsten Kartellnovellen somit festzuhalten, dass die Möglichkeit zur vertraglichen Festlegung von Höchstverkaufspreisen und das Verbot des Verkaufs unter dem Einstandspreis zwar erste Schritte in die richtige Richtung sind. Gleichwohl ist zu kritisieren, dass der Gesetzgeber nach wie vor eine generelle Abschaffung des Verbots der vertikalen Preisbindung und damit eine Deregulierung des Preiswettbewerbs nicht in Erwägung zieht.

Das Verbot der vertikalen Preisbindung stellt einen Eingriff in die Vertragsfreiheit der Wirtschaftssubjekte dar. Um vereinbar mit dem Grundkonzept des gemeinsamen Marktes als Raum weitgehend freier Wirtschaftstätigkeit zu sein, erfordert ein Eingriff in die Vertragsfreiheit eine klare Begründung. Eine solche Begründung könnte z. B. im Nachweis negativer Auswirkungen der Vertragsfreiheit für das Ergebnis des Wirtschaftsprozesses, d. h. insbesondere für die Wohlfahrt der Konsumenten bestehen. Mit Blick auf die im Rahmen der vorliegenden Untersuchung vorgefundenen Ergebnisse scheint hingegen das Gegenteil der Fall zu sein: Die konstatierten negativen Auswirkungen auf den Wirtschaftsprozess werden letztlich erst durch die in Form des Preisbindungsverbots bestehende wettbewerbsrechtliche Regulierung des Marktes mithervorgerufen. Diese Ergebnisse lassen den Ruf nach einer vollständigen Deregulierung des Preiswettbewerbs lauter werden.

In diesem Zusammenhang ist anzumerken, dass es sich selbst bei der – mit einer Deregulierung verbundenen – Wiedereinführung der Option zur Preisbindung für die Markenartikelindustrie ‚nur' um einen gewissen Nachteilsausgleich handeln würde.

---

292 Vgl. u. a. SEIDEL 2007 mit Blick auf Drogeriemärkte sowie O. V. 2002 in Bezug auf den Textileinzelhandel.

293 Vgl. DEUTSCHER BUNDESTAG 2007b, S. 3 und S. 11. Vgl. zu dieser Novelle auch OLBRICH/SCHULTZ/VOERSTE 2009, S. 3.

294 Vgl. DEUTSCHER BUNDESTAG 2007a, S. 9.

Dieser Nachteilsausgleich verspricht vor dem Hintergrund des angewachsenen und des immer noch sehr ausgeprägten Verdrängungswettbewerbs im Einzelhandel eine Stärkung derjenigen Wettbewerbskräfte, die die Innovations- und Investitionsbereitschaft auf der Seite der Markenartikelindustrie und die Leistungsprofilierung auf der Seite des Handels betreffen.

Die im Juni 2007 vom US SUPREME COURT vorgenommene Aufhebung des per-se-Verbots vertikaler Mindestpreisvereinbarungen in den USA scheint vor dem Hintergrund der empirischen Ergebnisse ein erster Schritt in die ‚richtige Richtung' zu sein, um den Herstellerunternehmen zumindest einen Nachteilsausgleich zu verschaffen. In diesem Urteil hob das oberste Gericht der USA das bisher geltende per-se-Verbot von vertikalen Mindestpreisvereinbarungen auf und führte stattdessen eine Einzelfallbeurteilung (‚rule-of-reason') ein.[295]

Begründet wurde diese Entscheidung damit, dass derartige Vereinbarungen – folge man der ökonomischen Literatur – nicht von vornherein als wettbewerbsbeschränkend eingestuft werden könnten. Stattdessen würden sie sogar vielfach den Interbrand-Wettbewerb fördern. Zudem würden Investitionen von Händlern in zusätzliche Leistungen gefördert, da die Händler fortan weniger über den Preis, sondern mehr über Leistungen konkurrierten. Darüber hinaus könne damit eine größere Produktauswahl für die Konsumenten verbunden sein. Gleichwohl dürften potenziell wettbewerbshemmende Effekte nicht vernachlässigt werden.[296]

Für eine Einzelfallbeurteilung werden vom US SUPREME COURT die folgenden potenziellen Beurteilungskriterien benannt: Zum einen komme es darauf an, wie viele Hersteller eine Preisbindung einführen möchten. Sofern diese Zahl gering sei, sei die Wahrscheinlichkeit für ein Kartell zwischen Herstellern eher unwahrscheinlich. Ferner solle die Quelle der Bindung beachtet werden. Vorsicht sei geboten, sofern die Initiative vom Handel ausginge. Schließlich solle darauf geachtet werden, wie die Marktmacht im Einzelfall verteilt sei. Wettbewerbsbeschränkende Effekte seien u. U. zu befürchten, wenn der Initiator der Preisbindung über recht hohe Marktmacht verfüge.[297]

Das Gericht hob damit ein fast 100 Jahre altes Präzedenzurteil von 1911 auf und hat somit zumindest indirekt auch potenziell wettbewerbsbeschränkende Wirkungen eines

---

295 Vgl. US SUPREME COURT 2007, S. 1 und S. 28.

296 Vgl. zu den wettbewerbsfördernden Effekten US SUPREME COURT 2007, S. 10 ff. und zur Warnung vor wettbewerbshemmenden Effekten US SUPREME COURT 2007, S. 12 ff.

297 Vgl. US SUPREME COURT 2007, S. 17 f.

per-se-Verbots anerkannt. Würden in der EU entsprechende gesetzliche Rahmenbedingungen geschaffen, böten die ‚Spielregeln' in der Konsumgüterwirtschaft wieder mehr Leistungsanreize, da zu erwarten ist, dass einige Markenartikelhersteller und auch einige Betriebsformen des Handels dieses Instrumentarium nutzen würden. Eine konzentrationshemmende Wirkung im Einzelhandel wäre dann mittelfristig zu erwarten, da einige extreme Preistaktiken (wie z. B. aggressive Niedrigpreispolitik mit Herstellermarken) gebremst werden könnten.

5.5. Zur Frage der Neuartigkeit der Ergebnisse und Ausblick

In einer übergeordneten Betrachtung lässt sich anhand der im Rahmen der empirischen Untersuchungen vorgefundenen Ergebnisse das von SCHUMPETER bereits Anfang des 20. Jahrhunderts aufgezeigte ‚Pionier-Folger-Phänomen' sowohl mit Blick auf die angebotenen Artikel als auch mit Blick auf die Betriebsformen des Handels nachvollziehen.

Nach SCHUMPETER liegt im „Erkennen und Durchsetzen neuer Möglichkeiten auf wirtschaftlichem Gebiet das Wesen der Unternehmerfunktion"[298]. Das ‚erfolgreiche' Hervorbringen von Innovationen kann nach diesem Ansatz letztlich dazu beitragen, die Überlebensfähigkeit von diesen – als ‚Pioniere' bezeichneten – Unternehmen am Markt zu erhöhen. Mit der Aussicht auf eine Steigerung der Überlebensfähigkeit ist es auch zu erklären, dass Innovationen, die von den Nachfragern angenommen (‚adoptiert') werden und sich zunehmend am Markt durchsetzen (‚Diffusion'), von anderen Unternehmen nachgeahmt werden. Diese Unternehmen werden als ‚Folger' bezeichnet.

Auf ‚Artikelebene' ist dieses Phänomen in den vorliegenden empirischen Ergebnissen mit Blick auf den Markentyp zu beobachten. So zeigt sich, dass neben Herstellermarken zunehmend auch Handelsmarken angeboten werden, die die Herstellermarken – zumindest teilweise – aus den Sortimenten drängen. Markenartikelhersteller sind im Sinne SCHUMPETERs somit als Pionierunternehmen einzuordnen,[299] da sie ihre Herstellermarken zuerst angeboten und damit bestimmte Absatzmärkte erst ‚geöffnet'

[298] SCHUMPETER 1928, S. 483.

[299] In diesem Zusammenhang sei angemerkt, dass sich die Gruppe der Herstellermarken – zumindest i. d. R. – auch noch einmal in Pioniere und Folger unterteilen lässt. Die Einteilung ist somit eine Frage der Betrachtungsebene.

haben. Einige Handelsunternehmen haben sodann aus den Diffusionsprozessen der Herstellermarken ‚gelernt' und neben Herstellermarken auch eigene Handelsmarken angeboten. Sie bilden nach SCHUMPETER demnach die sogenannten Folger.

Mit der zunehmenden Verbreitung von Handelsmarken ist gleichzeitig auch ein ‚Pionier-Folger-Phänomen' auf der Ebene der Betriebsformen des Handels[300] verbunden: Eine Betriebsform, die sich in den letzten Jahren zunehmend verbreitet hat, ist die Betriebsform Discounter. Insbesondere Discounter gelten als ‚treibende Kraft' mit Blick auf die Einführung von Handelsmarken und sind mit diesem innovativen Angebotskonzept demzufolge als Pioniere einzuordnen. Die zunehmende Verbreitung dieser Betriebsform lässt darauf schließen, dass ihr innovatives Angebotskonzept von den Konsumenten ‚adoptiert' wurde und somit offenbar die Bedürfnisse einer Vielzahl von Konsumenten ‚trifft'. Anhand der empirischen Ergebnisse ist erkennbar, dass dies auch Handelsunternehmen der Betriebsformen Supermarkt und Verbrauchermarkt erkannt haben, da auch in diesen Betriebsformen zunehmend Handelsmarken angeboten werden. Die Super- und Verbrauchermärkte sehen im Angebot von Handelsmarken demzufolge offenbar eine Chance zur Steigerung der Überlebensfähigkeit am Markt und stellen im SCHUMPETERschen Sinne somit die Nachahmer bzw. Folger dar.

Die empirischen Ergebnisse verdeutlichen allerdings auch, dass eine reine Imitation einer vermeintlich erfolgreichen Strategie – z. B. ohne Berücksichtung zielgruppenspezifischer Besonderheiten – nicht zwangsläufig analoge Wirkungen hat und somit u. U. zumindest einer entsprechenden Anpassung bedarf. Jedoch ist in diesem Zusammenhang auch denkbar, dass mit Blick auf die z. T. deutlich unterschiedlichen ‚Wirkungen' bei Pionieren und Folgern der ‚Zeitfaktor' eine Rolle spielt. So ist davon auszugehen, dass neue Angebote eine gewisse Zeit bis zur Durchsetzung am Markt benötigen und somit die ‚erwünschte' Wirkung bei den Folgern – wenn überhaupt – mit zeitlicher Verzögerung eintritt.

Insgesamt lässt sich hinsichtlich der Neuartigkeit der empirischen Ergebnisse somit festhalten, dass es mit der durchgeführten Längsschnittanalyse aufgrund des sehr langen Untersuchungszeitraums von sechs Jahren und aufgrund der Betrachtung unterschiedlicher Betriebsformen erstmals gelungen ist, die mit Blick auf Handelsmarken zu beobachtenden ‚Pionier-Folger-Phänome' im Konsumgüterhandel empirisch aufzuzeigen.

In diesem Zusammenhang wurde u. a. deutlich, dass die Artikelebene und die Betriebsformenebene mit Blick auf Innovationen nicht unabhängig voneinander sind. So

---

300 Vgl. zur Erklärung der Entstehung und Diffusion neuer Betriebsformen OLBRICH 1998a.

sind diejenigen Handelsunternehmen, die ‚als erste' Handelsmarken angeboten haben, zwar Folger (von Herstellermarken) auf Artikelebene, gleichzeitig jedoch Pioniere auf Betriebsformenebene und werden dort schließlich wiederum von Folgern (die ebenfalls Handelsmarken in ihr Sortiment aufnehmen) nachgeahmt. D. h., dass die Gruppe der Folger bei Betrachtung mehrerer Ebenen u. U. nochmals unterteilt werden kann in Pioniere und Folger.

Abstrahiert man von dem zeitgebundenen Symptom der Verbreitung von Handelsmarken, so ist mit Blick auf die Zukunft zu erwarten, dass sich die ‚Pionier-Folger-Entwicklungen' auf Märkten weiter fortsetzen werden. Der Grund hierfür ist darin zu sehen, dass Unternehmen mit dem Hervorbringen von Innovationen (als Pioniere) bzw. mit dem Nachahmen erfolgreicher Innovationen (als Folger) letztlich das Ziel verfolgen, ihre Überlebensfähigkeit am Markt zu erhöhen. Vor diesem Hintergrund ist auch für die Zukunft ein ‚Wechselspiel' zwischen Pionieren und Folgern sowohl auf der Artikelebene als auch auf der Ebene der Betriebsformen des Handels zu erwarten.

Literaturverzeichnis

AALTO-SETÄLÄ, V./EVANSCHITZKY, H./VOGEL, V./KENNING, P. 2006: A Cross-Cultural Study of Consumer Price Knowledge: Germany vs. Finland, in: International Review of Retail, Distribution and Consumer Research, Vol. 16, 2006, No. 5, pp. 591-599.

ABE, M. 1998: Measuring Consumer, Nonlinear Brand Choice Response to Price, in: Journal of Retailing, Vol. 74, 1998, No. 4, pp. 541-568.

ABRAMS, J. 1964: A New Method for Testing Pricing Decisions, in: Journal of Marketing, Vol. 28, 1964, No. 7, pp. 6-9.

AHLERT, D. 1983: Die Bedeutung der offensiven Untereinstandspreispolitik im Handel für die Hersteller hochwertiger Markenartikel des aperiodischen Bedarfs, in: WRP, Jg. 29, 1983, Nr. 9, S. 459-469.

AHLERT, D. 1985: Das Sondergutachten der Monopolkommission zur Konzentration im Lebensmittelhandel, in: Markenartikel, Jg. 47, 1985, Nr. 10, S. 536-555.

AHLERT, D. 1986: Niedrigpreisstrategien und Untereinstandspreise oder das Problem des ‚leistungsgerechten' Preises im Einzelhandel, in: Markenartikel, Jg. 48, 1986, Nr. 6 (Teil I), S. 268-282 und Nr. 7 (Teil II), S. 332-337.

AHLERT, D. 1996: Vertikales Preismanagement – Preispolitische Entscheidungen im Bereich der mehrstufigen Konsumgüterdistribution und die Problematik ihrer wettbewerbsrechtlichen Reglementierung, Arbeitspapier Nr. 12, 2. Aufl., Institut für Handelsmanagement, Westfälische Wilhelms-Universität Münster 1996.

AHLERT, D. 2004: Gehört das Preisbindungsverbot abgeschafft? Eine disziplinübergreifende Betrachtung auf der Basis des Koordinationsmängel-Diagnose-Konzepts, in: MILBRADT, G./DEUBEL, I. (Hrsg.): Ordnungspolitische Beiträge zur Finanz- und Wirtschaftspolitik, Berlin 2004, S. 241-262.

AHLERT, D./KENNING, P./SCHNEIDER, D. 2000: Markenmanagement im Handel, Wiesbaden 2000.

AHLERT, D./KENNING, P./SCHNEIDER, D. 2001: Das Wachstum der Handelsmarken – Ursachen und Zukunftsperspektiven, in: BRUHN, M. (Hrsg.): Handelsmarken: Zukunftsperspektiven der Handelsmarkenpolitik, 3. Aufl., Stuttgart 2001, S. 243-260.

AHLERT, D./KENNING, P./VOGEL, V. 2003: Grundlagen des Preismanagements – dargestellt am Beispiel des deutschen Lebensmitteleinzelhandels, Studie Nr. 18 des Lehrstuhls für Betriebswirtschaftslehre, insbesondere Distribution und Handel, Westfälische Wilhelms-Universität Münster 2003.

AHLERT, D./KÖSTER, L. 2004: Strategic Brand Coordination, in: AHLERT, D./EVANSCHITZKY, H./HESSE, J./SALFELD, A. (Hrsg.): Exzellenz in Markenmanagement und Vertrieb, Wiesbaden 2004, S. 179-195.

AHLERT, D./KÖSTER, L./VERING, S. 2006: Preisbindungsverbot auf dem Prüfstand, in: PRIEßNITZ, H. (Hrsg.): Markenführung im Billigzeitalter, Wertevernichtung – Spirale ohne Ende, Landsberg am Lech 2006, S. 211-227.

AILAWADI, K. L./HARLAM, B. 2004: An Empirical Analysis of the Determinants of Retail Margins: The Role of Store-Brand Share, in: Journal of Marketing, Vol. 68, 2004, No. 1, pp. 147-165.

AILAWADI, K. L./PAUWELS, K./STEENKAMP, J.-B. E. M. 2007: The reciprocal relationship between private label use and store loyalty, Tuck School of Business Working Paper No. 2007-38, Hanover 2007.

ALBACH, H. 1973: Das Gutenberg-Oligopol, in: KOCH, H. (Hrsg.): Zur Theorie des Absatzes, Wiesbaden 1973, S. 9-33.

ALBERS, S./GÖTZ, O. 2006: Messmodelle mit Konstrukten zweiter Ordnung in der betriebswirtschaftlichen Forschung, in: DBW, Jg. 66, 2006, Nr. 6, S. 669-677.

ALBERS, S./HILDEBRANDT, L. 2006: Methodische Probleme bei der Erfolgsfaktorenforschung – Messfehler, formative versus reflektive Indikatoren und die Wahl des Strukturgleichungsmodells, in: zfbf, Jg. 58, 2006, Nr. 2, S. 2-33.

ARNDT, H. 1985: Irrwege der Monopolkommission, in: Markenartikel, Jg. 47, 1985, Nr. 11, S. 556-558.

ASSOCIATION DES INDUSTRIES DE MARQUE 2006: Response to the European Commission's Discussion Paper on the Application of Article 82 of the Treaty to Exclusionary Abuses, 04.04.2006, Brussels 2006.

AUSSCHUSS FÜR DEFINITIONEN ZU HANDEL UND DISTRIBUTION (Hrsg.) 2006: Katalog E, Definitionen zu Handel und Distribution, 5. Aufl., Köln 2006.

BACHL, T. 2003: Märkte, Discounter, Handelsmarken, in: GFK (Hrsg.): Handelsmarken – Wachstum ohne Grenzen?, Nürnberg 2003, S. 26-51.

BACKHAUS, K./ERICHSON, B./PLINKE, W./WEIBER, R. 2006: Multivariate Analysemethoden, 11. Aufl., Berlin u. a. 2006.

BAGOZZI, R. P. 1985: Expectancy-value attitude models: An analysis of critical theoretical issues, in: International Journal of Research in Marketing, Vol. 2, 1985, No. 1, pp. 43-60.

BAKER, D./BALTZER, K./MØLLER, A. S. 2006: Branding Behavior in the Danish Food Industry, in: Agribusiness, Vol. 22, 2006, No. 1, pp. 31-49.

BALABANIS, G./CRAVEN, S. 1997: Consumer Confusion from Own Brand Lookalikes: An Exploratory Investigation, in: Journal of Marketing Management, Vol. 13, 1997, No. 4, pp. 299-313.

BARCLAY, W. D. 1969: Factorial Design in a Pricing Experiment, in: Journal of Marketing Research, Vol. 6, 1969, No. 11, pp. 427-429.

BECKER, J. 2006: Marketing-Konzeption – Grundlagen des zielstrategischen und operativen Marketing-Managements, 8. Aufl., München 2006.

BENNETT, S./WILKINSON, J. B. 1974: Price-Quantity Relationships and Price Elasticity under In-Store Experimentation, in: Journal of Business Research, Vol. 2, 1974, No. 1, pp. 27-38.

BERCK, P./BROWN, J./PERLOFF, J. M./VILLAS-BOAS, S. B. 2007: Sales: Tests of Theories on Causality and Timing, CUDARE Working Paper No. 1031, University of California, Berkeley 2007.

BERG, H. 1985: Thesen des Bundeskartellamtes zur „Nachfragemacht" im Lebensmittelhandel – Eine kritische Analyse, in: BERG, H./TEICHMANN, U. (Hrsg.): Dortmunder Diskussionsbeiträge zur Wirtschaftspolitik, Nr. 14, Dortmund 1985.

BERG, H. 1986: Die Entscheidungspraxis zur Nachfragemacht im Handel: Formeln statt Fakten?, in: BERG, H./TEICHMANN, U. (Hrsg.): Dortmunder Diskussionsbeiträge zur Wirtschaftspolitik, Nr. 18, Dortmund 1986.

BERGÈS-SENNOU, F./BONTEMS, P./RÉQUILLART, V. 2003: Economic impact of the development of private labels, First Biennal Conference of the Food System Research Group, 26./27.06.2003, University of Wisconsin, Madison 2003. (www.toulouse.inra.fr/centre/esr/wpRePEc/ber200304.pdf [01.04.2005])

BERGÈS-SENNOU, F./BONTEMS, P./RÉQUILLART, V. 2004: Economics of Private Labels: A Survey of Literature, in: Journal of Agricultural & Food Industrial Organization, Vol. 2, 2004, No. 1, Article 3.

BERGÈS-SENNOU, F./WATERSON, M. 2005: Private Label Products as Experience Goods, in: Journal of Agricultural & Food Industrial Organization, Vol. 3, 2005, No. 2, Article 9.

BERGSTRÖM, F./DAUNFELDT, S.-O./RUDHOLM, N. 2006: The Times, they are a Changing: What's new in the Swedish retail trade market?, in: European Retail Digest, Oxford Institute of Retail Management, University of Oxford 2006, No. 52, pp. 37-39.

BERNITZ, U. 2009: Misleading Packaging, Copycats, and Look-alikes: An Unfair Commercial Practice?, in: EZRACHI, A./BERNITZ, U. (Eds.): Private Labels, Brands and Competition Policy, Oxford 2009, pp. 217-234.

BETZIN, J. 2000: PLS-Pfadmodelle für latente Variablen mit kategorialen Indikatoren, Lohmar 2000.

BLINZLER, S. 2006: Zum Zusammenhang zwischen der Betriebsform von Handelsunternehmen und der Qualität ihrer Handelsmarken – eine kritische Diskussion der ökonomischen Hintergründe auf der Grundlage einer empirischen Auswertung von Testurteilen, Diplomarbeit am Lehrstuhl für Betriebswirtschaftslehre, insb. Marketing, FernUniversität in Hagen 2006.

BODENBACH, B. F. 1996: Internationale Handelsmarkenpolitik im europäischen Lebensmitteleinzelhandel, Regensburg 1996.

BÖCKER, F. 1986: Handelskonzentration: Abnehmende Unternehmenskonzentration bei zunehmender Entscheidungskonzentration, in: Markenartikel, Jg. 48, 1986, Nr. 6, S. 284-288.

BOKKERINK, M./GOSTELIE, E./MARCIL, S./RUIJS, E./SCHOUTEN, W.-J. 2007: The Relentless Advance of Private Label: Strategies to Compete, Study by the Boston Consulting Group, London et al. 2007.

BOLLEN, K. A./STINE, R. A. 1993: Bootstrapping goodness-of-fit measures in structural equation models, in: BOLLEN, K. A./LONG, J. S. (Eds.): Testing structural equation models, Newbury Park et al. 1993, pp. 111-130.

BONANNO, A./LOPEZ, R. A. 2005: Private Label Expansion and Supermarket Milk Prices, in: Journal of Agricultural & Food Industrial Organization, Vol. 3, 2005, No. 1, Special Issue: Retailer Strategies in the Food Marketing Chain, Article 2.

BONFRER, A./CHINTAGUNTA, P. K. 2004: Store Brands: Who Buys Them and What Happens to Retail Prices When They Are Introduced?, in: Review of Industrial Organization, Vol. 24, 2004, No. 2, pp. 195-218.

BONTEMPS, C./OROZCO, V./RÉQUILLART, V. 2005: Confirming the Price Effects of Private Labels Development, IDEI Working Paper No. 367, Institut d'Économie Industrielle, Toulouse 2005.

BONTEMPS, C./OROZCO, V./RÉQUILLART, V. 2006: Private Labels, National Brands and Food Prices, IDEI Working Paper No. 402, Institut d'Économie Industrielle, Toulouse 2006.

BONTEMPS, C./OROZCO, V./RÉQUILLART, V./TREVISIOL, A. 2005: Price Effects of Private Label Development, in: Journal of Agricultural & Food Industrial Organization, Vol. 3, 2005, No. 1, Special Issue: Retailer Strategies in the Food Marketing Chain, Article 3.

BONTEMS, P./MONIER-DILHAN, S./RÉQUILLART, V. 1999: Strategic effects of private labels, in: European Review of Agricultural Economics, Vol. 26, 1999, No. 2, pp. 147-165.

BONTRUP, H.-J./MARQUARDT, R.-M. 2008: Nachfragemacht in Deutschland, Münster 2008.

BORCHERT, M./GROSSEKETTLER, H. 1985: Preis- und Wettbewerbstheorie, Stuttgart u. a. 1985.

BRADY, L./BROWN, A./HULIT, B. 2003: Private Label: Threat to Manufacturers, Opportunity for Retailers, Study by the Boston Consulting Group, Chicago 2003.

BUHR, C.-C. 2006: Verbundorientierte Warenkorbanalyse mit POS-Daten, in: OLBRICH, R. (Hrsg.): Schriftenreihe Marketing, Handel und Management, Bd. 5, Lohmar und Köln 2006.

BUKHARI, I. 1998: Marktreaktionsfunktionen, in: DILLER, H. (Hrsg.): Marketingplanung, 2. Aufl., München 1998, S. 293-337.

BUNDESKARTELLAMT 2008: Nachfragemacht im Kartellrecht – Stand und Perspektiven, Hintergrundpapier zur Tagung des Arbeitskreises Kartellrecht am 18.09.2008, Bonn 2008.

BUNDESMINISTERIUM DER JUSTIZ (Hrsg.) 2007: Gesetz zur Bekämpfung von Preismissbrauch im Bereich der Energieversorgung und des Lebensmittelhandels, in: Bundesgesetzblatt, Jg. 2007, Teil I, Nr. 66, ausgegeben am 21.12.2007, S. 2966-2970.

BUNDESWETTBEWERBSBEHÖRDE DER REPUBLIK ÖSTERREICH 2007: Allgemeine Untersuchung des österreichischen Lebensmitteleinzelhandels unter besonderer Berücksichtigung des Aspekts der Nachfragemacht, Wien 2007.

CALL, D. L. 1967: Private Label and Consumer Choice in the Food Industry, in: The Journal of Consumer Affairs, Vol. 1, 1967, No. 2, pp. 149-160.

CASSEL, C. M./HACKL, P./WESTLUND, A. H. 2000: On measurement of intangible assets: a study of robustness of partial least squares, in: Total Quality Management, Vol. 11, 2000, No. 7, pp. 897-907.

CHIN, W. W. 1998a: The Partial Least Squares Approach to Structural Equation Modeling, in: MARCOULIDES, G. A. (Ed.): Modern Methods for Business Research, London et al. 1998, pp. 295-336.

CHIN, W. W. 1998b: Issues and Opinion on Structural Equation Modeling, in: MIS Quarterly, Vol. 22, 1998, No. 3, pp. VII-XVI.

CHIN, W. W./GOPAL, A. 1995: Adoption Intention in GSS: Relative Importance of Beliefs, in: Data Base Advances, Vol. 26, 1995, Nos. 2 & 3, pp. 42-64.

CHIN, W. W./NEWSTED, P. R. 1999: Structural Equation Modeling Analysis With Small Samples Using Partial Least Squares, in: HOYLE, R. H. (Ed.): Statistical Strategies For Small Sample Research, London et al. 1999, pp. 307-341.

CHINTAGUNTA, P. K./BONFRER, A./SONG, I. 2002: Investigating the Effects of Store-Brand Introduction on Retailer Demand and Pricing Behavior, in: Management Science, Vol. 48, 2002, No. 10, pp. 1242-1267.

COMPETITION COMMISSION (UK) 2003: Safeway Merger Inquiries: Remedies Statement, 24.06.2003, London 2003.

COMPETITION COMMISSION (UK) 2007: Working paper on the competitive effects of own label goods, Working paper in the context of the Groceries Market Investigation, 10.04.2007, London 2007.

COMPETITION COMMISSION (UK) 2008: Market investigation into the supply of groceries in the UK, Final Report, 30.04.2008, London 2008.

CORSTJENS, J./CORSTJENS, M. 1997: Store Wars – The Battle for Mindspace and Shelfspace, Chichester 1997.

CORSTJENS, M./LAL, R. 2000: Building Store Loyalty Through Store Brands, in: Journal of Marketing Research, Vol. 37, 2000, No. 3, pp. 281-291.

COTTERILL, R. W./PUTSIS, W. P. 2000: Market Share and Price Setting Behavior for Private Labels and National Brands, in: Review of Industrial Organization, Vol. 17, 2000, No. 1, pp. 17-39.

COTTERILL, R. W./PUTSIS, W. P./DHAR, R. 2000: Assessing the Competitive Interaction between Private Labels and National Brands, in: Journal of Business, Vol. 73, 2000, No. 1, pp. 109-137.

DEKIMPE, M. G./STEENKAMP, J.-B. E. M. 2002: Lessons to be Learnt from the Dutch Private Label Scene, in: European Retail Digest, Oxford Institute of Retail Management, University of Oxford 2002, No. 34, pp. 33-35.

DEUTSCHER BUNDESTAG 2007a: Entwurf eines Gesetzes zur Bekämpfung von Preismissbrauch im Bereich der Energieversorgung und des Lebensmittelhandels, Drucksache 16/5847, 27.06.2007, Berlin 2007.

DEUTSCHER BUNDESTAG 2007b: Beschlussempfehlung und Bericht des Ausschusses für Wirtschaft und Technologie zu dem Entwurf eines Gesetzes zur Bekämpfung von Preismissbrauch im Bereich der Energieversorgung und des Lebensmittelhandels, Drucksache 16/7156, 14.11.2007, Berlin 2007.

DIAMANTOPOULOS, A./WINKLHOFER, H. M. 2001: Index Construction with Formative Indicators: An Alternative to Scale Development, in: Journal of Marketing Research, Vol. 38, 2001, No. 5, pp. 269-277.

DIERIG, C./SEIDEL, H./HAUSTEIN-TESSMER, O. 2008: Preiskampf – Deutscher Handel wehrt sich gegen Milchbauern, in: Die Welt, 24.04.2008. (http://www.welt.de/wirtschaft/article1931863/Deutscher_Handel_wehrt_sich_gegen_Milchbauern.html [17.09.2008])

DILLER, H. 2004: Das süße Gift der Kausalanalyse, in: Marketing ZFP, Jg. 26, 2004, Nr. 3, S. 177.

DILLER, H. 2006: Probleme der Handhabung von Strukturgleichungsmodellen in der betriebswirtschaftlichen Forschung, in: DBW, Jg. 66, 2006, Nr. 6, S. 611-617.

DILLER, H. 2008: Preispolitik, 4. Aufl., Stuttgart 2008.

DOBSON, P. W. 1998: The Economic Welfare Implications of Own Label Goods, School of Management and Finance, Discussion Paper No. IV, University of Nottingham 1998.

DOBSON, P. W./CHAKRABORTY, R. 2008: Buyer power in the U.K. groceries market, in: The Antitrust Bulletin, Vol. 53, 2008, No. 2, pp. 333-368.

DOBSON, P. W./CHAKRABORTY, R. 2009: Private Labels and Branded Goods: Consumers' 'Horrors' and 'Heroes', in: EZRACHI, A./BERNITZ, U. (Eds.): Private Labels, Brands and Competition Policy, Oxford 2009, pp. 99-124.

DOBSON, P. W./CLARKE, R./DAVIES, S./WATERSON, M. 2001: Buyer Power and its Impact on Competition in the Food Retail Distribution Sector of the European Union, in: Journal of Industry, Competition and Trade, Vol. 1, 2001, No. 3, pp. 247-281.

DOBSON, P. W./INDERST, R. 2007: Differential Power and the Waterbed Effect: Do Strong Buyers Benefit or Harm Consumers?, in: European Competition Law Review (E.C.L.R.), Vol. 28, 2007, No. 7, pp. 393-400.

DOBSON, P. W./WATERSON, M. 1997: Countervailing Power And Consumer Prices, in: The Economic Journal, Vol. 107, 1997, No. 2, pp. 418-430.

DOBSON, P. W./WATERSON, M. 1999: Retailer power: recent developments and policy implications, in: Economic Policy, Vol. 14, 1999, No. 28, pp. 135-164.

DOBSON CONSULTING 1999: Buyer Power and its Impact on Competition in the Food Retail Distribution Sector of the European Union, prepared for the European Commission – DG IV, Study Contract No. IV/98/ETD/078, Nottingham 1999.

DUBOIS, P./JULLIEN, B. 2005: Product design and decision rights in vertical structures, Working Paper, Institut d'Économie Industrielle, Toulouse 2005.

EBERL, M. 2006a: Formative und reflektive Konstrukte und die Wahl des Strukturgleichungsverfahrens, in: DBW, Jg. 66, 2006, Nr. 6, S. 651-669.

EBERL, M. 2006b: Unternehmensreputation und Kaufverhalten – Methodische Aspekte komplexer Strukturmodelle, Wiesbaden 2006.

EBERL, M./VON MITSCHKE-COLLANDE, D. 2006: Die Verträglichkeit kovarianz- und varianzbasierter Schätzverfahren für Strukturgleichungsmodelle – eine Simulationsstudie, Arbeitspapier, Münchener betriebswirtschaftliche Beiträge, Nr. 6, Ludwig-Maximilians-Universität München 2006.

EFRON, B./TIBISHIRANI, R. 1993: An Introduction to the Bootstrap, New York et al. 1993.

EHI RETAIL INSTITUTE 2006: Handel aktuell – Struktur, Kennzahlen und Profile des deutschen und internationalen Handels, Köln 2006.

EHI RETAIL INSTITUTE 2007: Handel aktuell – Struktur, Kennzahlen und Profile des internationalen Handels – Schwerpunkt Deutschland, Österreich, Schweiz, Köln 2007.

EUROPÄISCHE KOMMISSION 1999: Verordnung (EG) Nr. 2790/1999 der Kommission vom 22. Dezember 1999 über die Anwendung von Artikel 81 Absatz 3 des Vertrages auf Gruppen von vertikalen Vereinbarungen und aufeinander abgestimmten Verhaltensweisen, Brüssel 1999.

EUROPÄISCHE KOMMISSION 2000: Mitteilung der Kommission. Leitlinien für vertikale Beschränkungen, Amtsblatt 2000/C 291/01, Brüssel 2000.

EUROPEAN COMMISSION 1997: Green Paper on Vertical Restraints in EC Competition Policy, Brussels 1997.

EVANSCHITZKY, H./KENNING, P./VOGEL, V. 2004: Consumer Price Knowledge in the German Retail Market, in: Journal of Product and Brand Management, Vol. 13, 2004, No. 6, Special Issue: Behavioral pricing, pp. 390-405.

EZRACHI, A./REYNOLDS, J. 2009: Advertising, Promotional Campaigns, and Private Labels, in: EZRACHI, A./BERNITZ, U. (Eds.): Private Labels, Brands and Competition Policy, Oxford 2009, pp. 259-279.

FASSOTT, G. 2006: Operationalisierung latenter Variablen in Strukturgleichungsmodellen: Eine Standortbestimmung, in: zfbf, Jg. 58, 2006, Nr. 2, S. 67-88.

FASSOTT, G./EGGERT, A. 2005: Zur Verwendung formativer und reflektiver Indikatoren in Strukturgleichungsmodellen: Bestandsaufnahme und Anwendungsempfehlungen, in: BLIEMEL, F./EGGERT, A./FASSOTT, G./HENSELER, J. (Hrsg.): Handbuch PLS-Pfadmodellierung, Stuttgart 2005, S. 31-47.

FOG, B. 1960: Industrial Pricing Policies – An Analysis of Pricing Policies of Danish Manufacturers, Amsterdam 1960.

FORNELL, C./BOOKSTEIN, F. L. 1982a: Two Structural Equation Models: LISREL and PLS Applied to Consumer Exit-Voice Theory, in: Journal of Marketing Research, Vol. 19, 1982, No. 11, pp. 440-452.

FORNELL, C./BOOKSTEIN, F. L. 1982b: A Comparative Analysis of Two Structural Equation Models: LISREL and PLS Applied to Market Data, in: FORNELL, C. (Ed.): A Second Generation of Multivariate Analysis, Vol. 1, New York 1982, pp. 289-323.

FORNELL, C./CHA, J. 1994: Partial Least Squares, in: BAGOZZI, R. P. (Ed.): Advanced Methods of Marketing Research, Cambridge et al. 1994, pp. 52-78.

FRITZ, W./DEES, H. 2004: Die Standardisierung des internationalen E-Marketing von Handelsunternehmen – Erste Ergebnisse eines Forschungsprojekts, in: BAUER, H. H./HUBER, F. (Hrsg.): Strategien und Trends im Handelsmanagement, München 2004, S. 295-317.

FRITZ, W./MÖLLENBERG, A./DEES, H. 2005: Erfolgsfaktoren von Internet-Auktionen: Eine empirische Analyse mit PLS, in: BLIEMEL, F./EGGERT, A./FASSOTT, G./HENSELER, J. (Hrsg.): Handbuch PLS-Pfadmodellierung, Stuttgart 2005, S. 255-274.

GABRIELSEN, T. S./SØRGARD, L. 2000: Private Labels, Price Rivalry and Public Policy, Working Paper No. 41/00, Foundation for Research in Economics and Business Administration, University of Bergen 2000.

GABRIELSEN, T. S./SØRGARD, L. 2007: Private labels, price rivalry, and public policy, in: European Economic Review, Vol. 51, 2007, No. 2, pp. 403-424.

GABRIELSEN, T. S./STEEN, F./SØRGARD, L. 2001: Private Label Entry as a Competitive Force? An analysis of price responses in the Norwegian food sector, Working Paper, University of Bergen 2001.
(www.uib.no/people/sectg/PL-papersub.pdf [01.04.2005])

GAUL, W./LÖFFLER, M. 1999: Zur Charakterisierung von Preisspielräumen, in: zfbf, Jg. 51, 1999, Nr. 11, S. 1056-1074.

GEDENK, K./SKIERA, B. 1993: Marketing-Planung auf Basis von Reaktionsfunktionen, in: WiST, Jg. 22, 1993, Nr. 12, S. 637-641.

GIERE, J./WIRTZ, B. W./SCHILKE, O. 2006: Mehrdimensionale Konstrukte, in: DBW, Jg. 66, 2006, Nr. 6, S. 678-695.

GILBERT, D. 2003: Retail Marketing Management, Second Edition, London 2003.

GLASOW, B. 2000: Vertikale Preisbindung, Wettbewerbstheorie und Wettbewerbsrecht in den USA, Deutschland und Europa, Frankfurt am Main u. a. 2000.

GLÉMET, F./GONZÁLEZ-ANDIÓN, S./LEITAO, P. M./RIBEIRO, R. 1995: How profitable are own brand products?, in: The McKinsey Quarterly, w/o Vol., 1995, No. 3, pp. 173-175.

GÖTZ, O./LIEHR-GOBBERS, K. 2004: Analyse von Strukturgleichungsmodellen mit Hilfe der Partial-Least-Squares (PLS)-Methode, in: DBW, Jg. 64, 2004, Nr. 6, S. 714-738.

GORRIE, A. 2006: Competition Between Branded and Private Label Goods. Do Competition Concerns Arise When a Customer is also a Competitor?, in: European Competition Law Review (E.C.L.R.), Vol. 27, 2006, No. 5, pp. 217-227.

GRATZER, M. 2001: Das „Anzapfen" von Lieferanten, Wien 2001.

GRÖNER, H. (Hrsg.) 1989: Wettbewerb, Konzentration und Nachfragemacht im Lebensmittelhandel, Berlin 1989.

GROSSEKETTLER, H. 1987: Marktprozesse, Volkswirtschaftliche Diskussionsbeiträge, Nr. 96, Westfälische Wilhelms-Universität Münster 1987.

GROSSEKETTLER, H. 1994: Die Messung der Funktionsfähigkeit von Märkten mit Hilfe des Konzepts zur Koordinationsmängeldiagnose, Volkswirtschaftliche Diskussionsbeiträge, Nr. 195, Westfälische Wilhelms-Universität Münster 1994.

GRÜNBLATT, M. 2004: Warengruppenanalyse mit POS-Scanningdaten, in: OLBRICH, R. (Hrsg.): Schriftenreihe Marketing, Handel und Management, Bd. 2, Lohmar und Köln 2004.

GUTENBERG, E. 1984: Grundlagen der Betriebswirtschaftslehre, Bd. 2: Der Absatz, 17. Aufl., Berlin u. a. 1984.

HAMER, E. 1986: Machtkampf im Einzelhandel, Minden 1986.

HANDELNS UTREDNINGSINSTITUT 2005: The Effects on Prices, Margins and the Range of Products of Private Labels in Swedish Retailing, Report for Project No. 83/2003, Swedish Competition Authority, Stockholm 2005.

HANKE, G. 2007: Kölner Mimikry, in: Lebensmittelzeitung, Nr. 23, 08.06.2007, S. 31.

HANSEN, K. 2006: Sonderangebote im Lebensmitteleinzelhandel – Eine empirische Analyse für Deutschland, Göttingen 2006.

HANSMANN, K.-W. 1995: Prognoseverfahren, in: TIETZ, B. (Hrsg.): Handwörterbuch des Marketing, 2. Aufl., Stuttgart 1995, Sp. 2171-2183.

HEIDEL, B. 1990: Scannerdaten im Einzelhandelsmarketing, Wiesbaden 1990.

HEIL, O./LÜTJE, D./SCHUNK, H. 2003: Können Niedrigpreise des Handels nachhaltige Schäden für Markenartikel verursachen? – Eine Analyse aus der Perspektive der Marketing-Forschung, Kurzgutachten, Center for Brand Equity & Competition, Johannes Gutenberg-Universität Mainz 2003.

HERBERT, R. 2009: Private Labels – What Drives Them Forward?, in: EZRACHI, A./BERNITZ, U. (Eds.): Private Labels, Brands and Competition Policy, Oxford 2009, pp. 3-20.

HERRMANN, R./MÖSER, A./WERNER, E. 2001: Neue empirische Befunde zur Preissetzung und zum Verbraucherverhalten im Lebensmitteleinzelhandel, Agrarökonomischer Diskussionsbeitrag Nr. 64, Universität Gießen 2001.

HERRMANN, R./MÖSER, A./WERNER, E. 2002: Neue empirische Befunde zur Preissetzung und zum Verbraucherverhalten im Lebensmitteleinzelhandel, in: Agrarwirtschaft, Jg. 51, 2002, Nr. 2, S. 99-111.

HILDEBRAND, D. 2006: 30 Jahre Preisbindungsverbot: Deutschland im Wandel, in: PRIEẞNITZ, H. (Hrsg.): Markenführung im Billigzeitalter, Wertevernichtung – Spirale ohne Ende, Landsberg am Lech 2006, S. 101-111.

HOCH, S. J. 1996: How Should National Brands Think About Private Labels?, in: Sloan Management Review, Vol. 37, 1996, No. 2, pp. 89-102.

HOCH, S. J./BANERJI, S. 1993: When Do Private Labels Succeed?, in: Sloan Management Review, Vol. 34, 1993, No. 4, pp. 57-67.

HOCH, S. J./KIM, B.-D./MONTGOMERY, A. L./ROSSI, P. E. 1995: Determinants of Store-Level Price Elasticity, in: Journal of Marketing Research, Vol. 32, 1995, No. 2, pp. 17-29.

HOMBURG, C./JENSEN, O./SCHUPPAR, B. 2004: Pricing Excellence – Wegweiser für ein professionelles Preismanagement, Arbeitspapier Nr. M90, Universität Mannheim 2004.

HOMBURG, C./KLARMANN, M. 2006: Die Kausalanalyse in der empirischen betriebswirtschaftlichen Forschung – Problemfelder und Anwendungsempfehlungen, in: DBW, Jg. 66, 2006, Nr. 6, S. 727-748.

HOMBURG, C./PFLESSER, C. 2000: Strukturgleichungsmodelle mit latenten Variablen: Kausalanalyse, in: HERRMANN, A./HOMBURG, C. (Hrsg.): Marktforschung: Methoden, Anwendungen, Praxisbeispiele, 2. Aufl., Wiesbaden 2000, S. 633-659.

HORST, J.-P. 1992: Das Verbot der vertikalen Preisbindung, in: AHLERT, D. (Hrsg.): Schriften zu Distribution und Handel, Bd. 9, Frankfurt am Main u. a. 1992.

HOWELL, D. 2003: Private label interest out of sync with sales, in: DSN Retailing Today, Vol. 42, 2003, No. 19, pp. 43-54.

HRUSCHKA, H. 1999: Spezifikation, Schätzung und empirische Bewährung der Gutenberg Preis-Absatz-Funktion, in: ALBACH, H./EYMANN, E./LUHMER, A./STEVEN, M. (Hrsg.): Die Theorie der Unternehmung in Forschung und Praxis, Berlin u. a. 1999, S. 353-373.

HUBER, F./HERRMANN, A./MEYER, F./VOGEL, J./VOLLHARDT, K. 2007: Kausalmodellierung mit Partial Least Squares – Eine anwendungsorientierte Einführung, Wiesbaden 2007.

HUPPERT, E. 1974: Das Marktexperiment als Entscheidungshilfe, in: Der Marktforscher, Jg. 18, 1974, Nr. 6, S. 125-130.

INDERST, R. 2008: Die Ökonomische Analyse von Nachfragemacht in der Wettbewerbspolitik, in: Wirtschaft und Wettbewerb, Jg. 58, 2008, Nr. 12, S. 1261-1272.

INDERST, R./VALLETTI, T. 2008: Buyer Power and the "Waterbed Effect", CEIS Research Paper No. 107, Version: August 2008, Tor Vergata University of Rome 2008.

INDERST, R./WEY, C. 2007a: Konzentrations-„Plus" im Einzelhandel – aber Verbraucher nicht automatisch im Nachteil, in: Wochenbericht des DIW Berlin, Jg. 74, 2007, Nr. 41, S. 597-601.

INDERST, R./WEY, C. 2007b: Buyer power and supplier incentives, in: European Economic Review, Vol. 51, 2007, No. 3, pp. 647-667.

JARVIS, C. B./MACKENZIE, S. B./PODSAKOFF, P. M. 2003: A Critical Review of Construct Indicators and Measurement Model Misspecification in Marketing and Consumer Research, in: Journal of Consumer Research, Vol. 30, 2003, No. 9, pp. 199-218.

JENKINS, B. 2007: Deutsche Marks – Discounters continue to dominate Germany's retail landscape, while private labels and shop-within-shops are key trends, in: License, Vol. 10, 2007, No. 2, p. 32.

KALWANI, M. U./YIM, C. K./RINNE, H. J./SUGITA, Y. 1990: A Price Expectations Model of Customer Brand Choice, in: Journal of Marketing Research, Vol. 27, 1990, No. 8, pp. 251-262.

KALYANARAM, G./WINER, R. S. 1995: Empirical Generalizations from Reference Price Research, in: Marketing Science, Vol. 14, 1995, No. 3, pp. G161-G169.

KENNING, P. 2008: The influence of general trust and specific trust on buying behaviour, in: International Journal of Retail and Distribution Management, Vol. 36, 2008, No. 6, pp. 461-476.

KENNING, P./EVANSCHITZKY, H./VOGEL, V./AHLERT, D. 2007: Consumer Price Knowledge in the Market for Apparels, in: International Journal of Retail and Distribution Management, Vol. 35, 2007, No. 2, pp. 97-119.

KERBER, W. 1989: Evolutionäre Marktprozesse und Nachfragemacht, Baden-Baden 1989.

KIRKWOOD, J. B. 2005: Buyer Power and Exclusionary Conduct: Should Brooke Group Set the Standards for Buyer-Induced Price Discrimination and Predatory Bidding?, in: Antitrust Law Journal, Vol. 72, 2005, No. 2, pp. 625-668.

KLANTE, O. 2004: Identifikation und Erklärung von Markenerosion, Wiesbaden 2004.

KÖHLER, H. 2003: Einflussmöglichkeiten der Markenartikelindustrie auf den Endverbraucherpreis von Markenartikeln, München 2003.

KÖHLER, H. 2006a: Der Markenartikel und sein Preis, in: PRIEßNITZ, H. (Hrsg.): Markenführung im Billigzeitalter, Wertevernichtung – Spirale ohne Ende, Landsberg am Lech 2006, S. 65-100.

KÖHLER, H. 2006b: Zur Kontrolle der Nachfragemacht nach dem neuen GWB und dem neuen UWG, in: WRP, Jg. 52, 2006, Nr. 2, S. 139-147.

KOTOUC, A./RUDOLPH, T. 2006: Wenn weniger wirklich mehr ist, in: Absatzwirtschaft, Jg. 49, 2006, Nr. 12, S. 31-35.

KREIMER, T./ACAR, C./VOGELL, K. 2006: Trends im Handel 2010, Studie von KPMG, Köln 2006.

KREIMER, T./GERLING, M. 2006: Status quo und Perspektiven im deutschen Lebensmitteleinzelhandel 2006, Studie von KPMG, Köln 2006.

KRISHNAN, T. V./SONI, H. P. 1997: Guaranteed profit margins: A demonstration of retailer power, in: International Journal of Research in Marketing, Vol. 14, 1997, No. 1, pp. 35-56.

KUCHER, E. 1985: Scannerdaten und Preissensitivität bei Konsumgütern, Wiesbaden 1985.

KÜPPER, G. 1997: Missbräuchliche Ausübung von Nachfragemacht, insbesondere Lösung des sog. Roß und Reiter-Problems, in: Betriebs-Berater, Jg. 52, 1997, Nr. 22, S. 1105-1115.

KUMAR, N./STEENKAMP, J.-B. E. M. 2007: Private Label Strategy: How to Meet the Store Brand Challenge, Boston 2007.

LAAKSONEN, H. 1994: Own Brands in Food Retailing across Europe, Research Paper, Oxford Institute of Retail Management, Oxford 1994.

LAAKSONEN, H./REYNOLDS, J. 1994: The European Retail Environment – Opportunities for Own Brands in European Grocery Retailing, in: European Retail Digest, Oxford Institute of Retail Management, University of Oxford 1994, No. 3, pp. 4-8.

LADEMANN, R. P. 1986: Nachfragemacht von Handelsunternehmen, Göttingen 1986.

LAMEY, L./DELEERSNYDER, B./DEKIMPE, M. G./STEENKAMP, J.-B. E. M. 2007: How Business Cycles Contribute to Private-Label Success; Evidence from the United States and Europe, in: Journal of Marketing, Vol. 71, 2007, No. 1, pp. 1-15.

LIEBMANN, H.-P./ZENTES, J. 2001: Handelsmanagement, München 2001.

LINGENFELDER, M./LAUER, A. 2005: Leistungsfähigkeit von Handelsmarken und Herstellermarken im Vergleich, in: ESCH, F.-R. (Hrsg.): Moderne Markenführung, 4. Aufl., Wiesbaden 2005, S. 1157-1185.

MÄGI, A. W./JULANDER, C.-R. 2005: Consumers' store-level price knowledge: Why are some consumers more knowledgeable than others?, in: Journal of Retailing, Vol. 81, 2005, No. 4, pp. 319-329.

MCCUSKER, S. 2005: Private Label – The battle for value-oriented shoppers intensifies, Study by Information Resources Incorporated, Chicago 2005.

MCCUSKER, S. 2007: Private Label 2007: U.S. & Europe – Retail branding strategies capture market potential, Study by Information Resources Incorporated, Chicago 2007.

MCGOLDRICK, P. 2002: Retail Marketing, Second Edition, Berkshire 2002.

MCMASTER, D. 1987: Own Brands and the Cookware Market, in: European Journal of Marketing, Vol. 21, 1987, No. 1, pp. 83-94.

MEDINA, O./MÉNDEZ, J. L./RUBIO, N. 2004: Price, Quality and Market Share of Consumer Goods in Spain: Retail Brands and Manufacturer Brands, in: International Review of Retail, Distribution and Consumer Research, Vol. 4, 2004, No. 2, pp. 199-222.

MEHLER, T. 2007: Marke versus Handelsmarke – Analyse, Status und Perspektiven, Saarbrücken 2007.

MESSINGER, P. R./NARASIMHAN, C. 1995: Has Power Shifted In The Grocery Channel?, in: Marketing Science, Vol. 14, 1995, No. 2, pp. 189-223.

MILLS, B. 1995: Own Label Products and the 'Lookalike' Phenomenon: A Lack of Trade Dress and Unfair Competition Protection?, in: European Intellectual Property Review, Vol. 17, 1995, No. 3, pp. 116-132.

MINTEL GROUP 2006: Own-label Food and Drink – UK – October 2006, Research Report, London 2006.

MISCHITZ, T. 2008: Die Bedeutung von Nachfragemacht für die Beurteilung von Einkaufskooperationen im EG-Kartellrecht, Frankfurt am Main 2008.

MÖHLENBRUCH, D. 1985: Betriebswirtschaftliche Probleme einer Kontrolle der Nachfragemacht des Handels unter besonderer Berücksichtigung der Marktabgrenzung und des Diskriminierungsverbotes, Göttingen 1985.

MÖSER, A. 2002: Intertemporale Preisbildung im Lebensmitteleinzelhandel – Theorie und empirische Tests, Frankfurt am Main 2002.

MONOPOLKOMMISSION 1985: Die Konzentration im Lebensmittelhandel: Sondergutachten der Monopolkommission gemäß § 24 Abs. 5 Satz 4 GWB, Bd. 14, Baden-Baden 1985.

MONOPOLKOMMISSION 1994: Marktstruktur und Wettbewerb im Handel: Sondergutachten der Monopolkommission gemäß § 24 Abs. 5 Satz 4 GWB, Bd. 23, Baden-Baden 1994.

MONROE, K. B./LEE, A. V. 1999: Remembering Versus Knowing: Issues in Buyers' Processing of Price Information, in: Journal of the Academy of Marketing Science, Vol. 27, 1999, No. 2, pp. 207-225.

MOTES, W. H. 1987: Replication of Pricing Effects on Brand Choice Behaviour, in: European Journal of Marketing, Vol. 21, 1987, No. 1, pp. 14-25.

MÜLLER-HAGEDORN, L. 2001: Handelsmarke oder Herstellermarke? – Überlegungen zur ökonomischen Effizienz, in: BRUHN, M. (Hrsg.): Handelsmarken, 3. Aufl., Stuttgart 2001, S. 99-112.

MÜLLER-HAGEDORN, L. 2005: Handelsmarketing, 4. Aufl., Stuttgart 2005.

MURTHI, B. P. S./HARUVY, E./ZHANG, H. 2007: The Effect of Variability in Price on Consumer Brand Choice, in: Review of Marketing Science, Vol. 5, 2007, No. 1, Article 4.

NARASIMHAN, C./WILCOX, R. T. 1998: Private Labels and the Channel Relationship: A Cross-Category Analysis, in: Journal of Business, Vol. 71, 1998, No. 4, pp. 573-600.

NATIONAL COMMISSION ON FOOD MARKETING 1966: Private Label Products in Food Retailing, Technical Study No. 10, Washington D. C. 1966.

NETTE, C.-G. 1984: Die kartell- und wettbewerbsrechtliche Beurteilung der Preisunterbietung – Eine rechtsvergleichende Untersuchung des Rechtes der Bundesrepublik Deutschland und der Vereinigten Staaten von Amerika, Köln u. a. 1984.

NEVIN, J. R. 1974: Laboratory Experiments for Estimating Consumer Demand: A Validation Study, in: Journal of Marketing Research, Vol. 11, 1974, No. 11, pp. 261-268.

NIJS, V. R./DEKIMPE, M. G./STEENKAMP, J.-B. E. M./HANSSENS, D. 2001: The Category-Demand Effects of Price Promotions, in: Marketing Science, Vol. 20, 2001, No. 1, pp. 1-22.

NORDIC COMPETITION AUTHORITIES 2005: Nordic Food Markets – a taste for competition, Report from the Nordic competition authorities No. 1/2005, Copenhagen et al. 2005.

OLÁH, P. 2001: Price-sensitive buyers drive own-brand boom, in: Budapest Business Journal, 10.-16.12.2001, p. 12.

OLBRICH, R. 1997: Evaluation von Konzentrationsprozessen im Konsumgüterhandel – Ein Meßinstrumentarium zur Identifizierung von Austausch- und Verkrustungsprozessen in der Spitzengruppe von hochkonzentrierten Märkten, in: TROMMSDORFF, V. (Hrsg.): Handelsforschung 1997/1998, Köln 1997, S. 441-464.

OLBRICH, R. 1998a: Unternehmenswachstum, Verdrängung und Konzentration im Konsumgüterhandel, Stuttgart 1998.

OLBRICH, R. 1998b: Handelskonzentration, in: OLBRICH, R. (Hrsg.): Berichte aus dem Lehrstuhl für Betriebswirtschaftslehre, insb. Marketing, Forschungsbericht Nr. 1, FernUniversität in Hagen 1998.

OLBRICH, R. 1999: Überlebensstrategien im Konsumgüterhandel, in: BEISHEIM, O. (Hrsg.): Distribution im Aufbruch, München 1999, S. 425-441.

OLBRICH, R. 2001a: Ursachen und Konsequenzen der Abhängigkeitsverhältnisse zwischen Markenartikelindustrie und Handel, in: Marketing ZFP, Jg. 23, 2001, Nr. 4, S. 253-267.

OLBRICH, R. 2001b: Der „Double-Agent-Approach" in der Konsumgüterdistribution – die Verschiebung des „strategischen Machtgefälles" zwischen Markenartikelindustrie und Handel durch die zunehmende Verbreitung von Handelsmarken, in: TROMMSDORFF, V. (Hrsg.): Handelsforschung 2001/2002, Köln 2001, S. 161-181.

OLBRICH, R. 2001c: Ursachen, Entwicklung und Auswirkungen der Abhängigkeitsverhältnisse zwischen Markenartikelindustrie und Handel, in: OLBRICH, R. (Hrsg.): Berichte aus dem Lehrstuhl für Betriebswirtschaftslehre, insb. Marketing, Forschungsbericht Nr. 4, FernUniversität in Hagen 2001.

OLBRICH, R. 2002: Die Abhängigkeit der Markenartikelindustrie vom Handel ist struktureller Natur, in: Markenartikel, Jg. 64, 2002, Nr. 2, S. 18-24.

OLBRICH, R. 2004: Mehr Wettbewerbschancen für die industrielle Marke durch Aufhebung des Preisbindungsverbotes! Zur Frage der Abschottung von Wettbewerb durch 'private labels', in: AHLERT, D./EVANSCHITZKY, H./HESSE, J./SALFELD, A. (Hrsg.): Exzellenz in Markenmanagement und Vertrieb, Wiesbaden 2004, S. 165-178.

OLBRICH, R. (Hrsg.) 2006: Marketing-Controlling mit POS-Daten – Analyseverfahren für mehr Erfolg in der Konsumgüterwirtschaft, Frankfurt am Main 2006.

OLBRICH, R./BATTENFELD, D. 2004: Markenführung der Industrie bei zunehmender Handelskonzentration, in: BRUHN, M. (Hrsg.): Handbuch Markenführung, Bd. 2, 2. Aufl., Wiesbaden 2004, S. 1733-1753.

OLBRICH, R./BATTENFELD, D. 2007: Preispolitik, Berlin u. a. 2007.

OLBRICH, R./BUHR, C.-C. 2004: Impact of Private Labels on Competition: Why European competition law should permit resale price maintenance, in: European Retail Digest, Oxford Institute of Retail Management, University of Oxford 2004, No. 41, pp. 50-55.

OLBRICH, R./BUHR, C.-C. 2005a: Nicht identifizierbare Handelsmarken als neue Form netzwerkbasierter Angebotspolitik im Einzelhandel – Folgen für den Wettbewerb und den Verbraucher, in: AHLERT, D./OLBRICH, R./SCHRÖDER, H. (Hrsg.): Netzwerke in Vertrieb und Handel, Jahrbuch Vertriebs- und Handelsmanagement 2005, Frankfurt am Main 2005, S. 221-236.

OLBRICH, R./BUHR, C.-C. 2005b: Unidentifiable Private Labels in Retailing and their Impact on Competition and Consumers, in: European Retail Digest, Oxford Institute of Retail Management, University of Oxford 2005, No. 47, pp. 51-57.

OLBRICH, R./BUHR, C.-C. 2005c: Zunehmende Verkrustung des Wettbewerbs im LEH – mehr Konzentration ohne Austauschprozesse, in: TROMMSDORFF, V. (Hrsg.): Handelsforschung 2005, Köln 2005, S. 353-373.

OLBRICH, R./BUHR, C.-C. 2006: Handelsmarken, Wettbewerb und Wohlfahrt, in: PRIEßNITZ, H. (Hrsg.): Markenführung im Billigzeitalter, Wertevernichtung – Spirale ohne Ende, Landsberg am Lech 2006, S. 21-63.

OLBRICH, R./BUHR, C.-C. 2007a: Handelskonzentration, Handelsmarken und Wettbewerb in der Konsumgüterdistribution – Warum das Verbot der vertikalen Preisbindung abgeschafft gehört, in: SCHUCKEL, M./TOPOROWSKI, W. (Hrsg.): Theoretische Fundierung und praktische Relevanz der Handelsforschung, Wiesbaden 2007, S. 485-505.

OLBRICH, R./BUHR, C.-C. 2007b: Preisbindungsverbot und Wettbewerb auf dem Konsumgütersektor, in: WISU, Jg. 36, 2007, Nr. 11, S. 1439-1445.

OLBRICH, R./BUHR, C.-C./GREWE, G./SCHÄFER, T. 2005: Die Folgen der zunehmenden Verbreitung von Handelsmarken für den Wettbewerb und den Verbraucher, in: OLBRICH, R. (Hrsg.): Berichte aus dem Lehrstuhl für Betriebswirtschaftslehre, insb. Marketing, Forschungsbericht Nr. 11, FernUniversität in Hagen 2005.

OLBRICH, R./GREWE, G. 2007: Projekt SCAFO – Folgen der zunehmenden Verbreitung von Handelsmarken – geringere Artikelvielfalt und Anstieg der Preise, in: OLBRICH, R. (Hrsg.): Berichte aus dem Lehrstuhl für Betriebswirtschaftslehre, insb. Marketing, Forschungsbericht Nr. 15, FernUniversität in Hagen 2007.

OLBRICH, R./GREWE, G. 2008: Herstellermarken kontra Handelsmarken, in: Marketing Review St. Gallen, Jg. 25, 2008, Nr. 5, S. 32-38.

OLBRICH, R./GREWE, G. 2009a: Wohlfahrtseffekte der zunehmenden Verbreitung von Handelsmarken in der Konsumgüterdistribution, in: SCHRÖDER, H./OLBRICH, R./KENNING, P./EVANSCHITZKY, H. (Hrsg.): Distribution und Handel in Theorie und Praxis, Wiesbaden 2009, S. 553-596.

OLBRICH, R./GREWE, G. 2009b: Consequences of competition between national brands and private labels – empirical results from different German outlet formats, in: International Journal of Retail and Distribution Management, Vol. 37, 2009, No. 11, Special Issue: Retail branding, pp. 933-951.

OLBRICH, R./GREWE, G./BATTENFELD, D. 2006: Sortimentsgestaltung durch Herstellermarken oder Handelsmarken – zu den betriebswirtschaftlichen Grenzen der Verbreitung von Handelsmarken, in: OLBRICH, R. (Hrsg.): Marketing-Controlling mit POS-Daten – Analyseverfahren für mehr Erfolg in der Konsumgüterwirtschaft, Frankfurt am Main 2006, S. 325-348.

OLBRICH, R./GREWE, G./ORENSTRAT, R. 2009: Private Labels, Product Variety, and Price Competition – Lessons from the German Grocery Sector, in: EZRACHI, A./BERNITZ, U. (Eds.): Private Labels, Brands and Competition Policy, Oxford 2009, pp. 235-257.

OLBRICH, R./GRÜNBLATT, M. 2003: Projekt SCAFO – Stand der Nutzung von Scanningdaten in der Deutschen Konsumgüterwirtschaft – Ergebnisse einer empirischen Untersuchung, in: OLBRICH, R. (Hrsg.): Berichte aus dem Lehrstuhl für Betriebswirtschaftslehre, insb. Marketing, Forschungsbericht Nr. 8, FernUniversität in Hagen 2003.

OLBRICH, R./GRÜNBLATT, M. 2004: 25 Jahre Scanning am Point of Sale (POS) in Deutschland – Ergebnisse einer empirischen Untersuchung zum Stand der Nutzung von Scanningdaten in der Konsumgüterwirtschaft, in: Controlling, Jg. 16, 2004, Nr. 4/5, S. 265-272.

OLBRICH, R./SCHULTZ, C. D./VOERSTE, A. 2009: Qualitäts- und Preisbewusstsein als Komponenten eines betriebswirtschaftlichen, verbraucher- und wettbewerbspolitischen Leitbildes, unveröffentlichtes Manuskript, FernUniversität in Hagen 2009.

OLBRICH, R./VOERSTE, A. 2005: Lernen aus der BSE-Krise – empirische Befunde zum Konsumentenverhalten und ihre Bedeutung für Hersteller, Handel und Konsumentenschutz, in: BUNDESMINISTERIUM FÜR ERNÄHRUNG, LANDWIRTSCHAFT UND VERBRAUCHERSCHUTZ (Hrsg.): Berichte über Landwirtschaft, Jg. 83, 2005, Nr. 3, S. 334-351.

OLBRICH, R./VOERSTE, A. 2006: Medienberichterstattung über Lebensmittelkrisen und Kaufverhalten – zum Einfluss der Berichterstattung über BSE in Printmedien auf den Absatz ausgewählter rindfleischhaltiger Lebensmittel, in: BUNDESMINISTERIUM FÜR ERNÄHRUNG, LANDWIRTSCHAFT UND VERBRAUCHERSCHUTZ (Hrsg.): Berichte über Landwirtschaft, Jg. 84, 2006, Nr. 3, S. 455-468.

OPPEWAL, H./KOELEMEIJER, K. 2005: More choice is better: Effects of assortment size and composition on assortment evaluation, in: International Journal of Research in Marketing, Vol. 22, 2005, No. 1, pp. 45-60.

OTNES, C./LOWREY, T. M./SHRUM, L. J. 1997: Toward an Understanding of Consumer Ambivalence, in: Journal of Consumer Research, Vol. 24, 1997, No. 1, pp. 80-93.

O. V. 2002: Textileinzelhandel erwartet Rekordverlust, in: Financial Times Deutschland, 04.11.2002.
(http://www.imc-ag.com/print.php?page=newsletter/index/1036450800&language=de [17.09.2008])

O. V. 2004: Barnes & Noble 2003 Sales Propelled By Private-Label Books, in: Book Publishing Report, 29.03.2004, pp. 2-3.

O. V. 2005: Private Labels werden immer stärker, in: Absatzwirtschaft, Jg. 48, 2005, Nr. 11, S. 42.

O. V. 2007a: Von GWB-Novelle kalt erwischt, in: Lebensmittelzeitung, Nr. 46, 15.11.2007, S. 30.

O. V. 2007b: The New Private Label Offerings, in: Private Label Buyer, Vol. 21, 2007, No. 11, p. 20.

PALDA, K. S. 1971: Pricing Decisions and Marketing Policy, Englewood Cliffs 1971.

PAUWELS, K./SRINIVASAN, S. 2004: Who Benefits From Store Brand Entry?, in: Marketing Science, Vol. 23, 2004, No. 3, pp. 364-390.

PESENDORFER, M. 2002: Retail Sales: A Study of Pricing Behavior in Supermarkets, in: Journal of Business, Vol. 75, 2002, No. 1, pp. 33-66.

POPPER, K. R. 2003: Das Elend des Historizismus, 7. Aufl., Tübingen 2003.

POPPER, K. R. 2005: Logik der Forschung, 11. Aufl., Tübingen 2005.

PÜTTHOFF, U./LENDERS, D. 1999: Der Preiskrieg im Handel, in: Lebensmittelpraxis, Jg. 51, 1999, Nr. 7, S. 28-33.

PURPER, G. 2007: Die Betriebsformen des Einzelhandels aus Konsumentenperspektive, Wiesbaden 2007.

PUTSIS, W. P. 1997: An Empirical Study of the Effect of Brand Proliferation on Private Label-National Brand Pricing Behavior, in: Review of Industrial Organization, Vol. 12, 1997, No. 3, pp. 355-371.

PUTSIS, W. P./COTTERILL, R. W. 1999: Share, Price and Category Expenditure – Geographic Market Effects and Private Labels, in: Managerial and Decision Economics, Vol. 20, 1999, No. 4, pp. 175-187.

RAITHEL, H. 1994: Mobilmachung – Markenartikel: Konkurrenz durch Handelsmarken, in: Manager Magazin, Jg. 24, 1994, Nr. 11, S. 170-179.

RAJU, J. S./SETHURAMAN, R./DHAR, S. K. 1995: The Introduction and Performance of Store Brands, in: Management Science, Vol. 41, 1995, No. 6, pp. 957-978.

RICHARDS, T. J. 2006: Sales by Multi-Product Retailers, in: Managerial and Decision Economics, Vol. 27, 2006, No. 4, pp. 261-277.

RICHARDSON, P. S./JAIN, A./DICK, A. 1996: Household Store Brand Proneness: A Framework, in: Journal of Retailing, Vol. 72, 1996, No. 2, pp. 159-185.

RIEMENSCHNEIDER, M. 2006: Der Wert von Produktvielfalt: Wirkung großer Sortimente auf das Verhalten von Konsumenten, Wiesbaden 2006.

RINGLE, C. M. 2004a: Kooperation in Virtuellen Unternehmungen, Wiesbaden 2004.

RINGLE, C. M. 2004b: Messung von Kausalmodellen – Ein Methodenvergleich, Arbeitspapier Nr. 14 des Instituts für Industriebetriebslehre und Organisation, Universität Hamburg 2004.

RINGLE, C. M. 2004c: Gütemaße für den Partial Least Squares-Ansatz zur Bestimmung von Kausalmodellen, Arbeitspapier Nr. 16 des Instituts für Industriebetriebslehre und Organisation, Universität Hamburg 2004.

RINGLE, C. M./BOYSEN, N./WENDE, S./WILL, A. 2006: Messung von Kausalmodellen mit dem Partial-Least-Squares-Verfahren, in: WISU, Jg. 35, 2006, Nr. 1, S. 81-88.

RINGLE, C. M./HANSMANN, K.-W./BOYSEN, N. 2005: Determinanten einer erfolgreichen Kooperation in Netzwerken, in: AHLERT, D./OLBRICH, R./SCHRÖDER, H. (Hrsg.): Netzwerke in Vertrieb und Handel, Jahrbuch Vertriebs- und Handelsmanagement 2005, Frankfurt am Main 2005, S. 55-72.

RINGLE, C. M./SPREEN, F. 2007: Beurteilung der Ergebnisse von PLS-Pfadanalysen, in: WISU, Jg. 36, 2007, Nr. 2, S. 211-216.

RINGLE, C. M./WENDE, S./WILL, A. 2005: SmartPLS 2.0 (M3) Beta, Universität Hamburg 2005. (http://www.smartpls.de)

RINNE, H. 2004: Ökonometrie, München 2004.

RUDOLPH, T./SCHWEIZER, M. 2004: Consumer Confusion aus der Sicht der Konsumenten – empirische Ergebnisse einer qualitativen Studie, in: THEXIS, Jg. 21, 2004, Nr. 4, S. 11-16.

RYAN, T. J. 2003: Private Labels: Strong, Strategic & Growing, in: Apparel Magazine, Vol. 44, 2003, No. 10, pp. 32-38.

SAYMAN, S./HOCH, S. J./RAJU, J. S. 2002: Positioning of Store Brands, in: Marketing Science, Vol. 21, 2002, No. 4, pp. 378-397.

SAYMAN, S./RAJU, J. S. 2004: Investigating the Cross-Category Effects of Store Brands, in: Review of Industrial Organization, Vol. 24, 2004, No. 2, pp. 129-141.

SCHÄFER, R. 1997: Die Absatzeffekte von Verkaufsförderung im Lebensmitteleinzelhandel – theoretische Analyse und empirische Messung am Beispiel Wein, Frankfurt am Main 1997.

SCHÄFER, T. 2009: Handelsmarken und Erosion industrieller Markenartikel – Ursachen und Auswirkungen auf die Konsumgüterdistribution, unveröffentlichtes Manuskript, FernUniversität in Hagen 2009.

SCHENK, H.-O./TENBRINK, H./ZÜNDORF, H. 1984: Die Konzentration im Handel, Berlin 1984.

SCHMALEN, H. 1995: Preispolitik, 2. Aufl., Stuttgart u. a. 1995.

SCHMALEN, H./PECHTL, H. 1995: Die Absatzwirkung von Sonderangebotsaktionen im Lebensmitteleinzelhandel – Theoretische Überlegungen und ihre empirische Identifikation mit Scanner-Daten, in: ZfB, Jg. 65, 1995, Nr. 6, S. 587-607.

SCHMALEN, H./PECHTL, H./SCHWEITZER, W. 1996: Sonderangebotspolitik im Lebensmittel-Einzelhandel: eine empirische Analyse der Wirkungseffekte von Sonderangeboten auf der Grundlage von Scanner-Daten, Stuttgart 1996.

SCHMIDT, I. 1997: Handelskonzentration, Nachfragemacht und 6. GWB-Novelle, in: Wirtschaft und Wettbewerb, Jg. 47, 1997, Nr. 2, S. 101-120.

SCHMIDT, B./TOPRITZHOFER, E. 1978: Reaktionsfunktionen im Marketing: Zum Problem der Quantifizierung von Nachfrage- und Konkurrenzreaktionen, in: TOPRITZHOFER, E. (Hrsg.): Marketing, Wiesbaden 1978, S. 195-238.

SCHOLDERER, J./BALDERJAHN, I. 2005: PLS versus LISREL: Ein Methodenvergleich, in: BLIEMEL, F./EGGERT, A./FASSOTT, G./HENSELER, J. (Hrsg.): Handbuch PLS-Pfadmodellierung, Stuttgart 2005, S. 87-98.

SCHOLDERER, J./BALDERJAHN, I. 2006: Was unterscheidet harte und weiche Strukturgleichungsmodelle nun wirklich?, in: Marketing ZFP, Jg. 28, 2006, Nr. 1, S. 57-70.

SCHOMMER, P./HARMS, T./VON LE FORT, P./SEITZ, P. 2007: Kampf um die Wertschöpfungskette, Studie von Ernst & Young, Düsseldorf u. a. 2007.

SCHULZE, M. 1998: Nachfragemacht im Lebensmitteleinzelhandel, Wiesbaden 1998.

SCHULZE, H./SPILLER, A./BÖHM, J./DE WITTE, T. 2008: Ist Geiz wirklich geil? Preis-Qualitäts-Relationen von Hersteller- und Handelsmarken im Lebensmittelmarkt, in: Agrarwirtschaft, Jg. 57, 2008, Nr. 6, S. 299-310.

SCHUMPETER, A. 1928: Unternehmer, in: ELSTER, L./WEBER, A./WIESER, F. (Hrsg.): Handwörterbuch der Staatswissenschaften, Bd. 8, 4. Aufl., Jena 1928, S. 476-487.

SECRIERU, O. 2004: The Economic Theory of Retail Pricing: A Survey, Bank of Canada Working Paper No. 2004-8, Ottawa 2004. (http://www.bankofcanada.ca/en/res/wp/2004/wp04-8.pdf [17.09.2008])

SEIDEL, H. 2007: Preiskampf auf dem Drogeriemarkt lässt nach, in: Die Welt, 29.10.2007. (http://www.welt.de/welt/article1308036/Preiskampf_auf_dem_Drogeriemarkt_laesst_nach.html [17.09.2008])

SHORE, A./RANGACHARI, G./SCOTT, L. 2003: Private Lies – The truth about private label, Deutsche Bank Research Report, New York 2003.

SIEMES, J./PIETERSEN, F. 2003: Trends im Handel 2005 – Ein Ausblick für die Branchen Food, Fashion & Footware, Studie von KPMG, Köln 2003.

SIMON, H. 1992: Preismanagement: Analyse, Strategie, Umsetzung, 2. Aufl., Wiesbaden 1992.

SMITH, J. 2001: PLMA study: private label sales in drug are flat, in: Drug Store News, 06.08.2001, p. 4.

SMITH, A. P./YOUNG, J. A./GIBSON, J. 1999: How now, mad-cow? Consumer confidence and source credibility during the 1996 BSE scare, in: European Journal of Marketing, Vol. 33, 1999, Nos. 11/12, pp. 1107-1122.

SPINELLI, P. B./DE MOURA ENGRACIA GIRALDI, J./CAMPOMAR, M. C. 2006: Retail Private Label's Strategies: A Case Study in a Large Brazilian Supermarket Chain, in: Revista de Administração Mackenzie, Vol. 7, 2006, No. 4, pp. 121-141.

STATISTISCHES BUNDESAMT 2006: Statistisches Jahrbuch 2006, Wiesbaden 2006.

STEENKAMP, J.-B. E. M./GEYSKENS, I./GIELENS, K./KOLL, O. 2004: A Global Study into Drivers of Private Label Success, Research Report commissioned by AIM, Brussels 2004.

STEFFENHAGEN, H. 1978: Wirkungen absatzpolitischer Instrumente: Theorie und Messung der Marktreaktion, Stuttgart 1978.

STEINER, R. L. 2004: The Nature and Benefits of National Brand/Private Label Competition, in: Review of Industrial Organization, Vol. 24, 2004, No. 2, pp. 105-127.

SWEDISH COMPETITION AUTHORITY 2002a: The Grocery Retail Trade – Structure, form of ownership and relations with suppliers, Report series 2002:6, Stockholm 2002.

SWEDISH COMPETITION AUTHORITY 2002b: Prices in Sweden can be squeezed through competition, Press release No. 24, 13.12.2002, Stockholm 2002.

TÄGER, U. C. 1987: Die Konzentration in der Konsumgüterdistribution in der Europäischen Gemeinschaft und ihre Auswirkungen auf die Nachfragemacht – eine problemorientierte Studie mit dem Warenbereichschwerpunkt Nahrungs- und Genussmittel, IFO-Institut für Wirtschaftsforschung, München 1987.

TÄGER, U. C. 1998: Hohe Wettbewerbsintensität in der Warendistribution der Europäischen Union, in: IFO-Schnelldienst, Jg. 51, 1998, Nr. 15, S. 3-12.

TAUBERGER, J. 2008: Konsumentengerichtete Verkaufsförderung – Verfahren zur Wirkungsmessung auf der Basis von POS-Daten, in: OLBRICH, R. (Hrsg.): Schriftenreihe Marketing, Handel und Management, Bd. 7, Lohmar und Köln 2008.

TEMPELAERE, M. 2007: Oorzaken en implicaties van dalende winkeltrouw, Faculteit Economische en Toegepaste Economische Wetenschappen, Katholieke Universiteit Leuven 2007.

TENENHAUS, M./VINZI, V. E./CHATELIN, Y.-M./LAURO, C. 2005: PLS path modeling, in: Computational Statistics & Data Analysis, Vol. 48, 2005, w/o No., pp. 159-205.

THEIS, H.-J. 1999: Handels-Marketing: Analyse- und Planungskonzepte für den Einzelhandel, Frankfurt am Main 1999.

THOMMEN, J.-P./ACHLEITNER, C. 2006: Allgemeine Betriebswirtschaftslehre, 5. Aufl., Wiesbaden 2006.

TIETZ, B. 1983: Konsument und Einzelhandel, 3. Aufl., Frankfurt am Main 1983.

TOPRITZHOFER, E. 1978: Marketing-Deskriptionsmodelle, in: TOPRITZHOFER, E. (Hrsg.): Marketing, Wiesbaden 1978, S. 185-193.

US SUPREME COURT 2007: Urteilsbegründung zum Urteil Nr. 06-480: Leegin Creative Leather Products Incorporated vs. PSKS Incorporated, 28.06.2007, Washington D. C. 2007.

VOERSTE, A. 2006: Projekt SCAFO – Determinanten des Konsumverhaltens nach einer Lebensmittelkrise – Ergebnisse einer empirischen Analyse zum Konsum rindfleischhaltiger Lebensmittel nach der BSE-Krise in Deutschland, in: OLBRICH, R. (Hrsg.): Berichte aus dem Lehrstuhl für Betriebswirtschaftslehre, insb. Marketing, Forschungsbericht Nr. 13, FernUniversität in Hagen 2006.

VOERSTE, A. 2009: Lebensmittelsicherheit und Wettbewerb in der Distribution – Rahmenbedingungen, Marktprozesse und Gestaltungsansätze, dargestellt am Beispiel der BSE-Krise, in: OLBRICH, R. (Hrsg.): Schriftenreihe Marketing, Handel und Management, Bd. 9, Lohmar und Köln 2009.

VOGEL, L. 1998: Wettbewerbsrecht und Einkaufsmacht: Es ist Zeit für eine neue Betrachtungsweise, in: Wirtschaft und Wettbewerb, Jg. 48, 1998, Nr. 12, S. 1162-1172.

VON ALVENSLEBEN, R. 1998: Risikowahrnehmung des Verbrauchers: Woraus resultiert die Verunsicherung?, BLL-Schriftenreihe, Nr. 127, Bonn 1998.

WALSH, G. 2004: Ansätze der Messung von Konsumentenverwirrtheit: Ein Überblick, in: THEXIS, Jg. 21, 2004, Nr. 4, S. 5-10.

WARD, M. B./SHIMSHACK, J. P./PERLOFF, J. M./HARRIS, M. J. 2002: Effects Of The Private-Label Invasion In Food Industries, in: American Journal of Agricultural Economics, Vol. 84, 2002, No. 4, pp. 961-973.

WIED-NEBBELING, S. 1985: Das Preisverhalten in der Industrie: Ergebnisse einer erneuten Befragung, Tübingen 1985.

WIED-NEBBELING, S. 1986: Sektorale Preisbildung und gesamtwirtschaftliche Preisstabilität, Tübingen 1986.

WIED-NEBBELING, S. 2004: Preistheorie und Industrieökonomik, 4. Aufl., Berlin u. a. 2004.

WIESER, R./AIGINGER, K./WÜGER, M. 1999: Marktmacht im Einzelhandel, Österreichisches Institut für Wirtschaftsforschung, Wien 1999.

WILDNER, R. 2003: Warum kaufen die Verbraucher Handelsmarken?, in: Jahrbuch der Absatz- und Verbrauchsforschung, Jg. 49, 2003, Nr. 2, S. 108-127.

WILLIAMS, E./CLARKE, R. 2001: Customer Loyalty & Private Label Products, Study by KPMG, London 2001.

WINDBERGS, T. 2007: Markentreue, Einkaufsstättentreue und Erfolg im Konsumgüterhandel, in: OLBRICH, R. (Hrsg.): Schriftenreihe Marketing, Handel und Management, Bd. 6, Lohmar und Köln 2007.

WOLD, H. 1982: Soft Modeling: The Basic Design and Some Extensions, in: JÖRESKOG, K. G./WOLD, H. (Eds.): Systems under indirect Observation, Part II, Amsterdam et al. 1982, pp. 1-54.

WORTMANN, M. 2003: Strukturwandel und Globalisierung des deutschen Einzelhandels, Discussion Paper SP III 2003-202, Wissenschaftszentrum Berlin für Sozialforschung, Berlin 2003.

ZELLEKENS, H.-J./DELLBRÜGGE, G. 2000: Zur Preispolitik des Lebensmittelhandels, in: Dynamik im Handel, Jg. 44, 2000, Nr. 12, S. 10-19.

Erklärung

Hiermit versichere ich, dass ich die vorliegende Dissertation selbständig und ohne unerlaubte Hilfe angefertigt und andere als die in der Dissertation angegebenen Hilfsmittel nicht benutzt habe. Insbesondere habe ich nicht die Hilfe einer Promotionsberaterin/eines Promotionsberaters in Anspruch genommen. Alle Stellen, die wörtlich oder sinngemäß aus veröffentlichten oder nicht veröffentlichten Schriften entnommen sind, habe ich als solche kenntlich gemacht.

Gundula Grewe

Herne, 18.07.2009